Reinhard Lindner

# Der
# SAMURAI
# Manager

## Mit Intuition
## zum Erfolg

**molden** verlag

## STYRIA
## BUCHVERLAGE

ISBN 978-3-85485-335-0

© 2020 & 2014 by Molden Verlag
in der Verlagsgruppe Styria GmbH & Co KG
Wien – Graz
Alle Rechte vorbehalten.

Bücher aus der Verlagsgruppe Styria gibt es
in jeder Buchhandlung und im Online-Shop
www.styriabooks.at


Lektorat: Elisabeth Wagner
Covergestaltung: Bruno Wegscheider
Coverfoto: iStockphoto.com/by_Nicholas
Layout: Maria Schuster
Japanische Schriftzeichen: Ikuko Furuya
Printed in the EU
7 6 5 4 3

# Inhalt

## Widmung

Ich möchte dieses Buch meinen beiden Meistern Yasuyuki Fujinaga Sensei und Hidetaka Nishiyama Sensei sowie dessen Trainer Masatoshi Nakayama widmen. War es Fügung, Zufall oder einfach auch nur Glück, solchen Persönlichkeiten zu begegnen?

*Fujinaga Sensei* lernte ich im Alter von 14 Jahren kennen und ich ließ mich von seinem wunderbaren Wesen schnell begeistern. Er war ein Karatemeister der alten Schule: eher klein, fast zierlich, aber unglaublich schnell und explosiv. Er wurde auch „Sensei noch einmal" genannt. Unendlich viele Wiederholungen der Übungen prägten seinen Trainingsstil. Es war nie gut genug, was seine Schüler praktizierten. Er vergriff sich aber niemals im Ton, wenn er präzise korrigierte. Er war der Inbegriff von Gelassenheit und Perfektion. Nicht zuletzt faszinierte mich auch seine wertschätzende und bescheidene Art.

*Nishiyama Sensei*, der in der Fachpresse auch gerne als „der letzte Samurai" bezeichnet wurde, war ein Meister der Methodik. Bis ins kleinste Detail war er in der Lage, jede Technik zu zerlegen. „Wirkung erzeugen" war sein Thema. In Japan wurde er auch als „der schneebedeckte Vulkan" bezeichnet. Es sind seine weißen Haare und seine unvergleichbare, explosionsartige Kraftentwicklung, die ihm diesen Namen gaben.

*Nakayama Sensei* lernte ich niemals persönlich kennen. Er war der Gründer der JKA *(Japan Karate Association)* und somit einer der Pioniere. Ich hatte die große Ehre, die Witwe von Nakayama Sensei, Akiko Nakayama, im Alter von 91 Jahren persönlich kennenzulernen. Eine Frau mit unvergleichlicher Ausstrahlung und einem scharfen Geist. Sie gestattete mir ein Training mit einem Schüler von Nakayama Sensei in seinem privaten Dojo: eine Ehre, die nur ganz wenigen Europäern zuteil wurde.

Dieses Buch ist ein Dankeschön an diese faszinierenden Menschen, die mein Leben auf so wunderbare Weise geprägt haben. Ich bin dankbar, auf diesem Weg kommenden Generationen die Werte und das Wissen so großer Meister weitergeben zu können.

Reinhard Lindner

## Vorwort

Es gibt keinen besseren Ort, um mit dem Buch *Der Samurai Manager*® zu beginnen, als in Japan selbst. Während ich an diesem Buch arbeitete, befand ich mich auf einer Geschäftsreise in Tokio. Der Grund dafür war zum einen, die Möglichkeit der Einführung einer Dienstleistung im Bereich der Personaldiagnostik auf dem japanischen Markt zu eruieren, und zum anderen, mein Wissen über das Denken, das Handeln und die Strategien japanischer Manager und deren Unternehmensführung zu vertiefen. Die Reise bot gleichzeitig die Möglichkeit, mir einen lang ersehnten Jugendtraum zu erfüllen: Seit meinem vierzehnten Lebensjahr (als ich begonnen hatte, Traditionelles Karate zu trainieren) wollte ich im Central Dojo in Tokio, dem Herzen und der Wiege des Karate der JKA,[1] zusammen mit den Top-Mastern trainieren. Genau das tat ich auch.

Der Empfang war nicht gerade herzlich, aber sehr höflich. Als ich das Dojo[2] betrat, spürte ich einen guten Geist und Disziplin. Und überhaupt: Die allgegenwärtige Disziplin ist mir gleich zu Beginn meiner Reise aufgefallen. Der Großraum Tokio hat inklusive der Vorstädte mittlerweile fast viermal so viele Einwohner wie ganz Österreich, nämlich rund 30 Millionen. Trotz dieser hohen Bevölkerungsdichte läuft alles wie auf Schienen. Ich werde später noch mehrmals auf das Thema „Disziplin" zu sprechen kommen. Was mich im Dojo aber noch mehr beeindruckte, war die Bescheidenheit. Viele, die trainierten, waren zuvor in Anzug und Krawatte gekommen. Sie alle nahmen nach der Unterrichtseinheit ein kleines Handtuch und stellten sich in Reih und Glied auf. Anschließend legten sie die Tücher vor sich hin, begaben sich in eine Art Liegestützposition und schoben die Handtücher vor sich her, um den Boden von Schweiß und Schmutz zu säubern. Ich bin überzeugt, einige von ihnen waren Manager, welche tagsüber mehrere Tausend Mitarbeiter führten und Entscheidungen über Milliarden von Yen trafen.

**⤺ Was mir in Tokio zuerst auffiel, waren Bescheidenheit und Disziplin.**

In dem bisher Erzählten sind schon zwei wichtige Begriffe aufgetaucht: Disziplin und Bescheidenheit. Sie sind neben Entschlossenheit, Konsequenz und Charisma entscheidende Fähigkeiten für einen erfolgreichen Manager, einen Samurai Manager.

Um das Wesen der Samurai zu verstehen und daraus wertvolle Erkenntnisse für das Geschäftsleben zu generieren, ist es notwendig, in die gelebten Werte der Samurai tiefer einzutauchen. Diese Werte haben die Samurai geformt und zu außergewöhnlichen Persönlichkeiten reifen lassen. Aus diesem Grund habe ich diesem Kapitel auch so hohe Aufmerksamkeit geschenkt. Das Verstehen der Tugenden sowie das Anwenden von Prinzipien der Samurai sind der Schlüssel zur Verbesserung der eigenen Intuition.

Was ist die Kernbotschaft dieses Buches? Was möchte ich Ihnen mit diesem Buch vermitteln? Primär geht es darum, dass Sie mit den Werkzeugen, die Sie der *Samurai Manager*® lehrt, ein Gespür dafür entwickeln, die richtigen Entscheidungen zu treffen. Mehr denn je brauchen die Unternehmen echte Manager und keine Schönwetterhelden. Führungskräfte also, die ein Gespür dafür haben, was ein Unternehmen nach vorne bringt, und die entschlossen handeln. Entschlossenheit war das, was die Samurai auszeichnete, für eine Sache einzutreten und wenn sie das Leben dafür opfern mussten. Doch was ist der Grund, warum so viele Manager nicht die richtigen Entscheidungen treffen? Die Antwort ist einfach: weil sie Angst haben. Angst, ihren Job und damit ihre gute Position zu verlieren.

**✂ Viele Manager haben Angst.**

Unzählige Manager taktieren. Sie ver(sch)wenden ihre wertvolle Energie mit Recherchen darüber, wer ihnen im Unternehmen schadet und wer sie in der Erfolgsleiter schnell nach oben bringen kann. Dabei vergessen sie, den Job zu machen, für den sie eigentlich bezahlt werden. Es ist die Angst, etwas zu verlieren, das sie schon haben. Das lähmt. Ich bin der tiefen Überzeugung, dass ein Manager, der nicht täglich dazu bereit ist, seinen Job zu verlieren, kein guter Manager ist. Vielleicht ist er ein guter Taktiker oder Netzwerker, aber noch lange kein guter Manager und bestimmt kein Samurai Manager.

**✂ Ein guter Manager ist täglich dazu bereit, seinen Job zu verlieren.**

Dies soll nicht heißen, dass Taktik und Netzwerken nicht wichtige Bausteine für Erfolg sind, aber letztlich sind sie nicht mehr als ein Mittel zum Zweck. Die wichtigste Aufgabe eines Managers ist es, die Unternehmensziele klar zu definieren und zu deren Erreichung die richtigen Entscheidungen zu treffen. Dazu gehört aber nicht, die eigene Haut schützen oder gar retten zu wollen.

Natürlich ist diese Sichtweise sehr idealistisch. Vielleicht ist sie sogar ein Stück weit realitätsfremd, jedoch letztlich der einzige Weg, den es sich lohnt zu gehen. Am Ende des Tages zählt doch, *was* habe ich *wie* erreicht, wobei das „Wie" die höhere Priorität einnimmt. Was wollen Sie letztlich Ihren Kindern erzählen? Sie waren ein guter Taktiker, haben die richtigen Leute gekannt und somit ist es Ihnen gelungen, ein angenehmes Leben zu führen? Das dürfte Sie wohl nicht sehr glücklich und schon gar nicht stolz machen. Also bleibt Ihnen gar keine andere Wahl, als das Taktieren über Bord zu werfen. Verwenden Sie Ihre ganze Energie dafür, Ideen und Konzepte zu entwickeln, die Meilensteine für das Unternehmen bedeuten. Die richtigen Leute ins Boot zu holen und nach vorne zu schauen. Da ist kein Platz für die Angst!

Bob Dylan singt in einem seiner Songs: *When I go to my grave, my head will be high.* Das ist ein wahrer Samurai-Gedanke, der Ihnen auch das Glück des Tüchtigen einbringen wird.

Noch zwei Anmerkungen:
Der *Samurai Manager*® ist ein eingetragenes Markenzeichen. Der besseren Lesbarkeit wegen wurde im Text auf die durchgehende Verwendung des Symbols ® bei der Erwähnung des Markennamens verzichtet – alle Markenrechte bleiben vorbehalten. Ebenfalls der besseren Lesbarkeit geschuldet ist die durchgehende Verwendung des generischen Maskulinums. Es sind natürlich damit auch alle Leserinnen angesprochen.

# TEIL 1

# Die Bedeutung der Samurai damals und heute sowie deren gelebte Werte als Basis für integre Führungskräfte

侍マネージャー

## 1.1 Die Bedeutung der Samurai in Japan

Es wäre eine Anmaßung zu behaupten, ich wäre in der Lage, etwas über das wahre Wesen der Samurai preiszugeben. Das folgende Kapitel soll auch keine historische Aufarbeitung der Krieger des alten Japan darstellen, sondern einen pragmatischen Weg aufzeigen, was wir im Management von diesem Stand lernen und im täglichen Leben umsetzen können.

Die Samurai waren annähernd vergleichbar mit unserem mittelalterlichen Rittertum. Sie dienten ihrem Fürsten (*Daimio*) und waren ihm zu Treue und Loyalität verpflichtet. Die vorrangige Waffe des Samurai war das Schwert (*Katana*). Ein Samurai war ein Meister der Schwertkunst. Sie genossen über fünf Jahrhunderte in Japan höchstes gesellschaftliches Ansehen und dies, obwohl sie keine politische Macht und auch keinen nennenswerten materiellen Besitz hatten. Wenn ein Samurai in ein Dorf kam, verneigten sich die Bewohner und zollten ihm höchsten Respekt. Wie aber war es möglich, ohne Entscheidungsgewalt und Geld einen solchen Status zu bekommen?

Die Samurai verkörperten ihre Werte auf unvergleichbare Art und Weise: vor allem den der Ehre. Für einen Samurai war das gesprochene Wort gleichzusetzen mit der Tat. Wenn ein Samurai ein Versprechen gab, war dies so gut wie eingelöst. Die Konsequenz, das zu tun, was er gesagt hatte, machte ihn glaub- und somit auch vertrauenswürdig.

**⚡ Für den Samurai war das gesprochene Wort gleichzusetzen mit der Tat.**

Das Nichteinlösen eines Versprechens bedeutete für einen Samurai den Verlust seiner Ehre. Und ein Samurai verlor eher sein Leben als seine Ehre. Sollte eine Situation eintreten, in der es ihm nicht möglich war, seine Worte in die Tat umzusetzen, konnte er seine Ehre und die seiner Familie nur wiederherstellen, wenn er sich das Leben nahm. Er tat dies, indem er sich sein Schwert ungefähr sechs Zentimeter unterhalb des Nabels in den Bauch rammte und dann umdrehte. Diese Zeremonie wird in Japan „Seppuku" genannt. Im Westen ist sie besser bekannt unter dem Begriff „Harakiri".

Die fatalen Konsequenzen, welche das Nichterfüllen eines Versprechens mit sich brachten, veranlassten einen Samurai, sehr genau darüber nachzudenken, welche Zusagen er machte und welche nicht. Er war stets überlegt, besonnen und sehr bedacht in seinen Aussagen. Er konnte einen Auftrag auch ablehnen. Nur wenn er ihn annahm, musste er ihn auch zu Ende führen.

### ✂ Halten, was man verspricht!

In einem berühmten Zitat über den Samurai-Kodex heißt es:

> *Rechtschaffenheit ist die Macht, über ein bestimmtes Verhalten vernunftgemäß und ohne Wanken zu entscheiden – zu sterben, wenn es richtig ist zu sterben, zuzuschlagen, wenn es richtig ist zuzuschlagen.*[3]

Die Samurai waren gefürchtete Krieger. Aber was war der Grund dafür?

Ein Samurai wusste, dass er jederzeit sein Leben aufs Spiel setzen musste. Sein Leben hing also von seiner Fähigkeit zu kämpfen ab. Folglich war ein Samurai bestrebt, sein Geschick in der Kampfkunst mit dem Schwert zu perfektionieren. Allein ein guter Kämpfer zu sein, war zu wenig. Viele Kämpfe zu überleben, bedurfte eines hohen Maßes an zusätzlichen Fähigkeiten, wie *Gelassenheit, Flexibilität, Entschlossenheit, Mut und vor allem Intuition.*

Es handelt sich hierbei um Werte, die auch im heutigen Management eine fundamentale Bedeutung haben. Ich werde im Kapitel „Die Werte der Samurai in Bezug auf unser Geschäftsleben" (S. 38) genauer auf dieses Thema eingehen.

Um sich diese Fähigkeiten anzueignen, war tägliches Training notwendig. Jetzt stellt sich natürlich die Frage: Wie trainiert man Eigenschaften wie Gelassenheit, Mut und Entschlossenheit?

### ⚔ Die Perfektion liegt in der Ganzheit.

Perfektion liegt in der Ganzheit. Deshalb existieren im buddhistisch geprägten asiatischen Kulturkreis immer zwei Seiten: das Yin und das Yang. Sie stehen für einander entgegengesetzte, aber dennoch aufeinander bezogene Kräfte.[4]

Die eine Seite waren der Kampf, das Töten, das Blutvergießen. Auf der anderen Seite beschäftigten sie sich aber auch mit der Kunst. Viele bedeutende japanische Gedichte stammen aus der Feder von Samurai. Berühmte Bilder und Schnitte hängen heute weltweit in zahlreichen Museen. Deren Schöpfer waren oft Samurai. Dies ist die andere Seite: eine zarte, achtsame und liebevolle. Aus dieser Dualität beider Extreme resultiert die Gelassenheit.

### ⚔ Mut heißt, das zu tun, was getan werden muss.

Mut heißt, das zu tun, was getan werden muss. Dem steht meist die Angst im Wege. Das heißt: Um Mut zu trainieren, muss ich der Lage sein, die Angst zu überwinden. Angst bedeutet psychologisch betrachtet sich in einen Zustand zu versetzen, von dem man selbst nicht möchte, dass er eintritt. Dieser Zustand ist im Moment der Angst aber noch nicht real und somit auch nicht existent. Man fürchtet sich also vor etwas, was es noch gar nicht gibt. Angst resultiert auch aus der Tatsache zu glauben, etwas hergeben zu müssen, was man behalten möchte. Der Samurai ging mit der Vorstellung in den Kampf, er sei bereits tot.

Denn jemand, der bereits tot ist, hat nichts zu verlieren. Wenn er nichts zu verlieren hat, muss er auch vor nichts mehr Angst haben. Hinzu kam die traditionelle Ansicht, dass der Verlust des Lebens nicht das Schlimmste war, das einem Menschen zustoßen konnte, sondern der Verlust seiner Ehre. Dieses fest verankerte Wertebild machte die Samurai zu unglaublich entschlossenen und mutigen Kämpfern, die in der Lage waren, in einem Kampf beinahe übermenschliche Kräfte zu entwickeln.

Entschlossenheit war ein Wert, der bei einem Samurai über Leben und Tod entschied. Das Gegenteil von Entschlossensein ist Zögern. Dies war in einem Kampf mit einem Todesurteil gleichzusetzen.

>✂— **Entschlossenheit zu trainieren, setzt eine gute Intuition voraus und die ist ein Zusammenspiel aus allen Werten.**

Angst und Unentschlossenheit sind die größte Geißel vieler Manager. Wie man damit umgeht und diese Problematik auch wirkungsvoll und nachhaltig therapiert, werde ich im Kapitel „Die Werte der Samurai in Bezug auf unser Geschäftsleben" ausführlich behandeln. Wie bereits erwähnt, war ein Samurai seinem *Daimio* oder *Shogun* gegenüber zu Loyalität verpflichtet. Loyalität ist aber nicht zu verwechseln mit Unterwürfigkeit oder bedingungslosem Gehorsam. Im Gegenteil: Der Samurai war verpflichtet, seinen Herren darauf aufmerksam zu machen, wenn er davon überzeugt war, dass dessen Entscheidung falsch war. Das Ignorieren einer Fehlentscheidung galt als illoyal.

Wir sehen also, dass ein Samurai ein breites Spektrum an Werten zur Verfügung hatte. Das Harte konnte sich ohne das Zarte nicht entfalten und die Disziplin nicht ohne eigenständiges Denken. Der Samurai verkörperte Werte, welche viele Manager zu viel besseren Führungskräften machen würden, wovon wiederum die Unternehmen und auch deren Mitarbeiter enorm profitieren könnten.

**⟵ Werte sind die Basis nachhaltigen Erfolges.**

1853 landete der amerikanische US-Commodore Matthew Calbraith Perry[5] mit seinen Schiffen an der Küste Japans und brachte
eine neue Waffentechnologie mit, welche dem Samurai-Schwert
naturgemäß überlegen waren. Er zwang die Japaner 1854 im Vertrag von Kanagawa zur Öffnung des Landes für amerikanische
Handelsschiffe und zu einem langfristigen Handelsabkommen
mit den USA. Schusswaffen wurden ins Land gebracht und an die
Bevölkerung verkauft. Pistolen und Gewehre waren selbst den
besten Meistern der Schwertkunst überlegen und somit verloren
die Samurai allmählich ihre Bedeutung als Krieger.

## 1.2 Lebt der Samurai-Geist auch heute noch in der japanischen Gesellschaft und in deren Unternehmen?

Zwischenzeitlich hat China seinen „Alt"-Konkurrenten Japan aufgrund seines gigantischen Bruttoinlandsprodukts (BIP) auf Platz drei verdrängt. Doch die Wirtschaftskraft Japans ist auch heute noch enorm. Wenn man nämlich die wirtschaftliche Leistung der Einwohner des jeweiligen Landes vergleicht, sieht das Verhältnis ganz anders aus. Wir sprechen hier von einem Faktor 6. Das heißt, ein Japaner erbringt die gleiche Wirtschaftsleistung wie sechs Chinesen.

Es ist natürlich spannend, der Frage nachzugehen, wie es das zerbombte Japan nach dem Zweiten Weltkrieg in nur 23 Jahren geschafft hat, zur zweitgrößten Wirtschaftsmacht der Welt aufzusteigen. Auf der vergleichsweise kleinen Insel im Pazifik sind zwei Drittel der Fläche unbewohnbar, und seit den 1960er-Jahren werden so gut wie keine Rohstoffe mehr gefördert. Warum gerade Japan und nicht die Türkei, Mexiko oder Brasilien? Dort gibt es ähnlich viele Einwohner. Spielt der Geist der Samurai vielleicht eine Rolle?

Um diese Frage zu beantworten, habe ich 2010 eine Studie in Japan durchgeführt. Es ist mir gelungen, eine Reihe von Topmanagern zu interviewen, die in internationalen Unternehmen mit Niederlassungen in Japan tätig sind. Meine Gesprächspartner waren sowohl westlicher als auch japanischer Herkunft.

## DR. MARTIN GLATZ

*Wirtschaftsdelegierter für Japan*

*Wie kommt die hohe Identifikation der Mitarbeiter mit dem Unternehmen zustande?*
Die Unternehmen bestimmen das Leben der Japaner. Dieses Prinzip ist zwar in den letzten Jahren in manchen Fällen durchbrochen worden, gilt aber in einem hohen Maße immer noch. Die Freizeit ist im Vergleich weniger wichtig, auch wird sie oft noch mit Arbeitskollegen verbracht. Die Familie hat sekundären Stellenwert. Es sind vor allem Schulen und Universitäten, über die sich Japaner ein effizientes Netzwerk aufbauen. Der berufliche Erfolg wird nicht wesentlich von der Familie bestimmt.

*Wie werden die Mitarbeiter motiviert?*
Dem Mitarbeiter winkt jedenfalls in größeren Unternehmen eine stattliche Abfertigung, meist mit dem sechzigsten Lebensjahr. Oft wird danach eine zweite Karriere begonnen. Die Erwerbsquote liegt in der Altersgruppe der 60- bis 65-Jährigen noch bei beachtlichen 60 Prozent. Mehr noch als durch finanzielle Anreize werden Japaner von ihrem Willen motiviert, sich nützlich zu machen und zum Gemeinwohl beizutragen.

*Stimmt es, dass es in Japan kein „Neinsagen" gibt?*
Natürlich gibt es ein „Nein", aber es wird umschrieben, für die der Sprache Mächtigen in der Regel unmissverständlich. Auch das „Ja" hat Nuancen. Das japanische Wort für „Ja" ist „Hai" und bedeutet, „Ich habe gehört, dass du etwas gesagt hast", und nicht „Ich habe dich verstanden". Es bringt also keine Zustimmung zum Ausdruck und ist somit weit weg von unserem „Ja". In diesem Zusammenhang fallen immer wieder zwei Begriffe: „Tate mae" (Höflichkeit, aber auch im Sinne von Schein oder Fassade). Im Gegensatz dazu steht „Honne" (Realität), und die sieht oft recht anders aus.

Ein Fallbeispiel aus der Praxis: Ein österreichisches Unternehmen hatte eine Maschine nach Japan verkauft und bei der Inbetriebnahme wurde ein japanischer Mitarbeiter verletzt. Aus dem Bericht war klar zu erkennen, dass der Unfall auf einen Bedienungsfehler zurückzuführen war. Damit stand für das österreichische Unternehmen fest, wo die Schuld lag, und es entzog sich berechtigterweise der Verantwortung. Das wurde dem japanischen Partner auch so kommuniziert, mit folgenschweren Konsequenzen. Der japanische Kunde erwartet von seinem Lieferanten das gemeinsame Beseitigen von Problemen, unabhängig von der Verantwortung für das Herbeiführen derselben. Das österreichische Unternehmen verlor schnell das Vertrauen seines Kunden und bald der gesamten Branche. Bis heute war es der Firma nicht möglich, neu in den Markt einzutreten.

*Wie laufen die Entscheidungsprozesse?*
Anders als bei uns. Es werden alle Mitarbeiter in den Entscheidungsprozess mit eingebunden, von unten nach oben. Jeder, der von der Entscheidung betroffen ist, darf seine Meinung abgeben, wie sich die Veränderung auf sein Arbeitsumfeld auswirkt. Das kann sehr langwierig sein, dafür werden Entscheidungen im Anschluss von allen getragen und es muss im Nachhinein keine Überzeugungsarbeit mehr geleistet werden. Die Mannschaft steht gesammelt dahinter, alles läuft wie ein Uhrwerk.

*Wo liegen die Unterschiede beim Verhandeln?*
Man verhandelt immer im Kollektiv, nie mit Einzelnen. So gesehen kann man auch gar nicht sagen, wer wirklich entscheidet, denn es wird vieles auf verschiedenen Ebenen entschieden. Alle sind wichtig, und man sollte niemanden übergehen. Ganz oben zu verhandeln zu beginnen, kann oft noch viel länger dauern, weil die Führungsebene nach unten weiterdelegiert, um den Boden für die Entscheidung aufzubereiten. Interventionen von außen, vor allem an höherer Stelle, werden in diesem System als störend empfunden.

*Spürt man eine Veränderung am japanischen Markt?*
Auch Japan ändert sich. Tabus werden aufgebrochen, zum Beispiel die lebenslange Zugehörigkeit zu ein- und derselben Firma. Märkte öffnen sich – unter dem Druck der Wettbewerbsfähigkeit – zusehends ausländischen Lieferanten. Das gilt zum Beispiel für die Automobil- und die Eisenbahnindustrie ebenso wie für die Pharmaindustrie und schafft gerade für österreichische Nischenanbieter große Chancen. Der demografische Wandel, sprich, die alternde Gesellschaft, beeinflusst nicht nur das Marktverhalten der Konsumenten, sondern auch die politische Schwerpunktsetzung, manchmal zulasten der jüngeren Generation.

*Was können wir von den Japanern lernen?*
Japaner arbeiten an der ständigen Verbesserung von Abläufen und Produkten, eine Philosophie, die als „kaizen" bekannt geworden ist. Österreichische Unternehmen, die Geschäfte mit Japan machen, müssen den hohen Ansprüchen ihrer japanischen Kunden gerecht werden und sind so in der Lage, nach ihrem Markteintritt in Japan ein besseres Produkt anzubieten als davor.

*Was können die Japaner von uns lernen?*
Österreichische Firmen verfügen über ein hohes Maß an Flexibilität, Anpassungsfähigkeit und Pragmatismus. Das sind Werte, die in einem zunehmend internationalen Umfeld stark gefragt sind.

## STEVE NAKADA
*Director International Development, Japan Solar Energy Council*

Steve Nakada hat einen tiefen Einblick in die Budo-Szene und eine reichhaltige Erfahrung im internationalen Geschäftsleben. Er besitzt den 6. Dan in Judo und war viele Jahre als Senior Consultant für die *Peter F. Drucker Consulting Company* in den USA tätig. Er leitet das Unternehmen *Japan Solar Energy Council*, in dem rund 240 Ingenieure beschäftigt sind.

*Herr Nakada, Sie kennen beiden Welten – Ost und West – wie kaum jemand anderer. Worin unterscheiden sich diese Welten Ihrer Meinung nach am meisten?*
Nun, dies beginnt schon bei der Schrift. Die Schrift des Westens besteht aus 26 bis 35 Buchstaben. Die japanische Schrift setzt sich zusammen aus 2.137 Schriftzeichen, die von der chinesischen Schrift übernommen wurden. Zusätzlich aus 56 Hirigana[7] und 56 Katakana[8] und wiederum aus zwei verschiedenen Arten, diese zu lesen. Daraus resultiert eine Vielzahl von Gegensätzen, die sich in allen Lebensbereichen wiederfinden.

*Können Sie diese Gegensätze anhand praktischer Beispiele näher erklären?*
Um bei der Schrift zu bleiben: Es ist so, dass die westliche Schrift horizontal gelesen wird. 26 bis 35 Buchstaben zu erlernen, schafft jeder durchschnittlich begabte Mensch in wenigen Wochen. Das heißt, das Erlernen geht sehr schnell. Fortschritte sind rasch erkennbar und aus dieser Geschwindigkeit resultiert auch eine gewisse Oberflächlichkeit. Die japanische Schrift ist vertikal aufgebaut und besteht aus Tausenden von Zeichen, die es mit großer Anstrengung zu erlernen gilt. Aus der vertikalen Struktur des Lesens ergibt sich auch eine Tiefe im Denken.

*Bei allem Respekt, aber darf ich das so verstehen, dass alle westlichen Menschen oberflächlich sind?*

Ganz und gar nicht. Die hohe Geschwindigkeit im Erlernen und in der Umsetzung hat ja auch eine Menge Vorteile, die sich in der Flexibilität und unter Umständen auch in der Kreativität niederschlagen. Was ich zum Ausdruck bringen möchte, ist, dass wir Japaner den Dingen sehr auf den Grund gehen. Wir hinterfragen und analysieren, wir vergleichen und versuchen zu optimieren. Wir sind bestrebt, in allem, was wir tun, präzise zu sein, und denken immer an den langfristigen Erfolg.

*Liegt darin auch das Geheimnis der enormen Wirtschaftsleistung Japans?*
Nach dem Zweiten Weltkrieg war Japan dem Erdboden gleichgemacht. Alles war zerstört. Ich bin unmittelbar nach Kriegsende geboren, und wir hatten kaum etwas zu essen. In nur 23 Jahren ist unser Land zur zweitgrößten Wirtschaftsmacht der Welt aufgestiegen. Einen wesentlichen Grund darin sehen wir in unserer präzisen Vorgangsweise und im Fleiß unseres Volkes.

*Nun zählen Sie ja auch zu den Großmeistern, was die Kampfkunst betrifft. Als 6. Dan in Judo haben Sie ja einen tiefen Einblick in die Prinzipien der Samurai. Wie haben diese Ihr Leben und auch Ihren beruflichen Erfolg geprägt?*
„Ichi go, ichi e" ist ein wichtiger Spruch im Budo. Frei übersetzt bedeutet es: „Jeder Moment kommt im Leben nur einmal, also mach das Beste daraus. Gib alles mit deinem ganzen Geist und voller Entschlossenheit." Danach habe ich versucht zu leben und ich spüre, dass es gut ist.

*Ihr Unternehmen agiert global. Nach welchen Kriterien wählen Sie Ihre Geschäftspartner aus?*
Bevor wir uns für einen Partner entscheiden, sehen wir uns ganz genau an, ob er zu uns passt. Und hier spielen Werte wie Respekt und Höflichkeit eine wichtige Rolle, aber auch Geduld und Disziplin. In einem Meeting finden wir heraus, wie gut jemand zuhören und eine Verhandlung eine Stunde aufmerksam verfolgen

kann, ohne etwas zu sagen. Kann er ruhig, konzentriert und aufrecht dasitzen? All das sind Aspekte, die man im Budo lernt. Wir bekommen nach und nach ein Gespür, um welche Persönlichkeit es sich bei unserem möglichen Partner handelt, und diese ist für langfristigen Erfolg ganz entscheidend. Im Westen zählt mehr, wie überzeugend jemand auftritt, wie gut er sich verkaufen kann. Nur allzu oft haben sich solche Personen als Blender herausgestellt.

**MICHAEL LOEFFLAD**
*Präsident Würth Japan*

*Sie sind bereits seit zehn Jahren in Japan beruflich tätig. Was hat Sie dazu bewogen, sich für so einen langen Zeitraum zu verpflichten?*
Die hohe Lebensqualität in Form von Sicherheit, die Freundlichkeit der Leute, der gute Service. All das zusammen ergibt einen guten Mix für mich und deshalb fühle ich mich wohl hier.

*Wie spüren Sie die Sicherheit im täglichen Leben hier in Japan?*
Die Sicherheit drückt sich darin aus, dass ich zum Beispiel in jedem beliebigen Lokal mein Sakko unbeaufsichtigt hängen lassen und ich meinen Geldbeutel auf dem Tisch oder an der Theke liegen lassen kann. Wenn ich zurückkomme, liegt er immer noch da. Wenn ich um zwei Uhr nachts einer Gruppe Jugendlicher begegne, kann ich sicher sein, dass mir nichts passiert: Wenn mir dasselbe in manchen Stadtteilen in Deutschland passiert, weiß ich nicht, welchen Gefahren ich mich aussetze.

*Was machen Sie bei der Mitarbeiterführung hier für Würth Japan anders als beispielsweise für Würth Deutschland?*
Ich muss hier meine Ideen viel stärker an meine Mitarbeiter verkaufen. Ich muss sie ganz stark in die Change-Prozesse einbinden, nur so findet man langfristig die nötige Akzeptanz und den hier so wichtigen Respekt.

*Wenn Sie einen Geschäftstermin wahrnehmen: Worauf achten Sie hier besonders?*
Das Wichtigste ist Vertrauen schaffen, am besten über eine freundliche Atmosphäre. Es empfiehlt sich beispielsweise, über den Markt zu reden und nicht zu früh über das Geschäft. Eine grobe Präsentation über das Angebotsportfolio, aber keinesfalls beim Erstbesuch ein Angebot konkretisieren, das würde der Japaner völlig missverstehen. Erfahrungsgemäß benötigt man in Japan mindestens drei Jahre, um in den Markt zu kommen.

*Wie erklären Sie sich die hohe Loyalität der Mitarbeiter zum Unternehmen?*

Ich kann beobachten, dass die Loyalität der Mitarbeiter abnimmt. Sie ist aber verglichen mit Europa noch auf einem viel höheren Niveau. Dennoch denkt der Japaner heute bereits anders. Als *Sony* als erstes Unternehmen begonnen hat, Mitarbeiter im größeren Stil zu entlassen, und mit dem Platzen der IT-Blase, gefolgt von der Finanzkrise, haben auch die Japaner gemerkt, dass „lifetime employment"[9] selbst *Toyota, Hitachi* oder auch *Mitsubishi* auf Dauer nicht bieten können.

*Worauf achten Sie im Umgang mit Ihren Mitarbeitern?*

Ich achte auf stilvolle Manieren. Hier zählt die gute alte Schule noch. Anstand und traditionelle Werte werden hier noch großgeschrieben. Tödlich wäre es, die Beherrschung zu verlieren oder laut zu werden, da disqualifiziert man sich hier nur selber und das ganz schnell.

*Wie motivieren Sie Ihre Leute?*

Ich zeige jedem einzelnen, dass er/sie hier eine Zukunft in unserem Unternehmen hat. Ich rekrutiere die Manager, wenn irgendwie möglich, aus den eigenen Reihen. Es gibt wenige, aber dafür attraktive *Incentives.*[10] Zum Beispiel läuft im Vertrieb ein Wettbewerb für eine Reise nach Hawaii. Die Wettbewerbe sind so angelegt, dass jeder gewinnen kann und nicht nur die Stars. Dies ist eine globale Vorgehensweise von *Würth*. Zusätzlich bringe ich etwas europäischen Führungsstil mit ein, indem ich den Mitarbeitern mehr Eigenverantwortung gebe.

*Was ist wichtig, wenn man auf den japanischen Markt will?*

Die Devise laute hier „think big": ein Konzept ausfeilen bis ins Detail und anschließend groß umsetzen, keine Halbherzigkeiten. Viele Unternehmen machen den Fehler, dass sie hier eine Niederlassung gründen, meist um auf der Landkarte einen Haken dranzusetzen, sie machen dann aber den zweiten Schritt nicht.

IKEA war bereits vor 35 Jahren auf dem japanischen Markt. Damals waren in einigen Department-Stores IKEA-Abteilungen eingerichtet, wo bereits zusammengebaute Schränke und Regale standen. Denn die Japaner sind keine Hobbybastler, war die allgemeine Überzeugung. IKEA schlummerte über zwei Jahrzehnte in der Bedeutungslosigkeit. Bis 2004 der damals drittgrößte IKEA-Store der Welt mit über 40.000 m² Verkaufsfläche eröffnete und das IKEA-Prinzip konsequent umgesetzt wurde. In der Zwischenzeit gibt es in Japan schon fünf solche Stores und IKEA läuft prächtig im Land der aufgehenden Sonne. *Starbucks*-Gründer Howard Schultz war der Erste, der in Japan ein Nichtraucherlokal eröffnete. Niemand glaubte an seinen Erfolg. Doch er hatte die Starbucks-Idee konsequent umgesetzt, und heute ist er ein Big Player und Japan ist sein zweitwichtigster Markt geworden.

*Was können Sie ausländischen Unternehmen noch empfehlen?*
Verlassen Sie sich nicht zu sehr auf Ihre Partner, wenn Sie nach Japan gehen. Der Partner hält eher die Marke klein. Das ist historisch bedingt. Der Japaner in einem ausländischen Unternehmen ist nicht der Initiator. Er hinterfragt auch nichts. Er ist eher das ausführende Organ. Das ganze japanische Bildungssystem hat sehr viel mit dem Auswendiglernen zu tun. Dies beginnt schon mit der Schrift, die muss man mit hoher Konsequenz und viel Disziplin einfach Auswendiglernen. Deshalb haftet der Japaner sehr stark am Geschriebenen und vertraut dem auch. Wenn zum Beispiel bei einer Gebrauchsanweisung steht: „Verwenden Sie einen Reiniger, so einen wie von Würth", dann nimmt der Japaner einen von *Würth* und hinterfragt nicht, welche es noch gibt, weil er dies der Informationsbroschüre so entnommen hat.

*Was haben Sie persönlich von den Japanern gelernt?*
Gelassenheit, und dass Harmonie vor Macht und Geld steht. Die Japaner sind sehr diszipliniert. Dies sieht man in allen Le-

benslagen. Zum Beispiel: Der Shinjuku-Bahnhof in Tokio hat eine Tagesfrequenz von 12 Millionen Menschen. Und es passiert nichts, hier wird Disziplin täglich gelebt. Gegenseitiger Respekt und Achtsamkeit werden hier noch gelebt, wie bei den alten Samurai.

**THOMAS NOLTING**

*Vorstand Correns Corporation*

*Vorbemerkung:* Die Correns Corporation wurde 1948 in Japan gegründet. Das Kerngeschäft ist der Verkauf, inkl. Wartung, von europäischen Maschinen und Anlagen in Japan. Das Unternehmen beschäftigt rund 180 Mitarbeiter, vorwiegend Verkaufs- und Wartungs-Ingenieure. Seit der Gründung des Unternehmens konnten „schwarze Zahlen" geschrieben werden. Herr Nolting kam 1985 nach Japan und arbeitet seit 1992 bei Correns in Tokio.

*Zählt in Japan die Handschlagqualität immer noch stark?*
Versteht man den Begriff sinnbildlich (denn Japaner geben sich ja bekannterweise nicht die Hand, sondern verbeugen sich voreinander), kann die Frage mit „Ja" beantwortet werden. Japaner scheuen lange und komplizierte Verträge und bringen dem Partner Vertrauen entgegen. Vor einigen Jahren konnte *Correns* ein Projekt für damals ungefähr 30 Millionen DM abschließen – der Auftragsbogen mit allen Konditionen passte auf eine einzige DIN A4-Seite. Allerdings sind Japaner durch schlechte Erfahrungen bei Auslandsgeschäften vorsichtiger geworden.

*Was haben Sie von den Japanern gelernt?*
Zwei Punkte fallen mir sofort ein:
„Nemawashi", das heißt, die geschickte Vorbereitung einer Besprechung, in der Entscheidungen gefällt werden sollen. Durch individuelle Vorgespräche mit den Besprechungsteilnehmern versucht man, gegensätzliche Standpunkte zu überbrücken. In der Besprechung selber wird die Lösung vorgetragen, die von allen Teilnehmern getragen – und später auch von allen unterstützt wird.
Disziplinierte Gesprächsführung: Japaner lassen das Gegenüber ausreden und fallen sich nicht gegenseitig ins Wort. So können auch eher zurückhaltende Teilnehmer ihre Ideen vorbringen.

*Wie motivieren Sie Ihre Mitarbeiter?*
Ich beziehe meine Kollegen in die für sie relevanten Entscheidungsprozesse ein, lasse ihnen genügend Spielraum und ermuntere sie zu Eigenverantwortung. Das beinhaltet natürlich eine weitreichende Delegation von Verantwortlichkeit.

## DR. JÖRN WESTHOFF

*ehem. Anwaltskanzlei Sonderhoff & Einsel*

*Vorbemerkung:* Die Kanzlei existiert seit 1910 und hat fünf japanische Anwälte, circa zwanzig japanische Patentanwälte und insgesamt mehr als hundert Mitarbeiter. Viele davon sind auch in der Übersetzung tätig. Das Unternehmen ist unter anderem auf Patentrecht spezialisiert und betreut von Tokio aus viele deutsche und österreichische Mandanten. Dr. Westhoff, Anwalt und Ostasienwissenschaftler, war dort bis Ende 2011 beschäftigt. Mittlerweile arbeitet er in Deutschland für die Kanzlei Dr. Wehberg und Partner GbR in Hagen/Westf., wo er weiterhin deutsche und österreichische Unternehmen sowie Mandanten aus ganz Europa bei ihren Geschäften in Japan berät und unterstützt. Er ist außerdem Professor für deutsches und internationales Wirtschaftsrecht an der FOM Hochschule in Essen. Das Interview wurde im Jahr 2010 geführt.

*Sie sind seit zehn Jahren in Tokio als Anwalt tätig. Was hält Sie in dieser 30-Millionen-Metropole?*

Ein anständiges Gehalt. Es ist tatsächlich so, dass nicht nur die Arbeit hier sehr anspruchsvoll ist, sondern auch wirklich gut bezahlt wird. Was mich noch fasziniert hier ist die unglaubliche Serviceorientierung der Japaner. Jeder versucht einem hier das Leben so leicht wie möglich zu machen. Nach zehn Jahren spüre ich immer noch die Gastfreundschaft und werde in vielen Fällen als Gast behandelt.

*Welche Gesellschaftsformen sind in Japan üblich?*

Es gibt hier natürlich die OHG und die KG, aber üblich ist die AG. Interessanterweise wurde die GmbH abgeschafft. Sie galt nicht als kreditwürdig, der Begriff für GmbH klingt auch im Japanischen wenig vertrauenswürdig.

*Wie hoch ist die Mindesteinlage bei einer AG?*
Ein Yen pro Aktie. Also ist das Haftungskapital stark beschränkbar, wenn man das will.

*Sehen die Banken darin weniger Risiko?*
Anscheinend schon alleine die Bezeichnung als AG vermittelt ein Gefühl der Größe, und manche Unternehmen machen sich dies im Ausland vielleicht auch zunutze. Es ist eben oft sinnvoll, sich Informationen über seine Geschäftspartner zu verschaffen.

*Was empfehlen Sie als Jurist und Japanologe ausländischen Investoren, damit sie am japanischen Markt erfolgreich werden?*
Wichtig ist, dass man hier ernst genommen wird, und dafür braucht man ein innovatives Produkt. Man muss groß sein oder wirken. Oder zumindest eines von beiden, also innovativ oder groß. Innovation wird in Japan ganz groß geschrieben, nicht zuletzt, weil die Japaner ja auch furchtbar neugierig sind.

*Was haben Sie von den Japanern hier gelernt?*
Gelassenheit. Nein, gelassen war ich immer schon. Vielleicht doch eine Spur mehr Gelassenheit, und ich sehe, die tut mir gut.

*Wie viele Stunden arbeiten Sie hier pro Woche?*
Im Schnitt auch nicht mehr als vierzig. Allerdings reise ich viel, und da kommt schon mehr zusammen.

## Der Geist der Samurai lebt weiter

Alleine von den Aussagen dieser Interviewpartner können wir ein Gespür dafür entwickeln, wie stark bis heute Teile des Samurai-Geistes noch in der japanischen Gesellschaft, Kultur und in deren Unternehmen verankert sind.

Was aber wurde aus den Samurai, welche durch die neue Waffentechnologie aus den fernen Vereinigten Staaten von Amerika ihre Bedeutung verloren hatten?

Im Jahr 1868 wurde der Shogun in Kyoto abgesetzt, seine Machtbefugnisse gingen an den Kaiser über. Dieser verlegte seinen Sitz nach Edo (heute Tokio) und hat seit diesem Zeitpunkt vorrangig repräsentative Aufgaben. 1881 waren weniger als fünf Prozent der Bevölkerung Samurai. Sie hatten aber 40 Prozent der Schlüsselpositionen im Staat, insbesondere in der Verwaltung, besetzt. Der Grund dafür war nicht ihre überdurchschnittliche Bildung, sondern vielmehr das Vertrauen, das sie in der Bevölkerung genossen, basierend auf ihren Werten, die sie und ihre Vorfahren über Jahrhunderte gelebt hatten.

➤ **Die Samurai genossen großes Vertrauen in der Bevölkerung.**

In der zweiten Hälfte des 19. Jahrhunderts wurden den Samurai von der Regierung Ländereien zur Verfügung gestellt, um diese gewinnbringend zu bewirtschaften. Bereits 1882 stammten 75 Prozent der Einlage der japanischen Nationalbank aus Erträgen, welche die Samurai erwirtschaftet hatten. Daher überrascht es uns wenig, dass der erste Präsident der JNB (Japan National Bank) ein ehemaliger Samurai war.

Viele vormalige Samurai ließen sich im Handel und im Schiffsbau nieder und vernetzten sich so im ganzen Land. Sie führten ihre Unternehmen nach dem Kodex der Samurai, so wie sie ihn über Generationen hinweg auch gelebt hatten. Historiker sind bis heute davon überzeugt, dass der rasche Wiederaufbau Japans nach dem Zweiten Weltkrieg und der kometenhafte Aufstieg des

Landes zu den größten Wirtschaftsmächten der Welt dem Geist der Samurai zu verdanken sind. In vielen japanischen Weltkonzernen finden wir die Wurzeln von Samurai-Familien. Hier einige Beispiele.

## Nomura Group

Der Gründer Tokushichi Nomura wurde 1850 als Sohn eines Samurais, welcher auch der Herr der Burg von Osaka war, geboren.[11] Der derzeitige CEO der global tätigen Investmentbank und eines der weltweit führenden Brokerhäuser führt den atemberaubenden Erfolg des Unternehmens auf den „Code of Ethics" zurück. Dieser ist in 20 Punkte gegliedert und deckt sich stark mit den Werten, welche der Unternehmensgründer von seinem Vater in Form des Samurai-Kodex vorgelebt bekommen hat.

## Sumitomo Corporation

Das Unternehmen zählt heute zu den Weltmarktführern in der Elektronikindustrie. Seine Geschichte geht zurück bis ins 16. Jahrhundert, als der Gründer Masatomo Sumitomo als Sohn eines Samurais aus Osaka erwähnt wird.[12] Über Jahrhunderte hinweg prägte das Unternehmen ethische Grundsätze für den Umgang mit Waren, Dienstleistungen und Menschen. Die Ziele von Stärke und Wohlstand gründeten sich auf Werte wie Integrität, Flexibilität, Vorsicht und Gewinnstreben, ohne gegen nationales und öffentliches Interesse zu verstoßen. Die langfristige Entwicklung steht vor kurzfristigem Gewinn. *Sumitomo* erzielt auch heute noch, trotz aller Krisen bei japanischen Unternehmen, Milliardengewinne und gibt somit dem Begründer Recht.

## Continental Airlines

Als Gordon Bethune CEO von *Continental Airlines* wurde, stand das Unternehmen kurz vor der Pleite. Jeder, der die Geschichte von *Continental Airlines* kennt, weiß, dass der Vorstandvorsitzende in den Jahren des Turnarounds die Reinkarnation eines Samurai-Kriegsherrn war. Er konzentrierte sich auf das Wesentliche und agierte extrem pragmatisch: „Wenn du im Pizzageschäft bleiben willst, musst du früher oder später eine gute Pizza abliefern. Wenn man eine Fluggesellschaft betreiben will, muss man erstens die Menschen pünktlich ans gewünschte Ziel bringen, zweitens das Gepäck gleichzeitig mit dem Kunden abliefern, drittens lächelnde Mitarbeiter haben. That's it!"[13]

Alles, was er von seinen Mitarbeitern erwartete, war er bereit, auch selbst zu tun. Er handelte streng nach dem Motto „Go first". Seine Aussagen waren gleichzusetzen mit der Tat, eine der Tugenden, welche den Samurai über fünf Jahrhunderte höchstes Ansehen einbrachten. Gordon Bethune hat mit der Implementierung des Samurai-Kodex in die Fluggesellschaft bewiesen, welche Nachhaltigkeit Werte im Unternehmen erzeugen können, und das Unternehmen wieder zur ertragreichsten Fluglinie der Vereinigten Staaten von Amerika gemacht.

## Es gibt bis heute keinen Manager-Kodex

*Der Politik von heute fehlt es an Samurai, sie wird von Söldnern betrieben!*[14]

Diese Aussage des Grazer Bürgermeisters Mag. Siegfried Nagl hat mich beflügelt, das Projekt „Der Samurai Manager" voranzutreiben. Wir sehen, dass das Thema „Werte" in allen Gesellschaftsschichten präsent ist und eine fundamental wichtige Rolle einnimmt. Wenn *wir* uns nicht an Werten orientieren, woran denn sonst? In vielen Interessengemeinschaften gibt es einen Kodex: Bei den Ärzten beispielsweise den Hippokratischen Eid. Aber auch die meisten Armeen, die Pfadfinder und auch die Rechtsanwälte haben Leitbilder, an denen sie sich orientieren. Für Manager hat sich nichts dergleichen entwickelt und das ist ein Problem.

So wie jedes geschäftliche Ziel in weiterer Folge eine Vision in sich trägt, braucht ein Manager nicht nur eine Vorstellung, *was* er werden will, sondern vor allem, *wie* er werden soll. Mit welchem Führungsmodell setzt er seine Ziele durch? Wie sieht seine Leitlinie aus, die ihn auch in schwierigen Zeiten sicher führt? Er benötigt etwas, das ihm Halt gibt, einen Kodex.

➤ **Der Manager braucht einen Kodex!**

Der Samurai-Kodex ist eine jahrhundertealte Verhaltensrichtlinie und hat keine festgelegte Form. Die Richtlinie, wie wir sie heute verstehen, leitet sich vom „Bushido" ab. Bushido – japanisch 武士道, wörtlich: „Weg (dō) des Kriegers (Bushi)" – bezeichnet den Verhaltenskodex und die Philosophie des japanischen Militäradels im späten Mittelalter – der Samurai. Seine Popularität und Bekanntheit verdankt der Begriff in besonderer Weise dem 1899 in englischer Sprache erschienen Werk *Bushido – the Soul of Japan* von Inazo Nitobe.[15]

Demnach ist Bushido ein ungeschriebener Kodex:

*Bushido ist also der Kodex jener moralischen Grundsätze, welche die Samurai beobachten sollten. Es ist kein in erster Linie schriftlich fixierter Kodex; er besteht aus Grundsätzen, die mündlich überliefert wurden und nur teilweise aus der Feder wohlbekannter Ritter oder Gelehrter flossen. Vieles davon spiegelt sich bereits im ‚Buch der fünf Ringe' vom Samurai Fechter und Philosophen Miyamoto Musashi (16. Jh.) wider. Wu Sunzi weist in seinem bis heutigen Bestseller ‚Die Kunst des Krieges' bereits 300 vor Christus auf ähnliche Prinzipien hin. Es ist ein Kodex, der wahrhafte Taten heiligspricht, ein Gesetz, das im Herzen geschrieben steht. Bushido gründet sich nicht auf die schöpferische Tätigkeit eines fähigen Gehirnes oder auf das Leben einer berühmten Person. Es ist vielmehr das Produkt organischen Wachsens in Jahrhunderten militärischer Entwicklung.*[16] *(...)*

➤ **„Bushido ist ein Kodex, der wahrhafte Taten heiligspricht, ein Gesetz, das im Herzen geschrieben steht."**

## 1.3 Die Werte der Samurai in Bezug auf unser Geschäftsleben

In den beiden folgenden Interviews wird ersichtlich, welche Stellung Werte im Management einnehmen können. Im ersten Fall wurden Werte unter beträchtlichem Aufwand global in einem Unternehmen implementiert. Im zweiten Fall wurden Werte im Büro visualisiert und prägen das Handeln eines Topmanagers.

Am 14. September 2012 lernte ich beim Weltkongress für Personal- und Wertediagnostik in München Thomas Perlitz von der *Gerresheimer AG* Deutschland kennen. Er war ebenso wie ich Vortragender bei dieser Veranstaltung und sein Input zum Thema „Werte im Management" hat mich tief beeindruckt. Ich erzählte ihm von meinem Buch und er sagte mir ohne zu zögern einen Termin für ein Interview zu.

**THOMAS PERLITZ**

*Global Human Resources*, Gerresheimer AG

*Sie tragen als Personalchef die globale Ver-*
*antwortung für die Personalentwicklung von*
*mehr als 11.000 Mitarbeitern bei der Gerres-*
*heimer AG und setzen in einer Zeit, in der*
*Shareholder- und Stakeholder-Value[17] domi-*
*nieren, auf Werte in der Unternehmensfüh-*
*rung. Ist das nicht ein Wunschdenken?*

Nein. Wir haben ja Shareholder-Value und Stakeholder-Value: Da
muss man unterscheiden. Die vergangenen fünfzehn, zwanzig
Jahre waren geprägt durch das reine Shareholder-Value-Denken:
Quartalsergebnis abliefern, Börsenerwartungen erfüllen, fertig.
Hier gab es in den letzten Jahren viele, die sich davon distanziert
haben. In Deutschland sind wir dem Shareholder-Value auch
nicht so „sektenhaft" hinterhergelaufen, im Speziellen famili-
engeführte Unternehmen nicht. Inzwischen erlebe ich auch bei
amerikanischen Unternehmen ein wenig stärker den Wandel hin
zu einer ehrlicheren Stakeholder-Value-Orientierung. Dort finden alle Partner, am Unternehmen Beteiligte oder Einwirkende
ihr Recht und damit rutscht auch das Thema Werteorientierung
wieder mehr auf die Agenda. Ich war auch schon in der Zeit, in
der das Thema Shareholder-Value sehr hoch gehalten wurde, jemand, der immer propagiert hat, dass gerade auch in dieser Zeit
eine klare Werteorientierung die Mitarbeiter mitziehen kann und
damit Wert entsteht. Mein Motto ist ja „Werte schaffen Wert". Dadurch wird positive Energie erzeugt, die beim Kunden ankommt,
dadurch entsteht Kundenbindung und Unternehmensergebnis.

*Gehen wir nun vom Allgemeinen ins Detail zu Ihrem Unterneh-*
*men: Welche Werte haben bei Ihnen – in Ihrem Unternehmen –*
*besondere Bedeutung und warum?*

Wir haben uns in einem Prozess, also unter Einbeziehung der
Mitarbeiter aus der ganzen Welt, in mehreren Runden getroffen

und herausgearbeitet: Wo kommt die *Gerresheimer* her? Wo wollen wir hin? Was macht uns stark? Dadurch entstand eine Reihe von Werten. Wir haben uns am Ende auf fünf Werte verständigt, denen wir mehr Bedeutung geben wollen. Hier ist es häufig so, dass Unternehmen ja ähnliche Werte haben. Es kommt entscheidend darauf an, wie man diese nachhaltig implementiert und dann auch lebt. Bei der *Gerresheimer* sind es folgende Werte: Integrität, Höchstleistungen, Innovation, Verantwortung und Teamwork. Für uns besondere Bedeutung hat das Thema Integrität, weil darin Ehrlichkeit enthalten ist.

*Jetzt stehen Sie natürlich vor einer riesen Herausforderung, als Personalchef von 11.000 Mitarbeitern bei einem global organisierten und agierenden Konzern. Wie funktioniert die Werteimplementierung bei so vielen verschiedenen Kulturen?*
Entscheidend war, dass wir dieses Thema nicht „top down" angegangen sind, sondern dass wir bereits bei der Erarbeitung weltweit Führungskräfte und Mitarbeiter unterschiedlichster Nationalitäten, Hierarchiestufen und so weiter zusammengeholt haben. Wir haben dadurch schon in der Entstehungsphase darauf geachtet, dass vieles an Fragen und Ideen hineinkommt, aus den unterschiedlichsten Kulturen und Blickwinkeln. Bei der Implementierung in ein Unternehmen mit weltweit 47 Standorten gab es eine klare Vorgabe: Für die fünf Werte gibt es alters- und kulturell bedingt unterschiedliche Interpretationen. Es war uns schnell klar, dass die Implementierung nur so erfolgen kann, dass wir einen Rahmen setzen und innerhalb dieses Rahmens jedes Land, jedes Werk der eigenen Kultur entsprechend gewisse Spielräume hat, um eine eigene Definition von Integrität, Innovation oder auch Teamwork zu finden. Verbindlich war aber für jedes Werk, dass alle Mitarbeiter in Workshops trainiert werden müssen, und dies innerhalb eines Jahres.
Wir haben die Werke aufgefordert, ihre eigene Implementierung zu gestalten, die wir auch global überwacht haben. Dadurch haben sie eine viel, viel höhere Identifikation und auch Auseinan-

dersetzungen mit dem Thema, als wenn wir es sozusagen „top down" in die Organisation gedrückt hätten.

*Wenn ich jetzt den Bogen spannen darf von Ihrer Welt in meine Welt: Sie hatten ja bei meinem Vortrag beim „Weltkongress für Wertediagnostik" in München meinen Ausführungen aufmerksam zugehört. Wo finden Sie Parallelen zwischen meiner Sichtweise und Ihren Ansätzen?*

Also am Anfang, wenn man so die plakative Überschrift gelesen hat, sich natürlich auch mit der asiatischen Kultur befasst und auch das Thema Samurai immer nur durch – wenn Sie so wollen – Berichte oder Fernsehfilme wahrgenommen hat, sind sie ja niemals auf den wirklichen Hintergrund oder auf die wirkliche Entstehungsgeschichte und damit auch auf den Wert des Themas des Samurais gekommen. Der Begriff „Samurai" wird herkömmlich ja immer im kriegerischen Zusammenhang dargestellt und man erfährt gar nicht, was wirklich dahintersteckt. Das war für mich dieser ganz, ganz große „Aha-Effekt": Was steckt denn da wirklich dahinter und vor allem, welche Konsequenzen resultieren daraus für mich als Führungskraft, als Personalverantwortlicher? Der Samurai war häufig allein und auf sich gestellt, insofern musste er eine Veränderung bei sich beginnen. Wenn wir etwas verändern wollen, müssen wir auch bei uns beginnen. Diese Parallele fand ich extrem spannend.

*Ich habe letztes Wochenende einen Samurai Manager-Durchgang, sprich ein Samurai Manager-Seminar gemacht. Ein dreitägiges, mit Topführungskräften von Mazda, und es ist üblicherweise nicht meine Art, bei einem Seminar zu fragen: Was erwarten sich die Teilnehmer vom Seminar? Weil es sehr abgedroschen ist. Wenn man jedoch zum Samurai Manager geht, ist diese Frage berechtigt. Die Motive der Teilnehmer waren sehr unterschiedlich. Jedoch mehr als die Hälfte der Teilnehmer hat gesagt, der Titel habe sie sehr angesprochen. Was war Ihr erstes Gefühl, Ihre erste Reaktion auf den Titel „Der Samurai Manager"?*

Ähnlich, wie Sie das angedeutet haben. Ich habe so etwas wie „Wie passt denn das nun zusammen?" empfunden. Also ich hatte ganz ehrlich gesagt einen riesig großen Aha-Effekt. Weil ich eben durch Fernsehfilme oder Berichte auf die Wahrnehmung über das Thema „Samurai" eher auf Kampfkunst oder Ähnliches programmiert war. Die man sich mit einer hohen Disziplin erarbeiten muss. Aber auf welchem Fundament das steht oder wo es herkommt und was vor allen Dingen die wirklichen Inhalte sind, war für mich beeindruckend. Eine ähnliche Geschichte – das ging mir da durch den Kopf – wie wenn Sie das Thema „Knigge" betrachten. Wenn man sich mit der Vergangenheit von Herrn Knigge befasst, war er ein Philosoph und ein sehr breit denkender Mensch. Er wird heute oft darauf reduziert, dass er die Benimmregeln am Tisch formuliert hat. Und dieses Bild hat man in den Köpfen, wenn man sich nicht tiefer damit auseinandersetzt. Und so hatte ich eben auch ein Kampfbild im Kopf und Sie konnten mich zum Glück „umprogrammieren".

*Das freut mich. Ich bleibe jetzt noch ganz kurz beim Thema: Eine der Kernaussagen des Samurai Manager-Programms ist es, dass Intuition eine wichtige Kompetenz einer Führungskraft ist und dass diese Fähigkeit verbesserbar ist. Stimmen Sie dem zu?*
Ja, verbesserbar oder vielleicht kann man auch sagen „revitalisierbar". Damit meine ich: Intuition haben wir vielfach verlernt, weil sie nicht gefordert wurde. Ich glaube, dass sie ganz tief in uns drinnen steckt. Ein ganz einfaches Beispiel: Wir haben in Indien eine Fabrik zugekauft, und wir machen medizinische Verpackungsprodukte aus Glas und auch aus Kunststoff. Und dort haben wir eine Glasfabrik gekauft. Jetzt stellen Sie sich vor, die Mitarbeiter laufen dort in der Glasfabrik ohne Schuhe herum! Jetzt kommen wir dort als Europäer hin, als Deutscher, und sagen: „Mein Gott, das geht doch gar nicht. Sie brauchen doch Sicherheitsschuhe!" Und danach überlegen wir: „Wie implementiere ich nun Sicherheitsschuhe, wie mache ich das?", und danach sagen Ihnen plötzlich die Mitarbeiter: „Wir wollen keine Schuhe."

„Das geht gar nicht", denken Sie im ersten Augenblick. Und wenn Sie dies weiter hinterfragen, kommen Sie auf den Kern. Denn sie sagen zu Ihnen: „Sie berauben uns eines weiteren Sinnesorgans." Durch das Barfußlaufen haben sie eine zusätzliche Sinneswahrnehmung, die wiederum im übertragenen Sinne vielleicht auch die Intuition stärkt. Und ich bin davon überzeugt, dass wir, wenn wir wieder mehr lernen auf uns zu hören, auch bessere Entscheidungen treffen. Insofern bin ich eher der Meinung: Lassen Sie uns die Intuition zuerst revitalisieren und dann weiter trainieren.

*Ich möchte noch eine generelle Frage stellen: Sie haben im Zusammenhang mit dem Thema „Führung/Führungskraft" sehr stark auch den Wert Integrität herausgestrichen. Als Manager eines Konzerns: Was ist Ihre persönliche Meinung, in einem Satz ausgedrückt? Was zeichnet eine Topführungskraft aus?*
Für mich sind zwei Komponenten ganz wichtig: Authentizität und mit Leidenschaft Mitarbeitern Orientierung geben.

Das folgende Interview entstand im Umfeld einer Veranstaltung in Warschau. Ich hatte die Ehre, Gast zu sein, als Dr. Włodzimierz Kwiecinski in der japanischen Botschaft eine hochrangige Auszeichnung verliehen wurde. Ein langjähriger Schüler von ihm, Sławomir Jędrzejczyk, polnischer Meister im Traditionellen Karate und heute CFO der *Orlen Group* (eine der größten Ölgesellschaft Zentraleuropas), war ebenso eingeladen. Dadurch hatten wir Gelegenheit, uns ausführlich über Budo-Prinzipien im Management auszutauschen. Dr. Kwiecinski ist der Gründer des „Dojo Stara Wieś". Es handelt sich hierbei um das weltweit größte Zentrum für Entwicklung traditioneller Kampfkünste. Das Zentrum steht unter der Patronanz von Friedensnobelpreisträger Lech Wałęsa.

## SŁAWOMIR JĘDRZEJCZYK
*CFO Orlen Group*

*Ist eine Managementstrategie, welche auf Werten und Prinzipien der Samurai basiert, in einem Unternehmen, welches nach Gewinnmaximierung für die Eigentümer trachtet, realistisch?*
Absolut. Zunächst bin ich persönlich der festen Überzeugung, dass ein Mensch oder auch ein Unternehmen nur dann erfolgreich sein kann, wenn es bestimmte Werte und Prinzipien verfolgt. Die globalen Herausforderungen, denen wir uns stellen müssen, machen es mehr und mehr notwendig, wieder auf Werte zu setzen. Erfreulicherweise stelle ich verstärkt fest, dass diese Werte sich stark an die Werte der Samurai annähern. Wir kommen wieder zurück zu den Wurzeln, wo Integrität, Fokussierung, Entschlossenheit und Respekt der Schlüssel für Erfolg als Individuum und als Unternehmen sind.

*Als Sie das erste Mal vom Samurai Manager-Programm hörten: Was war Ihre Reaktion?*
Ich habe beides praktiziert. Ich betreibe Karate und ich bin seit einigen Jahren ein Manager. Ich dachte, dies ist ein Konzept, das ich näher studieren sollte. Ich las mich in die Thematik ein und kam schnell zu der Erkenntnis, dass mich, aber auch mein Unternehmen, das Samurai Manager-Programm weiterbringen kann.

*Wie passt das Samurai Manager-Programm zum Dojo Stara Wieś?*
Die Location *Dojo Stara Wieś* ist perfekt für dieses Programm, da man schon beim Eintreffen das Gefühl hat, in einem japanischen Dorf zu sein, in dem die Zeit stehengeblieben ist. Es gibt dort keine Ablenkung, die ganze Konzentration geht auf die persönliche Weiterentwicklung für Geist, Körper und auch Seele. Für viele, welche das erste Mal in einem Karate Gi (Karate-Anzug) sind und Karate trainieren, ist es ein überwältigendes Gefühl, gestärkt von einem gigantischen Ausblick in die Weite des Landes. Ich kann mir vorstellen, dass sich viele wie ein Samurai fühlen.

*Warum glauben Sie, hat Lech Wałęsa die Patronanz für das Dojo übernommen?*

Lech Wałęsa ist ein großartiger Pole. Er hat gekämpft für die Wende in Polen und für die Wende in der Welt. Auf Basis von Werten hat er eine bessere Welt geschaffen. Ich denke, er war vom Konzept des *Dojo Stara Wieś* beeindruckt und war überrascht, dass die Prinzipien im Budo eine so hohe Übereinstimmung mit seinem Wertesystem haben.

*Es gibt ganz wenige Gegenstände in Ihrem Büro. Einer davon ist eine Wandtafel mit dem Dojo Kun (Dojo-Regeln). Warum?*

Mein neues Büro beschränkt sich auf das Wesentliche und das im japanischen Stil. An der zentralen Wand hängt der Dojo Kun. Er soll mich, meine Mitarbeiter und meine Gäste an die großartigen Werte des Traditionellen Karate erinnern. Und es funktioniert tatsächlich. Oft, bevor wir mit einer Besprechung beginnen, überlegen wir, wie wir uns als Mensch und charakterlich weiterentwickeln können, wie wir den Weg der Wahrheit gehen können, wie wir unser Bemühen verbessern können, wie wir respektvoller miteinander umgehen können und wie wir Gewalt vermeiden können.

*Wie können Sie von der Kampfkunst im Geschäfts- und auch im Privatleben profitieren?*

Ich bin sicher, dass regelmäßiges Üben in einer Kampfkunst uns einen gesamtheitlichen Zugang verschafft. Wir trainieren Geist, Körper und Seele. Definitiv hilft dies, einen hohen Energielevel zu halten. Zielverfolgung und Entschlossenheit sind essenziell in der Welt, in der wir leben, wo alles so schnell geht und gehen muss. Wir werden zugeschüttet von unwesentlichen Dingen. Budo-Training hilft uns, das Wesentliche vom Unwesentlichen zu unterscheiden und aus einem ruhigen Geist heraus die richtigen Entscheidungen zu treffen.

*Sie waren einer der Topathleten im polnischen Karate-Natio-
nalteam. Jetzt sind Sie eine der Topführungskräfte eines riesigen
Ölunternehmens. Was ist Ihr Geheimnis?*
Ich denke, ich habe das Geheimnis bereits gelüftet. Du brauchst
etwas, an das du glauben kannst. Dem musst du folgen, als wäre
es deine Bestimmung, mit einem klaren Fokus und voller Entschlossenheit, jedoch immer basierend auf nachhaltigen Werten
als rotem Faden. Natürlich braucht man auch von Zeit zu Zeit
etwas Glück. Aber wenn man die Werte hochhält, hat man das
Glück des Tüchtigen.

*Wenn Sie Entscheidungen treffen, hören Sie auf Ihre Intuition?*
Ich habe einen technischen und betriebswirtschaftlichen Hinter-
grund. Deshalb muss ich mich stark auf Fakten und Tatsachen
konzentrieren. Je länger ich jedoch im Management tätig bin,
desto mehr gelange ich zur Überzeugung, dass ich mich auf mein
Gefühl verlassen kann. Aus diesem Grund liebe ich auch den
Spruch aus dem Samurai Manager-Programm: „you feel. you go."
Es ist so einfach, aber dieser Slogan beschreibt sehr klar, wie wir
unsere Entscheidungen treffen sollten, insbesondere auch privat.
Wir wissen, in komplexen Unternehmen mit unterschiedlichen
Führungspersönlichkeiten ist es entscheidend, eine gute Balance
zwischen Intuition und logischer Annäherung zu finden.

*Glauben Sie, dass die Intuition durch Training der Prinzipien aus
den Kampfkünsten verbessert werden kann?*
Die Kampfkunst bereitet uns für einen realen Kampf vor. Für
Situationen, in denen wir keine Zeit haben nachzudenken, wo
wir aus der Intuition heraus agieren müssen. Aus meiner persönlichen Erfahrung, als ich noch Athlet war, waren die besten
Techniken jene, bei denen ich mich nachher nicht mehr erinnern
konnte, wie es dazu kam. Es passierte einfach – reine Intuition.
Intuition kann definitiv trainiert werden. Ich musste eine Menge
Schmerzen, Schweiß und manchmal auch Blut ertragen, aber es
hat sich wirklich ausgezahlt.

## Ehrlichkeit und Aufrichtigkeit

Ein nicht näher genannter japanischer Dichter des Mittelalters schreibt: *Sei dir selbst treu. Wenn du in deinem Herzen nicht von der Wahrheit abweichst, werden dich die Götter auch ohne dein Gebet beschützen.*[18] Lüge und Zweideutigkeiten wurden im alten Japan gleichermaßen verachtet: *Bushi-no-ichi-gon* (das Wort eines Samurai, um die Wahrheit einer Behauptung zu verbürgen). Sein Wort war von solchem Wert, dass auf schriftliche Bürgschaften gewöhnlich verzichtet werden konnte. Der Samurai hielt ein schriftliches Versprechen für unter seiner Würde. Die Wahrheit der Höflichkeit zu opfern, wurde als „leere Form" *(kyo-re)* bezeichnet. Es wurde sogar als „Täuschung durch schöne Worte" charakterisiert und galt als unehrenhaft.

**✂ Der Samurai hielt ein schriftliches Versprechen für unter seiner Würde.**

Im japanischen Bushido wird immer vom Begriff der Aufrichtigkeit gesprochen, es wird interessanterweise niemals der Begriff Ehrlichkeit erwähnt. Ich denke, wir können mit beiden Begriffen gut umgehen und wissen, was gemeint ist. Ein Freund von mir ist Mitglied bei den Rotariern und war kürzlich bei einem Rotarier-Treffen in München. Es ging um die Themen „Werte im Management" und „Werte im Allgemeinen". Alle Teilnehmer hatten die Möglichkeit, zu Beginn auf ein Kärtchen einen Begriff aufzuschreiben, dessen Wertigkeit in ihrem eigenen Wertesystem besonders hoch ist. Die Kärtchen wurden in eine Box geworfen und anschließend ausgewertet.

„Ehrlichkeit" war jener Begriff, der am häufigsten vorkam. Überrascht uns das? Warum geben wir der Ehrlichkeit und Aufrichtigkeit eine so große Bedeutung? Nun, die Medien sind voll von Korruptionsskandalen, Bestechungsaffären und Schmiergeldzahlungen. Sogenannte „Vorbilder der Nation" entpuppen sich als

Lügner und Betrüger. Rühmliche Dissertationen werden als Plagiate entlarvt und Politiker zum Rücktritt gezwungen. Wem kann man da noch Glauben schenken?

*„Aufrichtigkeit ist der Knochen, der Festigkeit und Gestalt verleiht. Wie sich der Kopf nicht ohne Knochen auf der Wirbelsäule halten kann, wie die Hände ohne Knochen sich nicht bewegen und die Füße ohne sie nicht stehen können, so können weder Talent noch Gelehrsamkeit aus einer menschlichen Gestalt einen Samurai machen. Durch Aufrichtigkeit wird der Mangel an Fähigkeit bedeutungslos.“ (Inazo Nitobe)*[19]

Die Samurai bezeichnen die Aufrichtigkeit als den Zwillingsbruder der Tapferkeit. *Gi-shi* bedeutet im Japanischen so etwas wie „rechtschaffener Mann“. Im Laufe der Zeit wurde im Volksgebrauch aus *Gi-shi* der Begriff *Gi-ri*, was „rechte Vernunft“ bedeutet. Daraus entwickelte sich das rechte Pflichtgefühl und später einfach die Pflicht. Die Japaner verstehen heute unter *Gi-ri* die Pflicht, die wir unseren Eltern, Vorgesetzten, Untergebenen, Freunden und der Gesellschaft schulden. Ist es nicht so, dass uns die Pflicht das auferlegt, was uns die wahre Vernunft lehrt? Sollte sie nicht unser Handeln bestimmen und in einen kategorischen Imperativ münden?

**✂ „Gi-ri“ bedeutet die Pflicht, die wir unseren Mitmenschen und der Gesellschaft schulden.**

*Gi-ri* bedeutet ursprünglich nichts weiter als „Pflicht“. Eigentlich sollte Liebe das Gefühl sein, das alle unsere Handlungen gegenüber unseren Eltern und Mitmenschen bestimmt. Wo sie fehlt, muss etwas anderes dafür einstehen, das kindliche Ehrerbietung erzwingt. Dieses Andere bezeichnen die Japaner eben als *Gi-ri*. Ein von Werten geprägter Japaner denkt, wenn die Liebe nicht zum richtigen Handeln und zu edlen Taten anspornt, muss der Verstand des Menschen zu Hilfe kommen und seine Vernunft geschärft werden, um ihn von der Notwendigkeit rechter Taten zu überzeugen. Dasselbe gilt für jede andere moralische Verpflichtung. In dem Augenblick, in dem die Pflicht als eine Last empfunden wird, muss die Vernunft hinzukommen, um zu verhindern, dass wir uns der Pflicht entziehen. Folglich ist *Gi-ri* ein strenger Lehrmeister, der mit der Rute in der Hand die Menschen aus der Komfortzone heraustreibt, ihren Teil beizutragen.

Wir leben in einer Zeit mit ständig härter werdenden Wettbewerbsbedingungen bei sinkenden Margen. Ist eine gewisse Schlitzohrigkeit nicht zu einer Selbstverständlichkeit geworden, um überhaupt noch konkurrenzfähig zu bleiben? Welchen Platz können realistischerweise Ehrlichkeit und Aufrichtigkeit in der täglichen Businessroutine einnehmen?
Ich bin davon überzeugt, dass ein Unternehmen heutzutage mehr denn je mit dem Engagement der Mitarbeiter steht oder fällt. Das Produkt ist austauschbar und die Produktzyklen werden immer kürzer. Selbstverständlich muss das Produkt marktgerecht sein. Aber auch die Innovation spielt eine tragende Rolle. Das beste und innovativste Produkt jedoch (ausgenommen Monopolstellungen) nützt uns nichts, wenn die Mannschaft nicht geschlossen hinter dem Unternehmen steht. Es liegt in der Natur der Sache, dass ein positives Arbeitsklima und stimmige Rahmenbedingungen sich konstruktiv auf die Wertschöpfung der Mitarbeiter auswirken. Doch welche Rolle spielt in diesem Zusammenhang die Aufrichtigkeit?

Lassen Sie mich an dieser Stelle ein Beispiel aus meinem Alltag nennen: Ich habe in einer GmbH, an der ich beteiligt war, zusätzliche Geschäftsanteile übernommen. Dadurch wurde ich Mehrheitseigentümer. Hierfür war ein Notariatsakt erforderlich, gefolgt von einer Firmenbucheintragung und dem üblichen Procedere. Nach einigen Wochen war noch immer keine Rechnung vom Notar für seine Leistung gekommen. Ich beauftragte meine Sekretärin, in der Notariatskanzlei anzurufen, um sich nach der Rechnung zu erkundigen. Sie gab mir zur Antwort, ob ich das wirklich klug fände, denn vielleicht würde die Rechnung vergessen werden und wir könnten uns die nicht unerhebliche Summe sparen. Ich gab meiner Sekretärin zur Antwort, dass der Notar eine Leistung für uns erbracht und damit Anspruch auf sein Honorar hat, andernfalls würden wir in seiner Schuld stehen, und das könne ich auf keinen Fall verantworten. Sie schaute mich mit großen Augen an und war sichtlich überrascht.

> ✒ **Wie können wir von unseren Mitarbeitern Ehrlichkeit und Aufrichtigkeit erwarten, wenn wir sie selbst nicht leben?**

Hier gilt „go first": Meister Oshima (9. Dan im Traditionellen Karate) hat gelehrt: *You have to teach your students with your back!*[20] Er hat damit gemeint, dass die Schüler das Verhalten des Meisters annehmen, aber nicht nur das Verhalten der ihnen zugewandten Seite, sondern vor allem das der abgewandten Seite. Egal, wie gut man versucht die Dinge zu verbergen, die Mitarbeiter finden heraus, was Sache ist. Die Identifikation meiner Sekretärin mit meinem Unternehmen stieg enorm. Als wir uns für einen Standortwechsel auf die „grüne Wiese" entschieden, nahm sie sogar einen wesentlich längeren Anfahrtsweg in Kauf. *On the long run* rechnet sich Aufrichtigkeit immer. Offenheit und Ehrlichkeit stärken das Vertrauen und geben den Mitarbeitern Sicherheit. Wenn sie sich sicher fühlen, können sie ihre Potenziale wesentlich besser entfalten und davon profitiert das Unternehmen nachhaltig.
Was hat es für einen Sinn, einem Handwerker oder einem Lieferanten, der eine ordentliche Leistung erbracht hat, die Rechnung sechs oder acht Wochen nicht zu bezahlen und, ohne dass es vereinbart war, zwei Prozent Skonto abzuziehen? Damit erzeugt man nur Krebsgeschwüre im eigenen Unternehmen. Den scheinbaren wirtschaftlichen Vorteil muss das Unternehmen durch Desorientierung und Demoralisierung der Mannschaft teuer bezahlen.

**◄── „In meinem Unternehmen haben Lieferanten und externe Dienstleister den gleichen Stellenwert wie Kunden."**

Der Konzern *Hewlett Packard* hat einmal den Begriff „Kunde" sehr interessant definiert: Kunde ist derjenige, der von uns etwas braucht. Dies wurde speziell auf die interne Zusammenarbeit bezogen. Konkret heißt das: Wenn die Buchhaltung vom Vertrieb etwas benötigt, sieht der Vertrieb die Buchhaltung als Kunden. HP hat dies im Unternehmensleitbild integriert und dadurch die interne Zusammenarbeit und Qualität in der Kommunikation messbar verbessern können.

Der Dalai Lama hat in seiner Rede im Juni 2012 in der Stadthalle in Wien das Thema Umgang mit Ehrlichkeit und Aufrichtigkeit sehr schön erörtert. Seine Kernaussage war: Ehrlichkeit und Aufrichtigkeit machen dich frei von Angst und Stress. Es gibt nichts, das du verbergen musst. Dein Gewissen ist sauber und frei, sodass die vorhandene Energie produktiv eingesetzt werden kann. Dieses Gefühl führt zu starkem Selbstvertrauen, und ein gesundes Selbstvertrauen ist die Basis für Erfolg.
Er erzählte, dass eine Frau ihm im Flugzeug auf dem Flug von Indien nach Österreich ein Bild von ihrem Sohn gezeigt und gesagt hatte, dieser sei geprägt von Hoffnungslosigkeit. Sie hatte die Bitte geäußert, er möge ihn segnen, und die Frage gestellt, was sie tun solle. Der Dalai Lama antwortete, dass dies speziell in der Jugend ein häufiges Symptom sei und sie möge ihm Selbstvertrauen geben. Und die Basis für Selbstvertrauen sei Ehrlichkeit. Sie solle in all ihrem Tun zeigen, dass sie es ehrlich meint. Langsam würde sie dadurch einen Nährboden für das Selbstvertrauen ihres Sohnes schaffen. Ein starkes Selbstvertrauen und gesundes Selbstbewusstsein lassen Angst, Zweifel, Eifersucht, Misstrauen usw. keinen Raum und daraus resultiert eine neue Perspektive und diese besiegt die Hoffnungslosigkeit.

**✎** Wir wollen von Natur aus nicht lügen und betrügen. Häufig haben wir jedoch Angst, die Wahrheit zu sagen. Angst davor, die Wahrheit könnte uns schaden.

Dies ist unumstritten auch in bestimmten Situationen der Fall, wenn zusätzlich noch die eigene Existenz und die Existenz der Familie auf dem Spiel stehen, überlegt man sich sehr wohl, was man sagt. Es steht einem ja auch immer die Möglichkeit offen, sich der Meinung zu enthalten.

Es geht bei diesem Thema primär nicht darum, sich mit Blauäugigkeit unnötig in Gefahr zu begeben, sondern um die Grundhaltung zum Thema Ehrlichkeit. Unser ursprünglicher Instinkt sagt uns auch, was richtig und nicht richtig, was gut und was schlecht ist. In tausenden von Gesetzestexten steht sogar niedergeschrieben, was rechtens ist und was nicht. Unser Zugang zu unserem natürlichen Instinkt ist jedoch häufig blockiert oder ganz verloren gegangen, stark beeinflusst von den Medien und dem Mainstream. Die Frage ist, wie finden wir wieder diesen Zugang zu unserem Inneren, zu unserem natürlichen Instinkt?

Nun, es gibt natürlich verschiedene Strategien und Wege dafür. Hidetaka Nishiyama behandelt dieses Thema über die Intuition. In seinen Trainings hat er immer wieder gelehrt: „Hartes Training führt zu hohem Selbstvertrauen, Selbstvertrauen führt zur stabilen Emotionen (Gelassenheit), und die Gelassenheit ist das Tor zur Intuition. Das Problem ist nur, dass viele Menschen nicht bereit sind, hart zu trainieren, sie wollen den einfacheren Weg gehen." Ich werde beim Kapitel „Intuition" noch viel genauer auf diese Thematik eingehen. Intuition ist ein Kernthema in jeder Kunst und natürlich auch im Management.

## Mut

In den „Analekten des Konfuzius" (Lehrgesprächen) definiert dieser den Mut, indem er – wie es seine Art ist – das Gegenteil erklärt: „Bemerken, was recht ist, und es nicht zu tun, beweist Mangel an Mut."[21] Anders ausgedrückt: Mut heißt, das tun, was recht ist – und zwar mit aller Entschlossenheit und Konsequenz. Sich allen möglichen Gefahren auszusetzen, sein Leben zu riskieren, dem Tod ins Auge zu schauen, etwas ohne einen tieferen Sinn oder höheres Ziel zu verfolgen, war selbst im alten Japan kein Zeichen von Mut. Dieses Verhalten wurde „der Tod eines Hundes" genannt. Zu leben, wenn es recht ist, zu leben und nur dann zu sterben, wenn es recht ist zu sterben, das war Mut. Wer von den heutigen Managern kann von sich aus ruhigen Gewissens behaupten, er besäße Mut? Wer von den Entscheidern gesteht sich zu, er handelt immer rechtens?

> ✎ **Manager haben häufig Angst: Angst um ihre Karriere, Angst um ihren Job, Angst, den Wohlstand zu verlieren.**

Diese Angst lähmt und man beginnt zu taktieren. Es gibt Studien, die belegen, dass ein Manager, wenn er länger als vier Stunden keinen Anruf oder eine elektronische Nachricht erhält, bereits Angst um seinen Job hat! Er denkt, er sei der unwichtigste Mensch auf diesem Planeten und beginnt zu grübeln. Dieses Verhalten ist krank und völlig destruktiv.
Doch woher kommt diese Angst? Die meisten Manager haben doch eine exzellente Ausbildung und ein reichhaltiges Wissen.

> ✎ **Primär ist es der Mangel an Selbstvertrauen, der den Führungskräften Angst macht.**

Ich habe in meiner mehr als zwanzigjährigen Tätigkeit als Unternehmensberater und Personalentwickler häufig meinen Kunden die Frage gestellt, wie man in ihrem Unternehmen Führungskraft wird. Ich habe darauf die erstaunlichsten und durchaus auch amüsante Antworten bekommen. In den seltensten Fällen wurde ein sauberes Jobprofil für die jeweilige Position erstellt und durch ein valides Verfahren abgebildet, welcher der Probanden sich gemäß seiner Fähigkeiten am ehesten für diese Position eignet. Viel häufiger war es so, dass langjährige, meist gut gediente Mitarbeiter in diese Position aufrückten oder, was noch viel häufiger der Fall war, dass durch entsprechend gute Beziehungen und Networking völlig ungeeignete Personen die Karriereleiter nach oben kletterten.

Hat man einmal diese Liga erreicht, geht es vorrangig darum, die Position abzusichern. Das Dilemma ist dann jenes, dass der Fokus nicht mehr darauf ausgerichtet ist, wie man einen guten Job macht, sondern dass man nur noch daran denkt, wer einem gefährlich werden kann und wer dienlich ist.

Jetzt beginnt das Spiel des Taktierens: Gute Ideen eines Kollegen, innovative Vorschläge einer anderen Abteilung werden eliminiert und bereits im Keim erstickt. Der Grund dafür ist wiederum Angst – Angst davor, jemand könnte besser sein und dadurch die eigene Position gefährden.

### ✒ Es gibt zu viele Schwätzer und Wichtigtuer!

Ich habe in großen Unternehmen nur allzu oft erlebt, dass für wirklich unfähige Mitarbeiter Führungspositionen geschaffen wurden, welche für das Unternehmen keine Wertschöpfung darstellten. Und das aus dem alleinigen Grund, dass es sich bei diesen Personen um gute Netzwerker gehandelt hat, die sich schlicht und ergreifend nur gut verkauft haben. Ein guter Freund von mir, der im Management eines Weltkonzerns arbeitet, sagte einmal zu mir: „Es gibt nur zwei Arten von Menschen, die Macher und die Schwätzer." Und er hat Recht. Es gibt speziell in der Beraterbranche zu viele Schwätzer und Wichtigtuer.

Ich wurde vor einigen Jahren von der Universität Wien zu einer Fachdiskussion zum Thema „Aus- und Weiterbildung für Erwachsene" eingeladen. Dort wurde die Zahl von mehr als 2000 Unternehmen genannt, die sich alleine in Österreich mit Personalentwicklung beschäftigen. Ich bin aber davon überzeugt, dass weniger als einhundert damit wirklich Geld verdienen. „Verdienen" im wahrsten Sinne des Wortes. Wir brauchen Manager mit Mut, die konsequent das tun, was zu tun ist – und zwar ohne zu zögern und zu taktieren.

**✎← „Ein Manager, der nicht bereit ist, jeden Tag seinen Job zu verlieren, ist kein guter Manager."**

Diese Aussage mag im ersten Moment unverantwortlich erscheinen, insbesondere in Zeiten der Wirtschaftskrise. Wenn dann auch noch Familienverantwortung dazukommt, mag dies sogar als grob fahrlässig betrachtet werden.

Dennoch bleibe ich bei meiner Aussage: Ein Manager, der das tut, wovon er überzeugt ist, und das Unternehmen voranbringt, wird Erfolg haben und so seinen Job absichern. Ein Manager, der sich jeden Abend selbst die Frage stellt, was er morgen besser machen kann als heute, und sich stark von seiner Intuition führen lässt, entwickelt sich hervorragend. Vor allem entwickelt er Selbstvertrauen, das er auch ausstrahlt. So holt er die Leute, die er braucht, ins Boot und legt den Grundstein für nachhaltigen Erfolg.

Nishiyama Sensei hat mich gelehrt: „Im Zen heißt es: ‚Wenn du gehst, dann geh, wenn du sitzt, dann sitze, aber wackle nicht.'" Das, was man tut, ganz tun, also keine Halbherzigkeiten. Ein Samurai, der halbherzig in den Kampf ging, war schon so gut wie tot. Allein das Zögern war bereits sein Todesurteil. Deshalb war die Entschlossenheit eine der wichtigsten Fähigkeiten eines Samurai im Kampf. Wir, speziell in Österreich, halten uns an das Motto: „Schauen wir einmal." Schauen wir einmal, wie sich das Ganze entwickelt, wie sich die Rahmenbedingungen darstellen. Aber mit „Schauen wir einmal" werden wir keine Schlacht gewinnen.

Im Karatetraining legen wir einen ganz starken Fokus auf die

Entschlossenheit. Mein Meister Hidetaka Nishiyama hat immer gesagt: „Auf keinen Fall zögern, Fehler sind erlaubt, aber zögern ist der sichere Tod: you feel. you go." Daher habe ich sie auch zum Slogan des *Samurai Managers* gewählt. Diese vier Wörter haben eine sehr tiefsinnige Bedeutung.

➤ **Immer wenn man das Gefühl hat, etwas tun zu müssen, dann soll man es auch tun.**

Beim Karatetraining auf höherem Niveau geht es weniger um die Technik, die hat man schon jahrelang geübt, sondern vielmehr um das Timing. Wenn man eine Chance beim Gegner sieht, ist es meist zu spät. Man muss die Chance für den Angriff spüren und dann entschlossen und ohne einen Bruchteil einer Sekunde zu zögern angreifen. Dieses Gespür lässt sich 1:1 in das Geschäftsleben umsetzen und macht einen Manager zum Samurai Manager.

## Zivilcourage

Es war auf einer Geschäftsreise mit dem Zug von Wien nach Salzburg. Es war Ferienzeit und der Zug war überfüllt. Ich entdeckte auf einer Zweierbank noch einen freien Sitzplatz. Daneben saß ein Herr Mitte zwanzig und hatte seine Tasche auf dem Nebensitz abgestellt. Ich fragte höflich, ob denn der Platz neben ihm noch frei sei. Er verneinte und gab mir zur Auskunft, der Fahrgast sei gerade im Speisewagen und komme bald zurück. Ich dachte mir nicht viel dabei und bemühte mich um eine andere Sitzgelegenheit. Ich hatte Glück, denn zwei Abteile weiter fand ich noch einen freien Platz. Ich packte meinen PC aus und begann zu arbeiten.
Ich konnte die beiden Plätze, wo ich zuerst nach einem freien Platz gefragt hatte, gut einsehen. Da die Plätze im Zug knapp waren, fragten auch andere Gäste, ob denn der besagte Sitz noch

frei sei. Dies wurde mit derselben Begründung wie bei mir verneint. Da nach mehr als einer Stunde der Fahrgast, der im Speisewagen sein sollte, immer noch nicht erschienen war, wurde ich misstrauisch und beobachtete die Situation noch etwas genauer. Schließlich kam eine hochschwangere Frau vorbei und bat um eine Sitzgelegenheit. Auch ihr wurde der Platz verwehrt. Kurz vor Salzburg (nach fast drei Stunden Fahrzeit) war es offensichtlich, dass es den besagten Fahrgast im Speisewagen gar nicht gab. Der andere Fahrgast belegte also zwei Sitzplätze während weitere Gäste stehen mussten. Ich fand dieses Verhalten völlig inakzeptabel. Doch wie verhält man sich in einer solchen Situation? Soll man sich in Dinge einmischen, die einen gar nichts angehen? Meine Intuition sagte mir, ich müsse handeln.

Ich stand kurz vor Salzburg auf, begab mich zum besagten Abteil und hielt dem Mann einen nicht näher identifizierbaren Ausweis vor die Nase und sprach ihn an: „Grüß Gott, ich bin von der diskreten Zugaufsicht und Sie wurden ab Wien beobachtet, wie Sie zwei Plätze blockiert haben. Mehrere Fahrgäste, darunter auch eine schwangere Frau, wollten hier Platz nehmen, was Sie verhinderten, indem Sie vorgaben, es käme noch ein anderer Fahrgast aus dem Speisewagen umgehend zurück, was sagen Sie dazu?"

Sein Gesicht lief hochrot an und er versuchte mit zittriger Stimme, das Ganze abzuschwächen beziehungsweise zu leugnen. Worauf ich antwortete: „Wir haben eine Kameraüberwachung im gesamten Zug (ich zeigte auf die Monitore, welche Auskünfte über die Fahrt gaben), wenn Sie versuchen zu leugnen, lassen wir die Videos auswerten und das Ganze wird eine Sache fürs Gericht. Sie haben jetzt zwei Möglichkeiten: Sie bezahlen für den widerrechtlich blockierten Sitzplatz, indem Sie eine zweite Karte kaufen, oder wir nehmen ihre Personalien auf. Sie verlassen in Salzburg den Zug und bekommen ein generelles Fahrverbot. Wir sind auf Fahrgäste wie Sie nicht angewiesen. Bevor Sie sich für eine der beiden Möglichkeiten entscheiden, sagen Sie mir noch bitte, wie es Ihnen dabei geht, einer werdenden Mutter den

Sitzplatz zu verweigern, damit Sie sich breitmachen können?" In dem Moment war der Mann sprachlos, tief beschämt und brachte keinen Laut heraus. Ich beendete das Gespräch, indem ich sagte: „Denken Sie über Ihr Verhalten nach, und sagen Sie mir, für welche der beiden Varianten Sie sich entschieden haben!" Ich ging danach in einen anderen Waggon und stieg am Hauptbahnhof in Salzburg aus.

> ✒ **Wenn Unrecht zu Recht wird, wird Widerstand zur Pflicht.**

Ich konnte einfach nicht zusehen, wie so ein menschenverachtendes Verhalten gelebt wurde und niemand davon Notiz nahm, geschweige denn ihm Grenzen aufzeigte. Ich hatte im Anschluss an diese Aktion ein gutes Gefühl und war davon überzeugt, richtig gehandelt zu haben.

In einem Seminar sprach mich ein Teilnehmer an, nachdem ich diese Anekdote erzählt hatte, dass er das Einschreiten gut fände, jedoch wäre darin doch eine Lüge verpackt gewesen. Was ist nun wichtiger: Mut oder Ehrlichkeit? Ich war sehr froh über diese Frage, und sie schien mir auch berechtigt. Natürlich war ich nicht von der „diskreten Zugaufsicht", ich weiß gar nicht, ob es eine solche gibt. Ich denke, in diesem Fall heiligte der Zweck die Mittel. Das Ziel war es, jemanden, der ein unrechtes Verhalten an den Tag gelegt hatte und noch dazu auf Kosten anderer, in die Schranken zu weisen. Die „Lüge", die ich beim Einstieg in das Gespräch verwendet hatte, war nicht eigennützig gewesen und brachte mir keinen Vorteil. Sie gab mir aber die Legitimation, für das Recht einzustehen, ohne als Wichtigtuer dazustehen. Insofern kann ich mein Verhalten und meine Vorgehensweise gut mit meinem Gewissen vereinbaren, und ich würde jederzeit wieder so oder so ähnlich handeln.

> ✒ **Mut lohnt sich!**

Mut führt zu Erfolg, insbesondere dann, wenn man viel selbst bestimmen kann. Eine mutige Entscheidung, bei der Sie auf die wesentlichen Parameter durch Leistung und persönliches Engagement großen Einfluss haben, bringt Sie Ihrem Ziel näher. Es war in meiner Anfangsphase als Unternehmensberater und Managementtrainer Ende der 1990er-Jahre. Ich hielt für eine Reisebürokette in Salzburg ein Verkaufstraining. Ich bekam ein erstklassiges Feedback und war motiviert nach diesem Tag. Während des Tages erfuhr ich, dass das Unternehmen eine Bürogemeinschaft mit einer renommierten Werbeagentur hatte. Als ich meine Unterlagen zusammenpackte und das Büro verlassen wollte, stand ich vor der Eingangstür dieser Werbeagentur und dachte mir, es wäre einen Versuch wert, mich kurz vorzustellen. Mutig betrat ich das Büro und erkundigte mich, ob einer der Geschäftsführer im Hause sei und kurz zu sprechen wäre. Die Dame am Empfang fragte, ob ich einen Termin hätte und in welcher Angelegenheit ich vorsprechen möchte. Ich erklärte ihr, dass ich soeben ein Verkaufstraining durchgeführt hatte und mir berichtet worden war, dass ihre Werbeagentur mit diesem Reisebüro eng zusammenarbeite. In diesem Zusammenhang wolle auch ich die Möglichkeiten einer für beide Seiten gewinnbringenden Kooperation ausloten, was wir innerhalb von fünf Minuten feststellen könnten.

Die Assistentin ging in das Büro eines der Geschäftsführer, der zufällig anwesend war, und gewährte mir Zutritt. Dieser blickte mir skeptisch entgegen.

Ich stellte mich und mein Unternehmen kurz vor, erläuterte meine Kernkompetenz und nachdem wir beide im Dienstleistungsgeschäft beheimatet waren, gebe es bestimmt den einen oder anderen Anknüpfungspunkt. Ich verwies auf die Referenz des Reisebüros und noch einiger anderer Kunden in Salzburg und bot ihm an, wenn einer meiner Kunden einen Bedarf äußere, den sein Unternehmen abdecken könne, würde ich ihn gerne weiterempfehlen. Der direkte und offene Zugang schien ihm zu gefallen und es entwickelte sich ein Gespräch, welches deutlich länger dauerte als fünf Minuten. Ergebnis des Gespräches war, dass wir beide voneinander sehr genau wussten, wo die Stärken unserer Dienstleistungen lagen, und dass es eine Basis gab, uns wechselseitig weiterzuempfehlen. Wie ich später erfuhr, erkundigte sich mein Gesprächspartner noch am selben Abend beim Geschäftsführer des Reisebüros nach der Qualität meiner Arbeit, um die Ernsthaftigkeit einer möglichen Zusammenarbeit einschätzen zu können.

### ✎ Mut führt zum Erfolg.

Nach einem halben Jahr erhielt ich einen Anruf mit einer konkreten Anfrage. Einer der größten Kunden der Werbeagentur, ein Reiseveranstalter mit der Konzernzentrale in der Schweiz, veranstaltete eine Jahrestagung des österreichischen Tochterunternehmens. Diese wollte er gerne mit einem eintägigen Verkaufstraining kombinieren und ich sollte ihm diesbezüglich ein Angebot machen. Mein Angebot wurde von seinem Schweizer Kunden akzeptiert. Daraus resultierten Folgeaufträge für das österreichische Tochterunternehmen. Nach erstklassigen Feedbacks und messbaren Erfolgen wurde meine Schulungslinie konzernweit ausgedehnt. Das Unternehmen verfügte über zahlreiche Luxusresorts in Kenia. Dazu gehörte eine Vielzahl von Lodges an den besten Plätzen des Amboseli-Nationalparks und in der Massai Mara sowie in der Serengeti am Fuße des Kilimandscharos. Da ich damit betraut wurde, das Hotelmanagement vor Ort im Bereich Mitarbeiterführung und Managementstrategien zu trainieren, wurde ich mehrmals nach Kenia eingeflogen. Der Höhepunkt meines Aufenthalts war ein Flug mit einer Versorgungsmaschine, der mir – auch dank einer Zwischenlandung inmitten von einer Million Flamingos – einen unvergesslichen Blick auf die Naturschönheiten des Nationalparks gewährte. Es war eines der eindrucksvollsten Erlebnisse meines Lebens, und ich bin überzeugt, dass so ein Anblick nur ganz wenigen Menschen vergönnt ist.
Der Grund dafür, dass ich dies erleben durfte, war Mut: Mut und

Entschlossenheit, das zu tun, was man im Moment für richtig hält. Natürlich war auch Glück dabei, aber es war das Glück des Tüchtigen oder besser gesagt das Glück des Mutigen.

**⚔ Um erfolgreich zu werden, macht man eine Drei-Phasen-Wanderung durch.**

*Die erste Phase ist die des Belächelns.* Ich habe noch allzu gut in Erinnerung, wie ich ausgelacht wurde, als ich begann, Traditionelles Karate zu trainieren. Ich war klein und eher schmächtig. Es kostete mich viel Überwindung, dem Druck standzuhalten, aber ich hatte fantastische Meister, an denen ich mich orientierte. Als ich mit 17 Jahren in der allgemeinen Klasse das erste Mal österreichischer Meister wurde und die ersten großflächigen Zeitungsartikel in den regionalen Zeitungen erschienen, wurde ich beneidet. Einige sagten, ich hätte Glück gehabt in der Auslosung oder Ähnliches. Da wusste ich, ich hatte die zweite Phase erreicht: *die Phase des Beneidens.*
*Die dritte Phase ist die des Bewunderns.* Als Arnold Schwarzenegger mit einem Europameistertitel im Bodybuilding nach Amerika ging, wurde er auch zunächst belächelt. Sehr bald schon beneidet und als ihm der ganz große Durchbruch gelang, wo er mit Sylvester Stallone und Michael Douglas auf Augenhöhe stand, wurde er nur mehr bewundert. Seine früheren Kritiker meinten dann, sie hätten ja immer schon gewusst, dass er es schaffen würde. Wenn nicht er, wer dann?

**⚔ Mut und Entschlossenheit sind Qualitäten, die Manager mehr denn je brauchen.**

Diese Fähigkeiten ziehen andere mit in den Sog und das bringt ein Unternehmen nach vorne.

# Respekt

„OSS" ist die Abkürzung für *onegai shimasu* und bedeutet, sich gegenseitig zu unterstützen und zu helfen. Da beim Training einer Kampfkunst natürlich auch Verletzungsgefahr besteht, sind Respekt und Disziplin besonders wichtig. Das Betreten des Dojos (Trainingsraum) geschieht mit einer Verbeugung und das OSS begleitet diese kleine Zeremonie. Wenn der Meister dem Schüler etwas erklärt, antwortet er mit OSS. Zu Beginn und am Ende jeder Partnerübung verbeugt man sich, begleitet von OSS.

OSS ist der Ausdruck von Respekt. OSS hat eine sehr tiefgründige Bedeutung. Mit OSS ist gemeint: „Ich gebe bei diesem Training mein Bestes, um dir ein würdiger Partner zu sein. Mein Bemühen soll dazu führen, dass du dich in diesem gemeinsamen Training gut weiterentwickeln kannst. OSS heißt, ich gebe dir meinen ganzen Geist, der in mir steckt, damit wir die kurze Zeit, die uns zur Verfügung steht, optimal nutzen können. Das Training ist unser gemeinsamer Weg, ein Stück näher zu unserem Ziel, im Bewusstsein dort nie anzukommen."

Steve Nakada hat in seinem Interview (siehe S. 23) den Spruch *„Ichi go ichi e"* geäußert. („Jeder Moment kommt nur einmal, also machen wir das Beste daraus.") In diesen vier Silben steckt enorme Weisheit, und diese spiegelt die japanische Denkweise wider. Begegnen wir diesem Moment des Übens mit Respekt und bringen wir die Disziplin auf, auch unser Bestes zu geben.

Die Japaner sagen: *sai* (am meisten), *zen* (gut). Gemeint ist damit, das Beste geben, in jeder Situation das Maximum aus sich herausholen.

> ✎ **Respekt und Achtung sind existenzielle Werte für unser Zusammenleben.**

Jeder Mensch hat Respekt verdient, dies ist in den Menschenrechten verankert. Als seine Heiligkeit der Dalai Lama in der Wiener Stadthalle am 26. Mai 2012 seinen Vortrag begann, eröffnete er ihn mit den Worten: „Meine Schwestern und Brüder, es gibt sieben Milliarden Menschen auf dieser Welt, und ich habe das Gefühl, dass wir alle gleichwertig sind, ich bin einer von euch." Mit diesem Einstieg hat er sich einen Platz in den Herzen vieler Zuhörer gesichert. Er ist eine der würdevollsten Persönlichkeiten der Gegenwart und stellt sich mit allen Anwesenden auf dieselbe Stufe. Damit drückt er auf beeindruckende Weise seinen Respekt aus. Gerade was das Thema Respekt und Achtung betrifft, können wir von den Asiaten, insbesondere von den Japanern, viel lernen.

Einer meiner Freunde, ein sehr erfahrener Manager, spezialisiert auf Logistik und ein wahrer Japankenner, war eines Tages bei einer japanischen Familie zu Hause eingeladen. Die Gastfreundschaft und die stilvolle Höflichkeit, die ihm entgegengebracht wurden, müssen an dieser Stelle nicht im Detail erörtert werden. Was ihn jedoch besonders beeindruckt hat, war die Art und Weise der Verabschiedung. Ein Japaner, der einen Gast verabschiedet, bleibt so lange in der offenen Eingangstür stehen, bis der Klang der Schritte des Gastes in der Dunkelheit verstummt. Das frühzeitige Schließen der Tür und das Unterbrechen des Klanges der Schritte werden in Japan als respektlos angesehen.

Meinem langjährigen Freund und Wegbegleiter Dr. Włodzimierz Kwiecinski, Präsident des „Polnischen Traditionellen Karateverbandes", wurde anlässlich seines unermüdlichen Engagements für die Völkerverbindung und den kulturellen Dialog zwischen Polen und Japan auf Basis des Traditionellen Karate eine hochrangige Auszeichnung seitens der japanischen Regierung verliehen. Zahlreiche Ehrengäste aus aller Welt waren zu dieser Zeremonie in die japanische Botschaft in Warschau geladen. Sein erster Karatetrainer Shimoda Sensei (er brachte 1972 das Karate nach Polen) war auf der Liste der Ehrengäste. Er war jedoch beruflich verhindert, und ein persönliches Erscheinen war unmöglich. Als Zeichen des Respekts und der Wertschätzung trat sein Bruder Hidemaro Shimoda, welcher mit der Karate-Family nichts zu tun hat und Dr. Kwiecinski auch nicht persönlich kannte, die Reise von Tokio nach Warschau an. Er überbrachte ihm persönlich die Glückwünsche seines Bruders. Ich war tief beeindruckt von dieser Geste der Höflichkeit.

Inazo Nitobe erzählt im *Bushido* folgende Geschichte:
Ein Mann geht (ohne Sonnenschirm) in der glühend heißen Sonne spazieren und trifft einen japanischen Bekannten. Der Mann spricht ihn an und dieser nimmt sofort seinen Hut ab. Das „Komische" daran ist, dass der Japaner während des Gesprächs seinen mitgeführten Sonnenschirm geschlossen hält und sich so ebenfalls der glühenden Sonne aussetzt. Töricht? Gewiss, wenn der grundlegende Gedanke nicht folgender wäre: „Sie stehen in der Sonne, ich sympathisiere mit Ihnen, gerne würde ich Sie unter meinem Schirm nehmen, wenn er groß genug wäre oder wenn wir vertrautere Bekannte wären. Da ich Sie nicht vor der Sonne schützen kann, will ich wenigstens Ihre Unbequemlichkeit teilen." Derartige Handlungen sind nicht überspitzt oder Formalien; sie sind die Darstellung rücksichtsvoller Gedanken, die sich um das Wohlergehen des Gegenübers drehen.[22]

Ein anderes Beispiel: In der westlichen Gesellschaft neigt man dazu, ein Geschenk, welches man einem Gast überreicht, hervorzuheben. Wie wertvoll es doch sei und von welch besonderer Qualität und mit welch Mühen es verbunden war, es aufzutreiben. Der Japaner macht genau das Gegenteil: Er setzt sein Geschenk herab. Im westlichen Denken gehen wir von Folgendem aus: „Dies ist ein tolles Geschenk, wenn es nicht edel wäre, würde ich es nicht wagen, es Ihnen zu geben, denn alles andere wäre eine Beleidigung."
Im Gegensatz dazu sagt die Logik der Japaner: „Gewiss sind Sie ein einzigartiger Mensch, kein Geschenk kann gut genug für Sie sein. Bestimmt werden Sie nichts von dem annehmen, was ich Ihnen entgegenbringe, es sei denn als Beweis meiner guten Absicht. Ich bitte Sie, das Geschenk nicht um seines Wertes willen anzunehmen, sondern als Andenken an unsere Begegnung."

Der Grundgedanke hinter beiden Aktionen ist ident. Der Westliche hat jedoch die Materie des Geschenks im Blickfeld, der Japaner hingegen vielmehr den Geist, mit dem es gegeben wird. Wir sehen anhand dieses Beispiels, auf welche Art und Weise der Japaner in der Lage ist, seinen tiefen Respekt zu zeigen. In der westlichen Welt stellen wir im Vergleich damit derzeit eine Zunahme von Respektlosigkeit fest.

**⇜ Seinem Gegenüber aufrichtig zuzuhören und ihn ausreden zu lassen, ist eine Minimalanforderung an Respekt.**

Wenn wir uns zu Wahlkampfzeiten im Fernsehen eine „Elefantenrunde" unserer Spitzenpolitiker ansehen, erleben wir den Auswuchs von Respekt- und Taktlosigkeit. Mangel an gegenseitigem Respekt und ehrlicher Wertschätzung ist meines Erachtens mit Sicherheit ein Grund dafür, warum die Politik massiv an Reputation in den letzten Jahren verloren hat.

Das Magazin *Der Spiegel* veröffentlichte 2010 auf *Spiegel Online* ein Ranking der Glaubwürdigkeit der verschiedenen Berufsgruppen: Die Politiker bildeten das Schlusslicht.[23] Jene Berufsgruppe, welche die Zukunft unseres Landes bestimmt, erhält also die „rote Laterne". Auch weit abgeschlagen waren die Banker, die vor wenigen Jahrzehnten noch einen hoch angesehenen Berufsstand vertraten und jetzt im Zuge der Bankenkrise in Misskredit geraten sind. Dies geschieht zum Leidwesen zahlreicher Bankmitarbeiter, die mit großem Engagement einen guten Job machen und für die Misere am wenigsten verantwortlich sind. Interessanterweise haben Berufsfeuerwehrmänner das Feld im Ranking angeführt und viele soziale Berufe waren ebenso im oberen Drittel angesiedelt. Ich erlebe in meiner täglichen Arbeit zahlreiche Mitarbeiter, welche die Identifikation mit ihrem Berufsbild verloren haben. Im Bankenbereich ist dies besonders ausgeprägt. Vielen fehlt jedoch der Mut, neu durchzustarten.

➤ **Mut bedeutet nur, das tun, was man tun muss, auch wenn man Angst hat.**

Seien Sie kein Opfer. Opfernaturen gibt es, weil Raubtiere immer die Schwachen angreifen. Das gilt in der Geschäftswelt genauso wie im Urwald.

Innere wie äußere Konkurrenten müssen lernen, dass man einem Samurai Manager ohne harten Kampf nichts abnehmen kann – auch keine kleinen Dinge. Somit gehen die aggressiven Räuber dorthin, wo sie leichteres Spiel haben. Harald Wahls, einer der streitbarsten Geister in der Managerszene, hat in einem Interview mit Werner Katzengruber gesagt:

> *Ich bin davon überzeugt, dass Respekt und Anerkennung sogar zur Burnout-Prävention dienen können. Wobei ich meine, dass Respekt noch wichtiger ist als Anerkennung, da Respekt eine Einstellung einem Menschen gegenüber zeigt. ‚Respicere' heißt ‚zurückblicken'. Zurückblicken auf eine Leistung und daraus Achtung gewinnen, ist für Menschen eine wichtige Motivation. Anerkennung kann man auch durch Geld oder andere Dinge ausdrücken, aber Respekt ist etwas sehr Persönliches. Während man Anerkennung auch durch monetäre Aspekte zeigen kann, ist Respekt unbezahlbar.*[24]

Die beste und einfachste Art, jemandem Respekt zu zeigen, besteht darin, ihm seine ganze Aufmerksamkeit zu schenken und ihm wirklich zuzuhören. Sie haben sicher selbst schon oft die Aussage von einem Freund gehört: „Ich fühle mich bei dir so wertgeschätzt, weil man mit dir so gut reden kann." Meist sagen Sie bei diesen Gesprächen gar nichts oder nur sehr wenig, aber bestimmt hören Sie aufmerksam zu.

Nishiyama hat mich gelehrt: Entscheidend ist nicht das, was jemand sagt, sondern auch das zu hören, was jemand nicht sagt. Bei Verhandlungen mit Japanern ist es ganz wichtig, den Verhandlungspartner nicht nur ausreden zu lassen, sondern dem Gesagten Zeit zu geben, damit es „nachschwingen" kann. Dadurch wird Vertrauen aufgebaut und der Japaner öffnet sich. So erfährt man Dinge, zu denen man sonst nie einen Zugang gefunden hätte.

**Die Geheimnisse im Verkauf reduzieren sich auf zwei wesentliche Dinge: gut zuhören[25] und die richtigen Fragen stellen.**

## Dankbarkeit

> *It suggests that everything in the world is a gift from the creator, and that we should be grateful for it and never waste anything.*[26]
> Akio Morita, Unternehmensgründer *Sony*

Verschwendung zu vermeiden, gehört zur japanischen Philosophie. Morita erklärt dies mit dem japanischen Ausdruck *mattai*. Eine integre Führungskraft zeichnet sich durch ein werteorientiertes Verhalten aus. Dazu gehören:
• eine gesunde Lebenseinstellung,
• das Vermeiden von Verschwendung,
• Dankbarkeit.

Dies zu erkennen, ist eine Frage der Reife und letztendlich auch eine Frage der Erfahrung. Es liegt im Wesen der japanischen Kultur, dass es eine Freude ist, jemandem helfen zu dürfen.
Ich habe dies in Japan selbst mehrmals erlebt. Ich war in Tokio auf dem Weg zu einem Interview mit einem Manager. Ich hatte zwar die Adresse notiert, aber der Bürokomplex war so riesig, dass ich mich verirrte. Schließlich stand ich im Büro von *Minolta* und erkundigte mich nach dem Weg. Ein Japaner vertröstete mich einen Moment und kam kurze Zeit später mit einem Computerausdruck eines Planes des Bürokomplexes zurück. Er führte mich die 27 Stockwerke hinunter, begleitete mich zum richtigen Gebäude und dem gesuchten Block, zeigte mir den Lift, wartete, bis dieser da war, und drückte auf die richtige Etage. Danach

wünschte er mir noch einen schönen Tag. Ich war beeindruckt.
Vielleicht war es auch nur ein Zufall, aber wenig später beobachtete ich in einer Seitengasse in Yokohama, die steil bergauf ging,
eine alte Frau, die eine schwere Einkaufstasche trug. Es war offensichtlich, dass sie sich abmühte. Ausnahmslos alle Passanten,
die ihr begegneten (es waren drei oder vier), boten ihre Hilfe an,
die sie jedoch stets höflich zurückwies.

### ✍ Nichts im Leben ist selbstverständlich.

Nicht einmal eine Stunde Tiefschlaf, eine funktionierende Ver-
dauung oder die Tatsache, sich ohne Bedenken in die Sonne zu
legen und die warmen Strahlen zu genießen. Ich war mit fünfundzwanzig beruflich gut unterwegs, hatte im Karate bereits
zwei Europacup-Titel und mehrere österreichische Meistertitel
in der Tasche und war 1994 für die Olympiade in Atlanta (USA)
qualifiziert. Karate sollte damals als Olympische Disziplin erst-
mals vorgestellt werden und ich war voller Enthusiasmus. Ich
war zu diesem Zeitpunkt körperlich vollkommen fit und strotz-
te vor Selbstvertrauen. Der Erfolg, den ich zu verzeichnen hatte,
gab mir Recht, dass ich auf einem guten Weg war.
Aber ich hatte mich bei einer Großveranstaltung 1992, die ich
organisierte, derartig übernommen und verausgabt, dass es mich
völlig aus der Bahn warf. Ich hatte über ein Jahr lang massive
Schlafstörungen. Ich hatte das Gefühl, dass es mir den Boden unter den Füßen weggezogen hatte, und ich war mehrere Monate
nicht in der Lage, die einfachsten Dinge zu tun.
Diese Zeit zwang mich, massiv über meinen Lebensstil und mein
Energielevel, auf dem ich mich bewegte, nachzudenken und eine
Veränderung einzuleiten. Eine ganze Nacht, in der man keinen
Schlaf findet, liefert einem viel Zeit zum Nachdenken. Heute
bin ich überzeugt, dass diese schwierige Phase eine der wichtigsten in meinem Leben war. Denn ich hatte mein Wertesystem
neu definiert und mich neu ausgerichtet. Seit dieser Zeit bin ich
unglaublich dankbar für jede Stunde gesunden Schlafes. Dieser

Lebensabschnitt hat sich so tief in meinem Unterbewusstsein verankert, dass ich jeden Morgen mit einem dankbaren Gefühl für den geschenkten Schlaf aufstehe.

**✍ Wir Menschen in den reichen Industrieländern haben Tausende Gründe, Tag für Tag dankbar zu sein.**

Kann mir jemand sagen, warum wir in den hoch entwickelten Wohlstandsländern geboren wurden? Warum hier und nicht in Somalia, Bangladesch oder Afghanistan? Es ist ein wahrer Segen, in einem solchen Land auf die Welt zu kommen, mit diesen Entwicklungsmöglichkeiten, gesundheitlicher Versorgung und sozialem Frieden. Die WHO hat 2013 eine Studie veröffentlicht, woraus ersichtlich ist, dass rund eine Milliarde Menschen unterernährt sind und gleichzeitig 1,4 Milliarden Menschen an massiver Fettleibigkeit leiden.[27] 3000 Kinder sterben täglich den Hungertod, und wir beschweren uns, wenn im Hotel beim Frühstücksbuffet für zwei Minuten der Lachs ausgegangen ist. Es fällt mir wirklich schwer, ruhig und gelassen zu bleiben, wenn ich in Hotels die Schlachten am Buffet verfolge, wie viel sich manche Gäste auftürmen und wie viel davon am Teller zurückbleibt. Mir fehlt jegliches Verständnis für so ein Verhalten, es ist respekt- und verantwortungslos. Wenn es sich bei solchen Menschen auch noch um Führungskräfte handelt, mit Mitarbeiterverantwortung und Entscheidungskompetenz, ist das umso bedauerlicher.

Dieses Kapitel soll keineswegs in eine Moralpredigt ausarten, aber wenn wir von Werten sprechen und Werte eine stabile Basis für Erfolg im Management darstellen, so sollte jede Führungskraft ihr Verhalten in diesem Zusammenhang kritisch hinterfragen.

Wir sind ein Teil der Natur und ich habe größten Respekt vor allem, was von der Natur kommt. Dies gilt natürlich in erster Linie für unsere Nahrung und unsere Lebensmittel. Ich wurde von meinen Großeltern gelehrt, beim Anschneiden eines Brotlaibes eine Geste der Dankbarkeit zu signalisieren. Sie haben diesen Gedanken umgesetzt, indem sie ein Kreuzeichen auf das Brot gemacht haben, und ich bin heute stolz darauf, dieses Ritual übernommen zu haben, und achte darauf, dies auch meinen Kindern weiterzugeben. Dasselbe Ritual wird zumindest in Gedanken vor jeder Mahlzeit praktiziert, die ich alleine oder mit meiner Familie zu mir nehme. Dies ist nicht eine Frage der Religiosität, nicht einmal eine Frage der Spiritualität – angesichts der Zahlen, die die WHO publiziert hat, ist dieses Verhalten ein Minimum an Wertschätzung und Dankbarkeit für unseren Wohlstand.

➤ **Es sind die kleinen Dinge, die so viel bewegen können, und das Bewusstsein in sich, dass wir in eine Vielzahl von Gründen haben, dankbar zu sein.**

Das schafft Zufriedenheit und inneren Frieden. Der Jesuitenpater Georg Sporschill hat den Begriff „Dankbarkeit" einmal treffend definiert: „Dankbarkeit heißt, sensibel zu bleiben für all die nicht Selbstverständlichkeiten im Leben!"[28] Aus diesem Grund gilt es, für sich selbst zu klären, was selbstverständlich ist. Dies kann eine harte Prüfung bedeuten.

➤ **Achtsamkeit führt zur Dankbarkeit.**

In diesem Zusammenhang ist der Umgang mit unseren Nächsten wichtig. Dies wiederum ist ausschlaggebend für unser Wohlbefinden.
Es ist nicht die Weltlage und es sind nicht die spektakulären Dinge, die sich auf unserem Planeten abspielen und direkten Einfluss auf unseren Gefühlszustand haben. Vielmehr sind es die kleinen Dinge, für die es gilt, eine Begeisterung zu entwickeln. Eine frisch verschneite Winterlandschaft, ein Regenbogen, das Abendrot, ein herzhaftes Kinderlachen, ein altes Paar, das Hand in Hand im Park spazieren geht. Diese kleinen Dinge sind es, die

das Herz überfließen lassen können. Das Herz ist ein Muskel und einen Muskel kann man trainieren, wie jeden anderen Muskel, aber nicht durch Kraft- oder Konditionstraining, sondern der Schlüssel heißt Achtsamkeit.

„Mir ist es wichtig, die Dankbarkeit aus der verstaubten Mottenkiste zu holen, aber auch aus der Esoterikecke zu befreien und sie als das zu betrachten, was sie ist: eine sich lohnende wertvolle Haltung dem Leben gegenüber", schreibt Barbara Stöckl in ihrem wunderbaren Buch *Wofür soll ich dankbar sein?*[29]

Nachdem das Samurai Manager-Konzept einen sehr pragmatischen Ansatz verfolgt, ist der folgende Zugang zum Thema Dankbarkeit spannend. So wie körperliches Training nach einiger Überwindung und vor allem in der Regenerationsphase ein Hochgefühl auslösen kann, so kann auch Nachdenken Ähnliches auslösen.

**✎ Das Gehirn ist ebenso wie das Herz ein Muskel und kann trainiert werden.**

Hartes Training kann tatsächlich zu einem „Hirnmuskelkater" führen, dieser wiederum bereitet Schmerzen, erweitert aber auch gleichzeitig die Kapazität. Der US-amerikanische Psychologe Robert Emmons schreibt in seinem Buch *Vom Glück dankbar zu sein*, dass der Weg vom Nachdenken zur Dankbarkeit zwei Stadien durchläuft:

Zum einen ist es das Anerkennen des Guten im Leben. Wir vertrauen darauf, dass es etwas gibt, wofür es sich lohnt zu leben. In Okinawa (Insel im Süden Japans) gibt es eine Weisheit, die „Ikigai" genannt wird. Es handelt sich hier um eine Art von Bewusstsein, dass es etwas geben muss, wofür es sich lohnt, täglich aufzustehen. Interessanterweise werden auf dieser Insel die Menschen älter als sonst wo auf dieser Welt und das offensichtlich nicht nur, weil sie sich gesund ernähren.

Nach dem Anerkennen erfolgt das „Erkennen" auf drei verschiedenen Stufen:

1. auf intellektueller Ebene
2. auf der Ebene des Willens
3. auf emotionaler Ebene.

Wenn alle drei Ebenen in sich vereint sind, spricht man von der vollkommenen Dankbarkeit. Die Quelle der Dankbarkeit liegt jedoch meist außerhalb von uns selbst.[30]

Viele Kulturen in verschiedenen Epochen sehen die Dankbarkeit als wertvolles Bindeglied in unserer Gesellschaft und somit nicht nur als ein Gefühl, sondern als eine erstrebenswerte Tugend. Der römische Philosoph Seneca meinte: „Derjenige, der einer Wohltat mit Dankbarkeit begegnet, hat die erste Rate seiner Schulden bereits abgegolten."[31]

Der junge Zweig der psychologischen Dankbarkeitsforschung hat nachgewiesen, dass dankbare Menschen:
- die schönen Momente des Lebens intensiver auskosten,
- positive Gefühle wie Freude, Begeisterung und Optimismus stärker empfinden,
- das eigene Selbstbewusstsein und auch Selbstwertgefühl steigern,
- weniger anfällig sind für negative Gefühle wie Neid, Gier, Bitterkeit und Minderwertigkeitsempfindungen,
- besser mit Stress- und Krisensituationen umgehen können,
- sich schneller von Erkrankungen erholen, da sie eine robustere psychische Gesundheit haben,
- eine stärkere Verbundenheit zu anderen haben, hilfsbereiter und rücksichtsvoller sind,
- mit ihrem Leben zufriedener sind.[32]

### ⤜ Es lohnt sich, dankbar zu sein!

Wir leben in einer Zeit, in der wir glauben, fast alles selbst bestimmen zu können, nahezu alles selbst in die Hand nehmen zu können oder zu müssen. „Jeder ist seines Glückes Schmied", heißt es. Wir verbinden damit: „Ich war der/die Beste, ich habe es mir verdient!" Wofür dann noch dankbar sein? Ist dieser Begriff überhaupt noch zeitgemäß?

Der Theologe, Soziologe und Philosoph Clemens Sedmak sagt in einem Interview mit Barbara Stöckl in ihrem Buch *Wofür soll ich dankbar sein?*: „Nicht der Begriff Dankbarkeit, sondern die Haltung der Dankbarkeit – auf die es ankommt, ist bedroht."[33] Er stützt sich bei seinen Aussagen stark auf den Begriff der „Kontingenz", also auf das Bewusstsein, dass es auch anders sein könnte. Oft bedarf es einiger Schicksalsschläge, um uns das bewusst vor Augen zu führen. Sedmak sagt auch: „Wenn Menschen kein Gespür für Kontingenz haben, zum Beispiel wenn sie fatalistisch sind, wird es ihnen schwerfallen, eine Haltung der Dankbarkeit zu entwickeln."[34]

Auf die Frage „Wie verhalten sich Dankbarkeit und Demut?" bringt er die Demut in engen Zusammenhang mit der Vernunft. Die Demut helfe, uns zu erden, die Dinge so wahrzunehmen, wie sie tatsächlich sind. Ein Mensch, der in Demut lebe, erniedrige sich keineswegs. Vielmehr ermögliche sie einen realistischen Blick auf uns selbst. Dies führe uns unweigerlich zur Dankbarkeit, weil wir erkennen würden, was uns von der Natur geschenkt wurde. Unter den Tugenden Dankbarkeit, Freude, Hoffnung und Demut sei die Dankbarkeit die wichtigste, weil sich durch sie alle anderen ergeben, so Sedmak.[35]

In der Lehre Buddhas findet sich auch ein spannender Zugang zum Thema Dankbarkeit. So heißt es: „Wir wollen dankbar sein, denn auch wenn wir heute nicht viel gelernt haben, so haben wir zumindest ein bisschen gelernt, und wenn wir nicht ein bisschen gelernt haben, so sind wir zumindest nicht krank geworden, und wenn wir doch krank geworden sind, sind wir zumindest nicht gestorben. Lasst uns also dankbar sein."[36]

Das Fazit: Dankbarkeit heißt, sensibel zu sein für das nicht Selbstverständliche. Diese Sensibilität führt uns zur Gelassenheit. Ohne Gelassenheit ist Intuition nicht möglich. Somit ist die Dankbarkeit der Grundstein für Intuition.

## Disziplin

Ende der 1980er-Jahre traf ich bei einem internationalen Karate-lehrgang im Budo Center in Wien mit Meister Masahiko Tanaka (damals 7. Dan) zusammen. Tanaka Sensei war der Lehrer meines ersten japanischen Trainers Yasuyuki Fujinaga, den ich sehr geschätzt habe und der leider viel zu früh verstorben ist. Tanaka ist heute „Chief Instructor" und „Vice President" der JKA *(Japan Karate Association)*.

Nach dem klassischen Aufwärmtraining sagte er: *„Mae Geri"* (geschnappte Fußtechnik nach vorne). Jeder zählt bis zehn und danach Bein wechseln, du beginnst zu zählen", und er zeigte auf den ranghöchsten Schwarzgurt im Dojo. Wir registrierten, dass dies 1200 Wiederholungen der Fußtechniken bedeutete. In einem regulären Training wiederholen wir diese Technik lediglich 30- bis 40-mal, denn danach zeigen sich bereits die ersten Müdigkeitserscheinungen.

### ✄ Es gab nur einen Gedanken: durchhalten!

Diese Bewegung mehr als tausendmal durchzuführen, konnte ich mir auch als gut trainierter Karateka beim besten Willen nicht vorstellen. Abwechselnd zählte jeder Teilnehmer bis zehn und gab sein Bestes. Ich machte in diesem Training eine interessante und äußerst wertvolle Erfahrung: Nach 60 bis 70 Wiederholungen spürte ich, wie das ausführende Bein stark ermüdete. An ein Aufgeben war natürlich nicht zu denken, denn ich war zu diesem Zeitpunkt Mitglied des österreichischen Nationalteams im Traditionellen Karate und hatte somit eine Vorbildfunktion. Es gab also nur einen Gedanken und der lautete: Durchhalten! Der Bewegungsschmerz stabilisierte sich interessanterweise zu dem Zeitpunkt, als wir ungefähr dreihundert Wiederholungen absolviert hatten. Dann kam ein neuerlicher Einbruch, zumal der Gedanke, noch neunhundert Techniken ausführen zu müssen, das Ziel in weite Ferne rücken ließ. Aber auch dieser Schmerz stabilisierte sich und blieb weitere fünfhundert Wiederholungen konstant. Dann kam die Phase, in der jede Technik bereits richtig weh tat und ich glaubte, das Ende meiner Kräfte sei nun erreicht.

**Wenn man glaubt, es geht nichts mehr, geht noch viel.**

Inazo Nitobe schreibt in seinem *Bushido* sehr treffend:
„Kommt nur, kommt herbei,
ihr Sorgen, ihr Schmerzen!
Häuft euch auf meinen schon beschwerten Rücken!
Damit mir nicht eine Prüfung erspart bleibt,
die zeigt, welch Kraft noch in mir steckt."[37]

Die letzten vierhundert *Mae Geri*, die ich abfeuerte, waren weniger schlimm, als ich dachte, denn alles spielte sich nur mehr im Kopf ab. Fast wie in Trance ließen wir dieses Training über uns ergehen. Es dauerte knapp zwei Stunden, dann war die Quälerei vorbei. Aus methodischer und auch sportmedizinischer Sicht war dieses Training eine Katastrophe. Inhaltlich gab das Training so gut wie gar nichts her und die Beinmuskulatur war derartig übersäuert, dass ich mich die nächsten Tage kaum bewegen konnte.

Dennoch hatte ich aus diesen zwei Stunden wertvolle Erkenntnisse gewonnen. Zum einen hatte ich gelernt, mich zu disziplinieren, meine persönlichen Grenzen auszuloten und diese sogar noch zu überschreiten, und zum anderen, was meines Erachtens noch viel wichtiger war, ich war gezwungen, diese Übung auf das Wesentliche zu reduzieren. Ich war gefordert, mit einem minimalen Kraftaufwand das Maximum aus dieser Technik herauszuholen. Trotz großer Schmerzen entstand Leichtigkeit in der Bewegung, jede unnütze Anspannung, welche man im normalen Training gar nicht registriert, wurde eliminiert. Diese Leichtigkeit wurde in meine unbewusste Kompetenz aufgenommen und löste ein neues, besseres Gefühl für diese Technik aus.

Der Unterschied zwischen westlichem und fernöstlichem Denken in Bezug auf die eben beschriebene Situation ist folgender: Wenn ein japanischer Meister zu seinem Schüler sagt: „Mache diese Übung tausendmal", verneigt sich der Schüler, sagt „OSS" und beginnt, ohne es zu hinterfragen. Der westliche Schüler beginnt zu verhandeln, ob denn nicht fünfhundert oder zweihundert auch ausreichend seien, dann bliebe noch mehr Zeit für andere genauso wichtige Übungen.

Beim Karateunterricht habe ich es häufig gemerkt, dass japanische Schüler bedingungslos akzeptieren, was der Meister sagt. Österreichische Schüler hingegen stellen Fragen. Es geht aber nicht darum, welches Verhalten besser ist (ich bin durchaus überzeugt, dass ein kritisches Hinterfragen in vielen Fällen Sinn ergibt), aber es geht um Werte. Und im Zusammenhang mit dem Wert Disziplin sind uns die Japaner weit voraus.

Im Gespräch mit Herrn Loefflad, dem CEO von *Würth Japan* (siehe Kapitel „Interviews mit Managern in Tokio"), wurde bereits der Shinjuku-Bahnhof in Tokio angesprochen. Während meines Japan-Aufenthalts musste ich dort immer wieder die U-Bahn wechseln. Bei einer Tagesfrequenz von 12 Millionen Menschen kann man hier gegenseitigen Respekt und persönliche Disziplin auf beeindruckende Manier erleben. Ich wurde weder einmal von einem anderen Fahrgast selbst auf engstem Raum angestoßen, noch blockierte irgendjemand die Überholspur auf der Rolltreppe. Ich war von der gegenseitigen Rücksichtnahme überwältigt.

➤ **Der Weg zum Erfolg führt über die Fähigkeit, sich selbst zu disziplinieren.**

Dazu gehört auch, sich immer wieder proaktiv aus der Komfortzone herauszubewegen und den inneren Schweinehund zu überwinden.

Der größte Sieg ist nicht der gegen den schwierigsten Gegner, sondern immer nur der Sieg über sich selbst. Gegen die eigene Trägheit, Bequemlichkeit und den Mangel an Selbstdisziplin.

Sich täglich am Abend die Frage zu stellen: „Was kann ich morgen besser machen als heute und wo habe ich Potenzial, das in mir steckt, liegen gelassen?" Diese Frage wird man sich aber nur stellen, wenn man ein Ziel hat. Wenn man einen klaren Plan hat, warum man etwas tun soll.

Aufgrund meiner Expertisen als Personaldiagnostiker weiß ich, dass die systemische Dimension, also die Dimension, welche die Zielorientierung und Eigenstrategie des Menschen abbildet, bei den meisten Personen am schwächsten ausgebildet ist. Ich erlebe nicht selten eine völlige Orientierungslosigkeit.

**Selbst Topmanager haben oft keinen Plan, wo die eigene Reise hingehen soll.**

Auf die Frage: „Was ist Ihre Sehnsucht oder wie sieht ihre Leidenschaft aus?", muss ein Großteil der Befragten lange nachdenken und flüchtet dann in Hobbys, die bestenfalls einen kurzfristigen Ausgleich zum Arbeitsalltag darstellen. In Coaching-Prozessen gebe ich häufig meinen Coachees die Hausaufgabe, beim nächsten Termin ihre persönliche Leidenschaft zu nennen. Es kommt nicht selten vor, dass jemand mit dieser Frage überfordert ist.

„Focus target", hat Nishiyama Sensei vielfach in seinen Trainings wiederholt. Eine klare (Selbst-)Ausrichtung, ein Ziel, einen echten Grund zu haben, das Beste zu geben (*Sai Sen*) kann aber nur in Verbindung mit Werten stehen, dabei meine ich keine materialistischen Werte. Diese reichen nicht aus für 1200 Wiederholungen, dafür gibt es sicher einen einfacheren Weg. Dazu brauchen wir etwas, das Bestand hat, das tiefer geht und das nachhaltig ist. Für mich persönlich ist es die Kunst, Körper, Geist und Seele in Einklang zu bringen. Der Weg dorthin ist das tägliche Training, und dafür benötige ich Disziplin und Respekt.

Im Samurai Manager-Programm trainieren wir all diese Werte in praktischen Übungen aus Tai Chi, Yoga und natürlich aus dem Traditionellen Karate. So beginnt die Morningclass bereits um sieben Uhr, sicher ein ungewöhnlicher Zeitpunkt für ein Managerseminar. Aber damit zeigen und üben die Teilnehmer bereits Disziplin. Die Tatsache, dass Handys und PCs ausschließlich im Zimmer und nicht im Dojo und im Seminarraum verwendet werden, drückt Respekt dem Trainer und natürlich auch den anderen Teilnehmern gegenüber aus. Im Schnitt trainieren wir körperlich rund drei Stunden täglich und das drei Tage lang, das ist mehr, als so mancher Teilnehmer das ganze Jahr auf sein Fitnesskonto gutschreiben kann.

Disziplin für einen Manager bedeutet nicht nur, sich selbst Disziplin abzuverlangen, sondern auch Disziplin von den Mitarbeitern zu fordern.

>---- **Disziplin ist nahezu in allen Lebensbereichen eine Grundlage für nachhaltigen Erfolg.**

Die amerikanischen Wissenschaftler Angela Lee Duckworth und Martin Seligman haben in einer überaus interessanten Studie festgestellt, dass Selbstdisziplin einen höheren Einfluss auf schulische Leistungen hat als Intelligenz.[38] Mag darin das Geheimnis für die wirtschaftliche Vormachtstellung der Japaner liegen? Fakt ist, dass Disziplin, Fleiß und die Überwindung der eigenen Komfortzone wesentliche Fähigkeiten sind, seine eigenen Potenziale besser auszuschöpfen.

## Gelassenheit

*Deine Arbeit läuft dir nicht davon, wenn du deinen Kindern den Regenbogen zeigst. Der Regenbogen wartet aber nicht, bis du mit deiner Arbeit fertig bist.*
(Spruch aus China)

*Wahre Selbstbeherrschung entsteht aus Verschmelzung von Achtsamkeit und Furchtlosigkeit.*
(Samuraispruch aus dem 17. Jahrhundert)

Nishiyama Sensei hat mich gelehrt: *Ganz gleich in welcher Situation du dich befindest, sei gelassen und handle aus dem Zentrum.*
Es war der 4. Juni 1994 im chinesischen Hangzhou in der Zhejiang-Provinz. Ich war zu diesem Zeitpunkt General Manager eines Joint Venture-Unternehmens zwischen der *Harrer Icecream Company Ltd.* und der *CADTIC (Chinese Agriculture Development Trust Investment Coorperation)*, der damals viertgrößten Investmentgesellschaft Chinas. Auf Basis von Franchising bauten wir eine Eisdielenkette in China auf. Ich suchte einen englischsprachigen Assistenten und begab mich auf die Wirtschaftsuniversität in Hangzhou (heute zirka sieben Millionen Einwohner). Dort verteilte ich Flugblätter mit dem besagten Inhalt auf Englisch. Es dauerte nur wenige Minuten und ich wurde von der Polizei festgenommen. Vier Beamte zerrten mich in ein Polizeiauto und brachten mich auf eine Sicherheitsdienststelle. In einem Hinterzimmer wurde ich verhört.
Ich hatte zunächst keine Ahnung, was das Ganze sollte und was die vielen uniformierten und schwer bewaffneten Polizisten von mir wollten. Mein Chinesisch war zu diesem Zeitpunkt zwar bereits recht gut, aber unter diesem Stress und diesen Umständen war es schwierig für mich, den Grund meiner Festnahme zu verstehen. Im Verhör fragten sie mich immer wieder, warum ich auf der Universität Propaganda machte für Demokratie. Langsam dämmerte mir, was die Hintergründe des Vorgehens sein könnten. Ein Blick auf meine Uhr verriet mir, es war der 4. Juni, jener Tag, an dem fünf Jahre zuvor in Peking am *Platz des Himmlischen Friedens* die Studentenunruhen im Rahmen der Demokratiebewegung blutig niedergeschlagen worden waren.
Bei diesem Gedanken wurde mir ganz übel, und es trieb mir die Schweißperlen auf die Stirn. Vier chinesische Sicherheitsbeamte in einem Hinterzimmer in irgendeiner Provinzstadt, die versuchten, aus mir ein Geständnis herauszupressen. Ich wusste, ich durfte jetzt keinen Fehler machen. Bis die österreichische Botschaft, welche knapp zweitausend Kilometer entfernt war mir helfen konnte, vergingen bestimmt einige Monate. Ich hatte

wirklich keine Lust, diese Zeit in Untersuchungshaft zu verbringen. Wer weiß, wie Mitte der 1990er-Jahre die chinesischen Provinzspitäler ausgesehen haben, kann sich ungefähr vorstellen, in welchem Zustand chinesische Gefängnisse waren.

*Anytime and any situation you face, keep stable emotions,* waren die Worte meines Meisters H. Nishiyama, die ich im Training so oft gehört hatte. Es waren diese Worte, die mir in dieser Situation wieder einfielen, so als säße er neben mir und flüsterte sie mir ins Ohr. „Ruhig und vor allem gelassen bleiben. Du bist unschuldig, du hast nichts getan, lass dich nicht provozieren und nutze deinen Scharfsinn", hatte ich mir in diesem Moment gedacht.

### ✦ Nutze deinen Scharfsinn!

„Liu yue shi shi jian", ist der chinesische Ausdruck für die Ereignisse am 4. Juni 1989. Das ganze Land ist an diesem Tag sehr angespannt und die Sicherheitskräfte in Alarmbereitschaft. Ich hatte einfach Pech, durch Zufall diesen Tag zu wählen, um auf der Universität einen Assistenten zu suchen. Ich blieb konsequent bei meiner Aussage, einen englischsprachigen Assistenten für mein Unternehmen rekrutieren zu wollen. Da die Beamten den englischen Text nicht lesen konnten, schenkten sie mir keinen Glauben und wurden in den Methoden des Verhörs immer aggressiver. Nach einer Weile gelang es mir, dank meiner respektablen Chinesisch-Kenntnisse die Polizisten davon zu überzeugen, eine chinesische Führungskraft aus unserem Joint Venture zur Polizeidienststelle kommen zu lassen, um meine Aussagen zu bestätigen. Als diese eintraf und das Missverständnis aufklärte, wurde ich nach etwa sieben Stunden freigelassen. Ich bin heute felsenfest davon überzeugt, dass mir mein Gelassenheit und meine innere Ruhe, die ich über die vielen Jahre von meinen Meistern vorgelebt bekommen habe, viel Ärger erspart haben.

Eine andere Situation erlebte ich wenige Monate später im Rahmen eines Meetings mit unserem Joint-Venture-Partner. Wir hatten in Hangzhou direkt am West Lake (Xi Hu) unser erstes Eisgeschäft eröffnet. Es war ein wirklicher Vorzeigesalon mit über zweihundert Sitzplätzen mit modernster Ausstattung. Das Geschäft lief blendend. Wir waren in der Lage, 15 Eissorten auf Basis von Frischeisproduktion vor Ort zu servieren. Das Zusammenspiel von österreichischem Apfelstrudel und Palatschinken machte unser Angebot einzigartig. Die Chinesen konnten sich nicht satt essen! Wir schrieben bereits im zweiten Jahr schwarze Zahlen und waren hoch motiviert.

Da ich auch für den operativen Bereich des Unternehmens verantwortlich war und somit für die technische Ausstattung des Ladens, ließ ich regelmäßig Sicherheitschecks durchführen. Der Bericht des Elektrikers für unseren Laden fiel katastrophal aus. Es wurden bei der Errichtung kaum elektrische Sicherheitsbestimmungen (sofern es in China welche gab) eingehalten und grob fahrlässig installiert. Der Laden war de facto in einem brandgefährlichen Zustand.

Ich berief nach Erhalt des Berichtes sofort ein Meeting des *Board of Directors* ein, dort erklärte ich den Sachverhalt und teilte den Aufsichtsräten mit, dass ich den Store für zwei Wochen schließen würde, um die Mängel in Ordnung zu bringen. Die Herren aus dem Reich der Mitte erwiderten mir, dass dies gar nicht in Frage käme, durch die Schließung würden wir Umsatz und somit Geld verlieren. Als ich sie höflich darauf hinwies, dass wir Gefahr liefen, dass bei einem Feuer Menschen zu Schaden kommen könnten, erhielt ich die Antwort, dies sei mein Problem, schließlich sei ich Geschäftsführer und wenn etwas passiere, würde *ich* ins Gefängnis wandern. In dem Moment war ich geschockt und sprachlos. Es war wieder an der Zeit, mich an Meister H. Nishiyamas Worte zu erinnern: *Any time keep stable emotions.*

Ich wurde beauftragt, das Problem zu lösen, ohne den Geschäftsgang zu stören. Ich stellte mich der Herausforderung, reduzierte die Stromzufuhr bei besonders gefährdeten Stellen, stellte in jede Ecke einen Feuerlöscher, verstärkte das Überwachungsteam und verkürzte die Intervalle der Kontrollgänge. In Nachtschichten in den beiden darauffolgenden Wochen wurden die Mängel behoben und meine Nerven waren während dieser Zeit sehr angespannt.

**Jener, der seine Emotionen unter Kontrolle halten kann, ist langfristig immer der Sieger.**

Wie viel Leid wird auf dieser Welt angerichtet genau aus diesem Grund? Ein Sprichwort sagt: „Pyramiden bleiben ruhig, Gartenzwerge explodieren." Die Japaner sagen, einen Streit gewinnt der, der es schafft, länger ruhig zu bleiben. Der fünfte Dojo Kun (Regeln im Dojo) lautet: „Kekki no yu o imashimuru koto", was so viel bedeutet wie: „Sich vor überhitztem Mut hüten."
Während eines Karatewettkampfes stabile Emotionen zu bewahren, ist entscheidend für den Sieg. Dies ist besonders schwierig, wenn der Gegner einen Treffer landet, der schmerzt. Das Verlieren der Kontrolle und das Verlassen der „inneren Mitte" sind der sichere Sieg für den Gegner und bei den Samurai das Todesurteil. Was mich bei den traditionellen Kampfkünsten immer fasziniert hat, ist die Kombination von gelebten Werten im Wettkampf. Ein Wettkampf im Traditionellen Karate ist nichts anderes als ein Test, um zu sehen, wo man steht und was man künftig verstärkt trainieren soll. Das heißt, der Gegner zeigt einem seine Schwächen auf und dafür ist man dankbar. Dies äußert sich tatsächlich insofern, als man, wenn der Gegner einen (meist schmerzlichen) Treffer landet und somit eine Schwäche offenlegt, diesen nicht nur gelassen entgegennimmt, sondern sich dafür bedankt, indem man sich vor dem Gegner verbeugt. Leistet man diesen Akt der Höflichkeit und des Respekts dem Gegner gegenüber nicht, kann der Kampf nicht fortgesetzt werden und endet mit *Hansoku* (Disqualifikation).

Die Sumo-Ringer sind für mich die wahren Meister der Gelassenheit. Nachdem ein Kampf entschieden wurde, führt der *Shinpan* (Schiedsrichter) für den Sieger ein kurzes Siegeszeremoniell durch. Man kann an der Mimik des Sumo-Ringers nicht erkennen, ob er nun gewonnen oder verloren hat.

Ich werde in meinen Seminaren häufig gefragt: „Wie erlangt man Gelassenheit?" Nun, da gibt es mehrere Zugänge. Wir können den Approach zu dieser Thematik über stabile Emotionen wählen. Es ist grundsätzlich gut, wenn man zunächst betrachtet, was das Gegenteil dieses Begriffes ist. Nur so können wir diesen Zustand oder dieses Ergebnis vermeiden. Dies ist ein bewährter Weg, den viele Philosophen, wie zum Beispiel Konfuzius, gewählt haben. Aber nicht nur fernöstliche Gelehrte gingen diesen Weg, wir finden auch häufig in der westlichen Literatur eine ähnliche Vorgangsweise.

Das Gegenteil von Gelassenheit ist Aufgebrachtheit oder Aggressivität. Hier gilt die Kette, die Nishiyama Sensei immer wieder gerne erwähnt hat: Hartes Training führt zu hohem Selbstvertrauen. Selbstvertrauen führt zu stabilen Emotionen (Gelassenheit) und die Gelassenheit ist das Tor zur Intuition. Das heißt, Nishiyama Sensei beantwortet diese Frage über das Thema Selbstvertrauen. Und Selbstvertrauen entsteht durch häufiges Üben, dadurch entstehen Sicherheit und auch innere Ruhe.

Ein völlig anderer Zugang zur Gelassenheit ist jener: Im Wort Gelassenheit steckt das Wort „lassen". Dieses wiederum hat etwas mit Loslassen zu tun. Es stellen sich die Fragen: Was sollen wir loslassen? Woran hängen wir so stark, das wir nicht loslassen können? Was ist uns denn so viel wert, dass wir es nicht hergeben wollen? Und damit sind wir bei dem Begriff „Werte" angelangt und müssen folglich unser Wertesystem hinterfragen.

Ich komme noch einmal auf den Vortrag des Dalai Lama in der Wiener Stadthalle zurück. Er wurde gefragt: „Wie gehe ich am besten damit um, wenn mich etwas sehr traurig macht?" Tiefe Trauer hat auch etwas damit zu tun, nicht loslassen zu können. Die Antwort seiner Heiligkeit war. „Grundsätzlich ist Trauer etwas Positives, weil es für denjenigen, an den die Trauer gerichtet ist, eine Wertschätzung darstellt. Problematisch wird das Thema, wenn die Trauer so stark dominiert, dass sie blockiert. Hier nimmt man meist eine Sache für sehr wichtig, etwas ist mir unendlich wichtig. In dem ‚mir' kommt ein wenig das Ego durch, denn es gibt Milliarden von Menschen, die noch viel schwerwiegendere Probleme zu lösen haben als ich."[39] Die Empfehlung des Dalai Lama ist also, sich vom Ego zu lösen.

Claudia Stöckl hat in ihrer Radiosendung „Frühstück bei mir" das Thema Gelassenheit hervorragend aufgearbeitet.[40] Bei einer Studienreise in Burma hatte sie eine burmesische Nonne in einem Kloster getroffen. Diese hatte ihre langen blonden Haare berührt und darüber gestreichelt, danach hatte die Nonne sie gefragt: „Können Sie sich vorstellen, sich eine Glatze scheren zu lassen?" Claudia Stöckl erwiderte nach kurzem Zögern mit „Nein". Die Nonne hat darauf geantwortet: „Da siehst du, wie schwer es ist loszulassen, und dabei geht es nur um deine Haare, die ja wieder nachwachsen."

✎— **Solange wir nicht loslassen können, sind wir nicht frei.**

Claudia Stöckl hat eine weitere hochinteressante Frage an die Nonne gestellt, die lautete: „Was sind Ihre wichtigsten Erkenntnisse?" Deren Antwort war spontan: „No regrets", also nichts bedauern, es passiert nichts, was nicht unserer Entwicklung dient. Auch nichts begehren, dies sperrt uns ein und blockiert uns. Darauf vertrauen können, dass nichts passiert, was nicht unserer Entwicklung dient, ist eine Zeichen großer innerer Reife.

Es gibt für alles den richtigen Zeitpunkt. Ich möchte nun ein Ereignis erzählen, bei dem scheinbar ich mit einem Schlag im Alter von 29 Jahren eine Million US-Dollar so gut wie sicher in der Tasche hatte.

Unser bereits erwähntes Eiscreme-Joint-Venture lief sehr gut an. Eines Tages besuchte mich ein bekannter österreichischer Industrieller aus der Lebensmittelbranche in Hangzhou und besichtigte unseren Laden am West Lake. Er selbst hatte ein Joint Venture in Shanghai eröffnet und war innerhalb von 14 Monaten die Nummer 1 im Kaffeegeschäft in der gesamten Region geworden. Er stellte in einer Kaffeerösterei hochwertigen Kaffee her und lieferte an Supermarktketten, Hotels und Restaurants. Er hatte jedoch nur eine Produktionsstätte und keinen einzigen Coffeeshop. Da bekanntlich der Kaffee sehr stark von der Atmosphäre, in der man ihn genießt, lebt, schlug er mir eine Kooperation vor. Österreichisches Frischeis und Mehlspeisen, kombiniert mit österreichischem Kaffee in höchster Qualität.

Er bat mich, einen Business Case zu erstellen. Ich tat dies, basierend auf den bereits in China real erwirtschafteten Zahlen, während alle anderen Unternehmen sich zu diesem Zeitpunkt nur auf Prognosen stützen konnten. Die Berechnung erschien ihm plausibel und versprach einen ordentlichen Gewinn. Wir wurden schnell handelseinig – bis zu dem Zeitpunkt, als ich ihm mitteilte, dass mein Know-how, das ich in unser künftiges gemeinsames Unternehmen einbringen würde, eine Million US-Dollar wert sei. Diese müsste er bar in das Unternehmen einbringen. Er antwortete, dass dies eine sehr selbstbewusste Forderung sei, die aber nicht ganz unberechtigt wäre. Ihm war bewusst, dass er sich künftig auf einen Partner verlassen konnte, der aus Österreich stammte, die chinesische Sprache sprach, ein Unternehmen in China bereits erfolgreich führte und somit auch über Marktkenntnisse und ein Netzwerk verfügte. Er wollte diese Forderung noch einmal mit seinem österreichischen Wirtschaftsprüfer besprechen.

Am Sonntagabend klingelte in meiner kleinen chinesischen Wohnung das Telefon. Der Unternehmer teilte mir mit, dass er das Unternehmen mit mir gemeinsam aufbauen wolle. Er vertraue mir und er sei mit meiner Forderung einverstanden. Er fügte noch hinzu, er werde in der Zwischenzeit alle Verträge vorbereiten, die nötigen Schritte einleiten und in drei Wochen würden wir uns zur Vertragsunterzeichnung treffen. Mit den Worten, dass er sich auf unseren gemeinsamen Erfolg freue, beendete er das Gespräch.

Ich legte auf und konnte es gar nicht fassen. Hatte ich tatsächlich jetzt meine erste Million verdient? Das Gefühl der Freude mischte sich mit Vorsicht. Zum Glück begann ich nicht noch am selben Abend die Million auszugeben. Ich wartete geduldig die drei Wochen ab. Kurz vor dem vereinbarten Unterzeichnungstermin erhielt ich einen Anruf meines Geschäftspartners, dass es mit seinem Joint-Venture-Partner massive Probleme gäbe. Der Unterzeichnungstermin wurde auf unbestimmte Zeit verschoben.

Nach weiteren drei Wochen teilte er mir mit, die ganze Situation sei eskaliert, er betreibe Schadensbegrenzung und ziehe sich vom chinesischen Markt zurück. Ich möge doch Verständnis haben, dass es keinen Sinn habe, unter diesen Umständen mit mir zu kooperieren. Es habe ihn sehr gefreut, mich kennenzulernen, und er wünsche mir alles Gute.

Als ich den Hörer auf die Gabel legte, war ich wieder sprachlos. Eine Million Dollar wäre ein gutes finanzielles Polster gewesen. Es war eine tolle Gelegenheit, Gelassenheit zu üben. Heute weiß ich, warum das Geschäft nicht zustande gekommen war, und ich bin froh darüber. In diesem Alter wäre ich nicht reif genug gewesen, um zwei Schritte auf einmal zu tun. Mit großer Wahrscheinlichkeit hätte ich heute ein anderes Wertesystem und ich hätte eine andere Prägung bekommen, mit der ich jetzt nicht tauschen möchte.

➤ Ich bin mir ganz sicher, es gibt für alles den richtigen Zeitpunkt.

Ich hatte so genügend Zeit, mich zu entwickeln, reichlich Erfahrung zu sammeln und diese produktiv einzusetzen.

Gelassenheit hat auch etwas damit zu tun, die Dinge aus einem anderen Blickwinkel zu betrachten. Die Japaner sagen dazu: *enzan no metsuke* (den Berg aus der Ferne betrachten). Wir neigen dazu, uns immer tiefer in den Sumpf hineinzugraben und dadurch den Überblick zu verlieren.

Solange wir nicht in der Lage sind loszulassen, können wir nicht wirklich gelassen sein. Um loslassen zu können, muss man sein Wertesystem sehr kritisch hinterfragen und der Frage auf den Grund gehen, was wirklich wichtig ist. Wenn ich mich über etwas furchtbar aufgeregt habe und nicht loslassen konnte, half mir folgender Gedanke: Ich stellte mir selbst die Frage: Werde ich mich über diese Sache in 10 Jahren auch noch ärgern? Wenn ja, dann bitte weiterärgern, aber richtig. Wenn nein, dann gibt es auch jetzt keinen Grund, sich zu ärgern.

Ich habe mich in meinem Leben bereits über so vieles geärgert. Eine gut eingearbeitete Mitarbeiterin hat gekündigt, ich habe einen wichtigen Auftrag nicht bekommen, eine Beziehung hat sich in die falsche Richtung entwickelt. Fakt ist, es kam eine bessere Mitarbeiterin nach, der Auftrag war nicht existenziell und die Zeit, die dadurch frei wurde, konnte ich produktiver nutzen und in der Beziehung wäre ich ins offene Messer gelaufen. Beim beruflichen Erfolg geht es nicht darum, wie viele Aufträge wir bekommen, sondern es stellt sich die Frage, habe ich die Arbeit getan?

### ✒ Habe ich den Samen für Erfolg gesät?

Wenn Sie diese Frage mit ruhigem Gewissen bejahen können, können Sie auch gelassen in die Zukunft blicken. Der Erfolg wird kommen. Vertrauen Sie darauf, dass die Dinge passieren, die passieren müssen, und dass es einen größeren Plan gibt. Wir haben unseren Job zu machen und den in möglichst guter Qualität, dann haben wir gute Karten.

**✒ Der Weg zur Gelassenheit führt über die Bereitschaft, einen Schritt zurückzutreten.**

In den letzten 16 Jahren als Personalentwickler habe ich mich intensiv mit dem Thema Personaldiagnostik und mit den verschiedensten psychometrischen Verfahren, die es in diesem Zusammenhang gibt, beschäftigt. Ich lernte den Entwickler eines Verfahrens persönlich kennen, durfte bei ihm die Ausbildung zum Personaldiagnostiker machen und bald entwickelte sich eine sehr gute Geschäftsbeziehung. Daraus resultierte eine tiefe Freundschaft, geprägt von gegenseitiger Wertschätzung.

Bereits nach wenigen Monaten der Zusammenarbeit bot er mir an, „Head Partner" in Österreich zu werden. Dies bedeutete, ich durfte nicht nur in meinem Unternehmen das Werkzeug einsetzen, sondern auch Partner gewinnen, die dieses Instrument auch bei ihren Kunden verwenden. Die Headpartnerschaft bedeutete auch, dass alle Umsätze, die in Österreich gemacht wurden, über mein Beratungsunternehmen liefen, und ich war provisionsberechtigt. Diese Konstellation war ein riesiger Vertrauensbeweis an mich, und natürlich bedeutete dies für mich auch einiges an Verantwortung.

Es gelang mir, in den ersten beiden Jahren einige gute Partner zu gewinnen, jedoch nicht in der Anzahl, wie ich mir dies gewünscht hatte, da ich mich nicht ausschließlich der Akquise widmete.

Eines Tages bat mich mein Geschäftspartner zu einem Gespräch. Er bestätigte mir, ich sei ein Top-Verkäufer und er wäre froh, wenn alle Partner nur annähernd so erfolgreich wären. In Sachen Marktentwicklung allerdings meinte er: „Du bist kein guter Marktentwickler für unser Tool. Der Grund ist folgender: Dein Herzblut ist bei der Entwicklung des *Samurai Managers*, gefolgt von deinem sehr starken Fokus auf dein Kerngeschäft in der Personalentwicklung und erst an dritter Stelle kommt bei dir unser Produkt. Ich kann für Österreich keinen Headpartner gebrauchen, der den Markt aufbauen soll und diese Aufgabe auf Nummer drei seiner Prioritätenliste hat." Ein Geschäftspartner, den ich sehr schätzte, ein Freund, den ich lieb gewonnen hatte, war dabei, mir die für mich so wichtige Headpartnerschaft zu entziehen. Trotzdem musste ich ihm Recht geben.

Die Tatsache, dass ich ab sofort nicht mehr Headpartner, sondern nur ein ganz normaler Partner sein sollte, war ein Schritt zurück. Beim Gedanken, weniger Verantwortung zu haben und den Druck für dieses Thema herausnehmen zu können, ging es mir sehr gut. Ich stimmte seinem Vorschlag zu. An unserer guten Geschäftsbeziehung hat sich seitdem nichts verändert und an unserer Freundschaft schon gar nicht. Ganz im Gegenteil: Ich fand seine Vorgehensweise mutig und richtig und seine Entscheidung zeichnet ihn auch als exzellenten Unternehmer aus. Heute bin ich sehr froh, dass ich aus dieser Verantwortung genommen wurde und mich auf meine zentralen Themen konzentrieren kann. Von falschem Ehrgeiz getrieben, glauben wir oft, nichts aus der Hand geben zu können.

➤ **Loslassen ist die Basis für Gelassenheit. Ein Stück weniger Verantwortung befreit und sorgt für mehr Lebensfreude.**

Denken Sie darüber nach, wo Sie Verantwortung abgeben können, es fällt Ihnen bestimmt etwas ein. Letztlich ist unser Leben ein Spiel, bei dem Sie darauf achten sollten, dass Sie die Regeln bestimmen. Machen Sie die Gelassenheit zu einer Regel in diesem Spiel.

*Eine Samurai-Geschichte*
Ein Mönch wurde von seinem Abt beauftragt, einen Brief zu einem weit entfernten Kloster zu bringen. Der junge Mann machte sich auf den Weg und kam dabei zu einer Brücke, an der ein Samurai stand. Der Samurai war in der Vergangenheit schwer beleidigt worden und hatte sich aus Rache geschworen, mit den ersten hundert Menschen, die ihm begegneten, auf Leben und Tod zu kämpfen. Der Mönch, der gerade vorbeikam, war der Hunderts-

te, der zum Kampf aufgefordert wurde. 99 hatte der Samurai schon besiegt. Der Mönch sagte: „Es tut mir leid, ich muss erst diesen Brief zu einem anderen Kloster bringen. Danach komme ich aber ganz bestimmt zurück."

Nun war es damals noch so, dass solchen Worten Glauben geschenkt werden konnte. Der Samurai überlegte nicht lange und erwiderte: „Gut, ich warte hier auf dich." Der Mönch zog also los und brachte den Brief zum Abt des anderen Klosters. Er erzählte diesem von der Begegnung und sagte, dass er nun zurückkehren müsse, um mit dem Samurai zu kämpfen. Er, der doch keine Ahnung hatte vom Schwertkampf.

„Ja, du bist wohl dem Tode geweiht", sagte der Abt, „den Samurai kannst du nicht besiegen. Wenn du nun aber schon chancenlos bist, solltest du als Mönch wenigstens in Würde sterben. Du stellst dich also hin, nimmst dein Schwert und hältst es wie zum ersten Schlag bereit hoch über dem Kopf. Danach wartest du gelassen ab und solltest du fühlen, wie etwas Kaltes den Scheitelpunkt deines Kopfes berührt, dann weißt du, das ist das Schwert des Samurai, das dich durchschneidet."

Der junge Mönch machte sich auf den Weg zurück zur Brücke. Der Samurai drückte ihm sogleich ein Schwert in die Hand. Sie stellten sich in der vorgeschriebenen Position vis-à-vis auf und hoben das Schwert. Der Mönch tat das in der Gewissheit, dass sein letztes Stündchen geschlagen hatte, und wollte dieses Gefecht in Würde und Gelassenheit über sich ergehen lassen. Er stand also da, völlig ruhig und entspannt, das Schwert hoch über seinem Kopf, und wartete, dass sein Gegner zuschlug. Dies hatte der Samurai noch nie erlebt: dass jemand sich nicht wehrte, nicht anfing, verzweifelt zu kämpfen, sondern es einfach geschehen ließ. Er sah, wie der Mönch dastand, ganz in sich versunken, ganz still, ganz gelassen, und er konnte es nicht fassen. Schließlich fing der Samurai an zu zittern, weil er dachte, eine magische Kraft sei am Werk, und er kniete vor dem Mönch nieder und sagte: „Du hast mich besiegt, ich möchte dein Schüler sein." Er ließ das Schwert fallen und bat den Mönch unter Tränen um Vergebung.[41]

## Perfektion und Souveränität

Im Jahr 1991 besuchte „der letzte Samurai" Hidetaka Nishiyama Sensei das erste Mal Österreich. Es war mir gelungen, ihn zu einem internationalen Lehrgang einzuladen. Anschließend lehrte er in Deutschland und ich hatte die Ehre, ihn in die Nähe von München zu fahren und mich mit ihm während der Autofahrt zu unterhalten. Er stellte mir die Frage, ob ich wüsste, was ein „Katana" ist. Ich antwortete: „Natürlich Sensei, das ist ein japanisches Schwert, das die Samurai verwendet haben."

Darauf sagte er: „In Japan gibt es Leute, die machen ein Katana innerhalb von zwei Tagen, und es gibt welche, die benötigen dafür zwei Jahre. Was ist der Unterschied?" Ich gab ihm zur Antwort: „Wahrscheinlich wird derjenige, der zwei Jahre daran arbeitet, ein wirklich gutes Schwert daraus machen." Er verneinte. „Vielleicht möchte er ein perfektes Schwert machen", war mein zweiter Versuch. Er sagte: „No." Schließlich antwortete ich: „Sensei, ich weiß es nicht." Worauf er mir zur Antwort gab: „Jener, der zwei Jahre benötigt, möchte seinen Charakter weiterentwickeln." Ich war von dieser Aussage tief beeindruckt und auch von seiner Denkweise und seinem Wissen. Wir diskutierten lange darüber, wie wichtig es ist, wenn man etwas tut, es ganz zu tun. Seine ganze Energie und Leidenschaft einer Sache zu widmen, um ein perfektes Ergebnis zu erzielen. Über diesen Weg auch noch seinen Charakter zu schärfen, war für mich ein neuer Aspekt. Er erklärte die tiefere Bedeutung des ersten Dojo Kuns[42]: *Jin kaku kann sei ni tsuto muru koto* (sich um charakterliche Vollendung bemühen).

Durch das tägliche Karatetraining haben wir ein Instrument in der Hand, an unserer Perfektion zu arbeiten. Dies erfordert Geduld und Selbstdisziplin. Im Laufe der Zeit erkennt man, wie weit man von einer perfekten Technik entfernt ist, auch wenn man ständig Fortschritte macht. Dies wiederum fördert die Bescheidenheit und die Demut. Alles zusammen sind entscheidende Werte, damit sich der Charakter gut entwickelt. Hidetaka

Nishiyama Sensei erklärte mir, Samurai zu sein bedeutet nicht, in erster Linie ein guter Kämpfer zu sein, sondern vielmehr ein guter Mensch zu sein, geprägt von Werten. Dasselbe gelte für einen guten Karateka. Eine effektive Karatetechnik sei nur ein Bruchteil dessen, was einen guten Karateka ausmache. Die äußere Form, das Auftreten, das wiederum Charakterzüge widerspiegelt, werde selbst im Wettkampf hoch bewertet.

> ✂ Der Schüler fragt seinen Meister: „Was muss ich tun, um gut zu werden?" Der Meister gibt ihm zur Antwort: „Du musst drei Dinge beachten: üben, üben und üben!"

Der Wissenschaftsjournalist Malcom Gladwell, bekannt durch seinen Bestseller *Überflieger*,[43] hat in einer Berliner Hochschule drei Gruppen von Violinisten untersucht. Die erste Gruppe waren hoch professionelle Musiker aus internationalen Konzerthäusern. Bei der zweiten Gruppe handelte es sich um wirklich gute Violinisten, jedoch nicht vergleichbar mit denen der ersten Gruppe. Die dritte Gruppe waren Musiker, die zwar mit Leidenschaft spielten, jedoch nie den Status eines professionellen Konzertmusikers erreicht hatten.

Die Fragestellung der Untersuchung war: Wie stark spielte das Talent und wie stark das Üben eine Rolle für deren Erfolg? Das Ergebnis war so verblüffend wie plausibel. Alle drei Gruppen hatten zum selben Zeitpunkt begonnen, Violine zu spielen. Jene, die es nahezu zur Perfektion geschafft hatten, brachten es in den ersten zehn Jahren auf mehr als 10.000 Übungsstunden. Die zweite Gruppe konnte rund 8.000 Übungsstunden verzeichnen und die dritte Gruppe kam auf 4.000 Stunden im gleichen Zeitraum.

> ✂ 10.000 Stunden Üben ist die magische Zahl, die es zu erreichen gilt.

Das stellte auch der Neurowissenschaftler Daniel Levitin[44] fest, wobei es unabhängig davon ist, ob es sich um einen Sport handelt, den man perfektionieren, oder eine Kunst, die man erlernen möchte. 10.000 Stunden üben heißt, zwei Stunden täglich, sieben Tage die Woche, 13 Jahre lang. Es bedarf eines großen Durchhaltevermögens und der Selbstdisziplin, um die Bereitschaft aufzubringen, diesen Weg zu gehen.

## Verborgene Meister

Als ich in China das Joint-Venture-Unternehmen aufbaute, hatte sich mein Wertesystem etwas verschoben. Sauberes Wasser aus der Wasserleitung war in der Provinzstadt reines Wunschdenken. Mir verriet ein befreundeter Chinese auf einer kleinen Anhöhe eine Quelle, wo es herrliches frisches Wasser gab. Regelmäßig suchte ich diesen Platz auf, um meinen Trinkwasservorrat zu decken.

Eines Tages beobachtete ich einen Chinesen, der über siebzig Jahre alt war. Nachdem er Wasser geschöpft hatte, rollte er einen mitgebrachten Kartoffelsack aus. Er setzte sich darauf und begann Yoga-Übungen zu machen. Ich beobachtete ihn aufmerksam und war beeindruckt von seiner Geschmeidigkeit in seinem hohen Alter. Plötzlich begann er einen Kopfstand zu machen, stützte sich zunächst mit beiden Handflächen ab, um schließlich die Balance nur über Daumen, Zeigefinger und Mittelfinger zu halten. Er reduzierte die Stütze auf jeweils einen Finger, nahm abrupt eine Hand ganz weg und stand schließlich nur auf dem Kopf. Als er unerwartet die Beine in der Luft spreizte und durch gekonnte ruckartige Bewegungen sich zu drehen begann, traute ich meinen Augen nicht. Er vollführte eine 360-Grad-Drehung um die eigene Achse, frei stehend auf seinem Kopf. Ich war sprachlos, ich hatte eine solche Körperbeherrschung vor allem in diesem Alter noch nie gesehen. Er beendete seine Übung, indem er in umgekehrter Reihenfolge wieder in die ursprüngliche Position zurückkehrte. Danach rollte er seinen Kartoffelsack wieder zusammen und ging nach Hause. Was mich noch mehr faszinierte als seine Körperbeherrschung, waren seine Ruhe und die innere Zufriedenheit, die er ausstrahlte. Dieses einzigartige Erlebnis hat mich immer wieder motiviert, an mir zu arbeiten, und mir gezeigt:

✎ **Das Alter ist kein Hindernis, um Spitzenleistungen zu erbringen.**

Eine Persönlichkeit, die mich auf eine ganz andere Art und Weise inspirierte, kommt aus Italien. Es ist nichts Außergewöhnliches, wenn ein Fußballspieler Weltruhm erreicht. Wenn jedoch ein Schiedsrichter in dieser Paradedisziplin Weltruhm erreicht, ist dies durchaus etwas Außergewöhnliches, wie bei Pierluigi Collina. Selbst die absoluten Superstars haben sich in Ehrfurcht vor ihm verneigt und betrachteten es als Ehre, ein Spiel, das von ihm geleitet wurde, zu spielen. Doch was war sein Geheimnis? Er konnte doch auch nur das Spiel möglichst fair und regelkonform pfeifen, wie alle seine anderen Kollegen auch.

Schiedsrichter zu sein, ist oft ein undankbarer Job. Doch Pierluigi Collina ist weltberühmt geworden und in die Liga der Superstars aufgestiegen. Vielleicht haben auch sein markantes Aussehen und seine ausdrucksstarke Körpersprache zu seiner Popularität beigetragen. Was ist sein Geheimnis, nach welchen Kriterien pfeift er ein Spiel? Er hat immer wieder betont, dass er ein Match so pfeift, dass sich jeder Spieler bestmöglich entwickeln kann. Dies ist noch ein Schritt mehr als objektiv, denn er sah es als seine Aufgabe, voll und ganz in dem aufzugehen, was er tat, und dabei andere zu entwickeln. Mit diesem Standpunkt bekommt der Fußball eine ganz neue Qualität. Nur leider sind solche Persönlichkeiten Ausnahmeerscheinungen. Aber es ist schön, dass es diese gibt und wir uns daran orientieren können.

An etwas hart zu arbeiten, darin perfekt und dadurch glücklich zu werden, muss erstrebenswert sein. Dies gilt vor allem für die zukünftigen Generationen, für unsere Jugend.

✎ **Für Nobelpreisträger und Olympiasieger reicht es nicht, durchschnittlich zu sein.**

Wie ist jedoch unsere Denkweise, wie verhalten wir uns in diesem Zusammenhang? Stellen wir uns folgende Situation vor: Ein Schulkind bringt das Halbjahreszeugnis nach Hause. Ohne etwas zu lernen, bekommt das Kind ein „Sehr gut" und vier „Nicht genügend". Unsere Reaktion wird mit großer Wahrscheinlichkeit sein, dass wir dem Kind zu verstehen geben, dass es in jenen Fächern, in denen es bereits ein „Sehr gut" hat, zunächst gar nichts mehr lernen braucht. Die ganze Konzentration liegt auf den vier „Nicht genügend". Nachhilfestunden oder Sprachferien, jedes Mittel ist uns recht, damit diese vier negativen Noten ausgebessert werden. Am Ende des Jahres gelingt das tatsächlich. Aus einigen „Fünfern" werden sogar „Dreier". Was passiert jedoch mit dem „Einser"? Dieser wird wahrscheinlich ein „Zweier" oder sogar ein „Dreier". Jetzt ist der Schüler Durchschnitt und somit alles in Ordnung. Ein defizitorientiertes System hat sich durchgesetzt, und das bringt uns in die Sackgasse. Denn ein durchschnittlicher Schüler wird kein Nobelpreisträger. Unser Fokus müsste viel stärker darauf liegen, wie es der Schüler geschafft hat, ohne etwas zu lernen in einem Gegenstand sehr gut zu sein. Was steckt in ihm, um so eine Leistung zu erbringen, und wie kann diese Fähigkeit noch gefördert werden? Natürlich dürfen die vier „Nicht genügend" nicht ganz unter den Tisch fallen. Auf keinen Fall darf man aber die außergewöhnliche Fähigkeit ignorieren.

Österreichs Aushängeschild in der Genforschung, Univ.-Prof. Dr. Markus Hengstschläger,[45] beschreibt unser Verhalten in seinem Bestseller *Die Durchschnittsfalle* äußerst präzise: „Besondere Leistungsvoraussetzungen (=Genetik) können nur durch harte Arbeit (=Umwelt) entdeckt und in eine besondere Leistung (=Erfolg) umgesetzt werden. Der Mensch kann niemals auf seine Gene reduziert werden. Gene sind wie Bleistift und Papier, aber die Geschichte schreiben wir selbst."[46]
Er verschärft noch seine Aussage, indem er weiter argumentiert: Wir brauchen „Abweichler" wie Albert Einstein, wir benötigen „Auffaller" wie Sigmund Freud. Der Durchschnitt bedeutet

Stillstand, so bequem er uns auch manchmal vorkommen mag. Goethe schreibt: ‚Das Außergewöhnliche geschieht nicht auf glattem, gewöhnlichem Wege.'(...) Die Individualität einzubüßen bedeutet, die Zukunft zu verlieren! [47]

Ein *durchschnittlicher* Samurai hatte keine hohe Lebenserwartung. Ein Samurai, der nicht durch tägliches hartes Training an seiner Kampfkunst gearbeitet hatte, hat dies sehr schnell mit seinem Leben bezahlt.

➤ **Anders sein darf nicht die Ausnahme sein, sondern muss zur Regel werden!**

Es wird im Management zukünftig nicht ausreichen, die Dinge effizienter, kostengünstiger, schneller und besser zu machen. Wir müssen auch etwas *anders* machen. Wir müssen neue Wege gehen. Sonst werden wir die Fragen der Zukunft nicht beantworten können, obwohl wir heute noch gar nicht wissen, wie diese lauten werden. Zur Bewältigung der großen Aufgaben der Zukunft ist das unsere einzige Chance. „Taucht ein Genie auf, so verbrüdern sich die Dummköpfe",[48] hat der irische Schriftsteller Jonathan Swift einmal gesagt.

➤ **Je schwieriger die zu lösende Aufgabe ist, umso individueller sollten die Mitglieder des Teams sein.**

Wenn sich zwei Systeme, wie etwa zwei Firmen (oder Manager mit sehr ähnlichem Werdegang), die jahrelang das Gleiche gemacht haben, zum Teamwork entschließen, besteht eine hohe Gefahr, dass sie die gleichen Fehler, die sie bereits gemacht haben, auch weiter machen werden, ohne dass es ihnen auffällt. Der deutschen Bundesminister a. D. Hans-Dietrich Genscher wurde einmal bei einer Podiumsdiskussion gefragt, was seiner Meinung nach einen guten Politiker ausmache. Seine Antwort war: „Ein guter Politiker vertritt seine tiefste innere Überzeugung auch dann, wenn er eigentlich davon ausgehen muss, dafür abgewählt zu werden."[49] Diese Aussage spiegelt den Samurai-Geist klar wider. Wenn alle Politiker so denken und vor allem so handeln würden, hätten wir dieses Dilemma nicht, in dem wir heute so tief stecken. Wenn jeder Politiker einfach nur seinen Job machen würde, mit ehrlichem Bestreben nach Perfektion, motiviert sein und seiner Intuition folgen würde, wäre das Ansehen dieses Berufsstandes nicht so schlecht. Viele Probleme wären gelöst und wir könnten uns den echten Herausforderungen, ökologischer und gesellschaftspolitischer Natur, der Zukunft widmen. Einem Wissenschaftler geht es darum, sich mit einer Frage zu beschäftigen, weil er die Antwort wissen will. Das Ziel ist Sinnerfüllung, Perfektion und Selbstbestimmtheit. Das sind die größten Belohnungen, die dem Menschen zuteil werden können. Es muss wieder „in", „cool", „erstrebenswert" werden, anders zu sein sowie hart und viel an der Perfektionierung einer Sache zu arbeiten. Dadurch kann ein kumulativer Flow-Zustand in unserer Gesellschaft entstehen, der uns zukunftsfähig macht.

Die traditionellen Kampfkünste zeigen uns diesen Weg auf und die großen Meister beweisen uns, dass wir auch in der Lage sind (physische) Grenzen zu überschreiten. Lin Hwai Min (Theatre of Taiwan) beschreibt auf beeindruckende Weise die Kombination von Perfektion und Tanz. „Die Tänzer tanzen nicht, sondern sie verinnerlichen den Tanz und leben ihn. Leben heißt Atmen und sie atmen das Publikum ein und ziehen es mit hinein – dann werden sie eins – das Publikum ist ein Teil des Tanzes."[50]

*Die Geschichte des Kampfhahns*
Ein König wollte einen besonders starken Kampfhahn haben, um ihn an Hahnenkämpfen teilnehmen zu lassen. Er beauftragte einen Fürsten, im ganzen Land nach den besten Hähnen zu suchen. Ein begabter Lehrer sollte den Hahn ausbilden. Dieser lehrte ihn die Technik des Kämpfens. Nach 10 Tagen fragte der König: „Kann der Hahn nun kämpfen?" Der Ausbilder sagte:

„Nein, nein, der Hahn ist stark, aber diese Stärke ist leer, er will immerzu kämpfen, er ist aufgeregt und seine Kraft ist unbeständig."

10 Tage später fragte der König wieder: „Können wir nun mit dem Kampf beginnen?" „Nein, nein, er ist voller Leidenschaft und will immerzu kämpfen, wenn er einen Hahn aus dem Nachbardorf hört, gerät er in Wut und will ihn besiegen."

Nach weiteren 10 Tagen fragte der König: „Geht es jetzt?" Der Ausbildner sagte: „Jetzt zeigt er keine Aggressionen mehr, wenn er einen anderen Hahn sieht, bleibt er ruhig, seine Haltung ist aufrecht und zeigt Spannung, er gerät auch nicht mehr in Wut, seine Energie zeigt sich nicht mehr nur an der Oberfläche." „Also ist es in Ordnung mit dem Kampf?", fragte der König. Der Ausbildner sagte: „Vielleicht."

Man brachte eine große Anzahl an Hähnen und veranstaltete ein Turnier. Zum Erstaunen aller Zuseher flohen die anderen Hähne vor dem Hahn des Königs, als sie ihn sahen. Er brauchte überhaupt nicht zu kämpfen, er strahlte starke innere Energie aus, die sich nicht in Äußerlichkeiten zeigte. Seine Kraft lag in ihm![51]

Samurai strahlten oft eine unglaubliche innere Ruhe und vollkommene Entschlossenheit aus, darin lag ihre Stärke!

## Intuition

*Was wirklich zählt, ist Intuition.*
(Albert Einstein)

Intuition ist die höchste Kunst des Managements. Sie ist erlern- und verbesserbar. Hierzu gibt es, ähnlich wie bei der Gelassenheit, verschiedene Zugänge. Bei meiner Studie, die ich in Japan durchgeführt habe, war eine der Fragen im Interview mit Managern: „Wie treffen Sie Ihre Entscheidungen?"

Fast alle Führungskräfte bestätigten mir, dass letztendlich nahezu jede Entscheidung eine Bauchentscheidung ist. Ein Entscheidungsprozess kann noch so gut aufbereitet werden und zu jeder Studie gibt es eine Gegenstudie und zu jedem Gutachten ein Gegengutachten. Es stellt sich nur die Frage: Wer hat es in Auftrag gegeben und wer bezahlt es? Folglich geht ohne Intuition gar nichts.

„Google" wirft beim Begriff „Intuition" mehr als 31 Millionen Einträge aus. Das Wort stammt vom lateinischen *intueri*, was so viel bedeutet wie „hineinsehen" oder „erkennen". Die Wissenschaft sagt, man sollte Intuition nicht definieren, man sollte dies viel mehr offenlassen. Eine interessante Beschreibung des Begriffes ist die des bulgarischen Philosophen und Pädagogen Omraam Mikhael Aivanhov: „Weil die Intuition zugleich Verständnis und Empfindung ist, durchdringt sie die Wirklichkeit mit einem Blick."[52] „Mit Logik kann man Beweise führen, aber keine neuen Erkenntnisse gewinnen, dazu gehört Intuition", wusste der französische Physiker und Mathematiker Henri Poincaré.[53]

Wissenschaftlich gesehen ist die Intuition nicht die Antwort, sondern das Finden einer Frage, und die Frage ist die antizipierte Antwort. Für die Wissenschaft beginnt jetzt die harte Arbeit, sie stellt sich nun der Herausforderung, das Gesagte zu bestätigen beziehungsweise zu beweisen. Das hat nichts mehr mit Intuition zu tun. Jeder kreative Wissenschaftler ist aber auf die Intuition angewiesen. Viele glauben, sie könnten nur mit dem Verstand etwas entwickeln, aber leider ergibt das kein befriedigendes Ergebnis.

Im Max-Planck-Institut für Bildungsforschung in Berlin hat der Psychologe Univ.-Prof. Gerd Gigerenzer Entscheidungen untersucht, wie Menschen mit einer unsicheren Welt umgehen, und er hat bestätigt, viele Entscheidungen sind unbewusst. Das heißt, man weiß, was man möchte, aber nicht warum, was in der Wirtschaft künftig von ungeheurer Bedeutung sein wird.[54]

Götz Werner, der Gründer des Drogeriemarkt-Riesen *DM*, antwortete auf die Frage: „Wozu brauchen wir die Intuition?",

Folgendes: „Sie ist die Voraussetzung, dass man im richtigen Moment das Richtige tut."[55]

Wenn nun die Intuition in allen Bereichen der Wirtschaft, der Wissenschaft, im Gesellschaftsleben und nicht zuletzt in der Kunst eine so entscheidende Rolle spielt, drängt sich die Frage auf: Warum haben wir uns so stark von der Ratio lenken lassen und die Intuition zurückgestellt?

Eine plausible Antwort liefert uns der Hirnforscher Prof. Dr. Gerald Hüther: „Wir kommen aus dem Maschinenzeitalter und eine Maschine, an der wir gearbeitet haben, die hat funktioniert, mit oder ohne unsere Gefühle, also müssen auch wir funktionieren, und Gefühle spielen da keine Rolle. Daraus resultiert eine große Gefahr für die Menschheit, denn Menschen, die wie Maschinen funktionieren, haben kein Gewissen und sind häufig bereit, alles zu tun. Ein Sonnenpriester im Amazonas fühlt den Schmerz eines gefällten Baumes, wenn er seine Rinde berührt, so als hätte man ihn selbst verletzt."[56]

Wir fühlen nichts mehr, wir sind froh, wenn der Baum nicht mehr im Wege steht und wir im Herbst das Laub nicht mehr beseitigen müssen.

Rupert Sheldrake, ein englischer Biologe, drückt es so aus: „Unsere westliche Wissenschaft ist oberflächlich und begrenzt und das Schlimmste daran zum Beispiel in der Biologie ist, dass wir alles Leben, das wir erforschen wollen, zuerst töten müssen!! Die Oberflächlichkeit rührt aus der Tatsache, dass wir glauben, nicht genug Zeit zu haben für die Dinge, die wir glauben tun zu müssen. Der Zeitmangel, aufgrund unseres begrenzten Daseins, setzt uns unter Druck und stresst uns. Das Resultat ist, der Tiefgang geht verloren und wir dringen auch nicht zum Kern der Sache vor".[57]

➤ **Es ist ein Segen, etwas gefunden zu haben, dem man einen wesentlichen Teil des Lebens widmen kann, um der Sache wirklich auf den Grund zu gehen.**

In meinem Fall ist das, die Prinzipien von Budo zu verstehen, durch tägliches Training Skills zu verbessern und vor allem Freude dabei zu haben.

## Unterschiedliche Wege, die Intuition praktisch zu erklären

Rupert Sheldrake hat den Zugang zu diesem Thema über die Telepathie erforscht. Sie haben sicher schon die Situation erlebt, dass Ihnen der Gedanke gekommen ist, eine bestimmte Person anrufen zu wollen. In dem Moment, wo Sie zum Telefon greifen, ruft diese Person Sie an. Oder es läutet das Telefon, und ohne auf die Nummer zu sehen wissen Sie, wer anruft. Professor Rupert Sheldrake ist diesem Phänomen nachgegangen, indem er eine Testgruppe aus 12 unterschiedlichsten Personen gebildet hat. Jeder von ihnen erhielt 200 Anrufe, und es standen vier Anrufer zur Auswahl. Sobald das Telefon läutete, musste die Testperson spontan ankreuzen, wer von den vier Anrufern es sein könnte, sozusagen die Intuition sprechen lassen. Laut Statistik ist die Chance, den Richtigen zu erraten 25 Prozent. Das Testergebnis lieferte eine Quote von 45 Prozent! Somit war die Trefferquote weit über dem Zufall und aufgrund der Vielzahl an Versuchen war das Ergebnis auch wissenschaftlich valide.[58]

Thorsten Havener, seines Zeichens bekanntester „Gedankenleser" Deutschlands, beschreitet den Weg zur Intuition über das „Hellsehen". Er hat natürlich keine hellseherischen Fähigkeiten, verfügt aber offensichtlich über eine sehr genaue subtile Wahrnehmung. Er führt bei seinen Auftritten folgendes Experiment durch: Er lässt einen beliebigen Zuschauer aus dem Publikum eine Stecknadel – zum Beispiel in der Brusttasche eines anderen Zuschauers – verstecken. Thorsten Havener berührt anschließend jene Person, die die Stecknadel versteckt hat, am Arm. Er führt in weiterer Folge diese Person durch den Raum und gibt ihr den Auftrag, dass sie, wenn er sich in die falsche Richtung, also vom Versteck weg bewegt, sich in Gedanken „Stop" vorsagen müsse. Auf diese Weise findet er erstaunlich schnell einen engen Kreis von Personen, der für das Versteck der Nadel in Frage kommt. Er sagt, wichtig sei dabei, dass das Denken ausgeschaltet wird. Sobald man denkt: „Wo muss ich hingehen, wo könnte die Nadel sein?", spürt man nichts mehr, man schneidet den Draht zur Intuition ab.

✒ **Das Denken blockiert das Gefühl.**

In weiterer Folge bleiben meist nur noch zwei oder drei Leute übrig, die die Nadel haben könnten. Das Finale dieses Experiments läuft so ab, dass Havener der geführten Person den Auftrag gibt, dass sie das Wort „Anfassen!" denken solle, wenn er sich der richtigen Person nähert, beziehungswcise „Stopp!", wenn es die falsche ist. Er findet so immer die richtige Person heraus und definiert auch noch die exakte Stelle, wo die Nadel versteckt war. Das ist gelebte Intuition.[59]
Die Linzer Psychologin Dr. Regina Obermayr-Breitfuß arbeitet das Thema Intuition über die Fähigkeiten der Fernwahrnehmung wissenschaftlich auf. Diese Fähigkeit ist von Mensch zu Mensch unterschiedlich ausgeprägt, sie hat aber nachgewiesen, dass sie erlernbar und verbesserbar ist. Fakt ist, wir leben in einem sehr großen Informationsfeld und haben über die Intuition Tag und Nacht dazu Zugang. Dazu hat die Psychologin wissenschaftlich bewiesen, dass wir tatsächlich in der Lage sind, Dinge aus der Entfernung wahrzunehmen. Durch gezieltes Training können wir Dinge aus der Ferne, also Gegenstände, die wir gar nicht sehen, beschreiben. Sie verwendet in diesem Zusammenhang den Begriff „Intuierung".

✒ **Wir sind in der Lage, Dinge aus der Entfernung wahrzunehmen.**

In der Praxis läuft so ein Experiment folgendermaßen ab: Man stellt sich zum Beispiel die Frage: „Was weiß ich über das Objekt auf dem Balkontisch meiner Schwester?" Wichtig ist, dass eine klare Ortsangabe definiert wird. Es bleibt somit nur diese Frage im Raum und man konzentriert sich mit seiner ganzen Wahrnehmung nur auf dieser Frage und wartet, was kommt. Man braucht also eine Fragestellung und eine Ortsangabe und muss dann nur noch hinhören. So lernt man die Sprache der Intuition! Ihre Erkenntnisse aus diesen Versuchen und dem Training waren, dass die Sprache der Intuition eine sehr wertfreie, beschreibende Sprache ist. Das Training führte zum Ergebnis, mehr auf die eigene Intuition zu vertrauen, wobei die Voraussetzung die Achtsamkeit in der Wahrnehmung ist.[60]

Konstantin Wecker sagt zum Beispiel, die Texte seiner Lieder seien viel gescheiter als er.[61] Wie kann er etwas zu Papier bringen, das nach seiner Aussage seinen Intellekt bei weitem übersteigt? Sind wir über unsere Intuition in der Lage, mehr zu leisten oder zu (er-)schaffen als über unser Denken? Die Antwort ist eindeutig: ja, mit Sicherheit.

Wir sehen anhand der vielen angeführten Beispiele, dass die Intuition eine Quelle der Erkenntnis ist und die Grenzen unseres Denkens durchstößt. Dennoch vertrauen viele Menschen ihrer Intuition nicht, weil sie Angst haben, die Kontrolle zu verlieren. Wir sind eine kontrollsüchtige Gesellschaft und dabei merken wir gar nicht, dass uns alles entgleitet. Solange jedoch die Angst uns beherrscht, kann die Intuition nicht wirken.

### ✎ Mit Angst funktioniert nichts!

Wenn Menschen unter (Be-)Drohung etwas machen müssen, bleiben sie immer unter ihren Möglichkeiten. Sie werden den sichersten Weg, diktiert von der Angst, gehen. Etwas wirklich Neues kann dabei nicht entstehen. Deshalb halte ich von der Strategie „Management by fear" gar nichts. Nicht nur weil dieses Vorgehen moralisch bedenklich ist, sondern weil es auch dem Grundsatz konstruktiver Menschenführung widerspricht. Die primäre Aufgabe einer Führungskraft ist es, ihre Mitarbeiter zu entwickeln, die vorhandenen Potenziale zu erkennen, diese zu fördern und produktiv für das Unternehmen einzusetzen. Mit Angst wird dies nicht funktionieren.

Wenn wir hingegen unseren Fokus auf eine Tätigkeit legen und ganz darin aufgehen, kommen wir in den häufig zitierten „Flow". Das Erstaunliche daran ist, dass sich durch die hohe Aufmerksamkeitskonzentration das Gehirn weiterentwickelt, es wächst. Gehirnforscher haben zum Beispiel bei Teenagern nachgewiesen, dass der Teil des Gehirns, welcher für das SMS-Schreiben verantwortlich ist, bei jenen Jugendlichen, die dies mit Leidenschaft praktizieren, doppelt so groß ist wie noch vor zehn Jahren, verglichen mit dem damaligen Durchschnitt.

Yentsuma Yentsin, eine buddhistische Nonne, erzählt bei einem Interview zum Thema „Intuition" folgendes Erlebnis: Sie hatte sich zwölf Jahre in eine Höhle zurückgezogen und eine Reise in ihr Inneres durch Meditation angetreten. „Intuition ist stilles Wissen, jenseits von Worten, man braucht keine Gedanken." Sie saß vor ihrer Höhle und hatte Steine sortiert, plötzlich hörte sie eine Stimme, die sagte: „Geh weg von hier", doch sie ignorierte die Stimme und entgegnete: „Nein, ich finde es schön hier, ich möchte da sitzen bleiben." Da sagte die innere Stimme noch viel heftiger: „Geh sofort weg von hier!" Sie folgte der inneren Anweisung und zwei Minuten später fiel ein Fels genau an die Stelle, wo sie vorher gesessen hatte.[62]

Eine ähnliche Geschichte habe ich bei einem Trainingscamp mit Hidetaka Nishiyama Sensei erlebt. Es war in Los Angeles auf dem Weg vom Büro der *ITKF* (*International Traditional Karate Federation*) ins Dojo: Wir waren diesen Weg schon oft gemeinsam gegangen, doch dieses Mal wählte Sensei bei einer Kreuzung einen großen Umweg. Einer aus unserer Runde machte ihn darauf aufmerksam und sagte: „Sensei, wir sind spät dran, wir sollten uns beeilen und den kürzesten Weg nehmen." Sensei antwortete: „Ich spüre, es ist besser, diesen Weg zu gehen." Als wir den Umweg gegangen waren, blickten wir auf die Kreuzung zurück und sahen, dass an der Ecke des Häuserblocks eine Jugendgang Passanten auflauerte, um sie um ihre Brieftaschen zu erleichtern. Wir fragten erstaunt: „Sensei, wie konntest du das wissen?", Sensei antwortete nur: „Ich folge meiner Intuition!"

Durch kontinuierliches Training ist man in der Lage, einen „sechsten" Sinn zu entwickeln, oft ist dieser sogar lebensrettend.

Welchen Zugang hat Nishiyama Sensei zum Thema Intuition und wie lehrt er sie? Seine Definition ist, wie ich bereits in dem Kapitel „Gelassenheit" erwähnt habe: Hartes Training führt zu hohem Selbstvertrauen. Selbstvertrauen führt zu stabilen Emotionen (Gelassenheit). Die Gelassenheit wiederum ist das Tor zur Intuition. Demzufolge sind wir in der Lage, unsere Intuition zu trainieren und zu verbessern. Dies ist eine wichtige und hoffnungsvolle Erkenntnis. Gemessen an dem Potenzial, das wir durch eine gestärkte Intuition freisetzen können, ist die Anstrengung auf dem Weg dorthin absolut lohnenswert und gerechtfertigt.

Eine von Interessenten am Samurai Manager-Programm häufig gestellte Frage lautet: „Wie lernen im Samurai Manager-Seminar Führungskräfte, ihre Intuition zu verbessern? Wie sehen die Übungen und das Training dafür konkret aus?" Im praktischen Teil des Trainings wird neben Standfestigkeit, Zielfokussierung und Entschlossenheit vor allem auch das richtige Timing trainiert. Zum richtigen Zeitpunkt das Richtige zu tun, war für einen Samurai damals genauso eine Überlebensfrage, wie dies heute für viele Unternehmen der Fall ist. Es geht um die Kunst, den richtigen Zeitpunkt zu erfassen.

**Der richtige Zeitpunkt heißt, im Kampf die Gefahr und in der Wirtschaft die Chance möglichst früh zu erkennen.**

Früh erkennen heißt „erahnen". Wenn man die Gefahr sieht, ist es immer bereits zu spät. „Nur schauen, dann einen Befehl ans

Gehirn weiterleiten und reagieren, da ist man immer zu spät."
(H. Nishiyama).

Es gilt also, dem Gegner zuvorzukommen, ohne selbst der Aggressor zu sein. Dieses „Zuvorkommen" bezeichnen die Japaner als „Sen". In dem Moment starten, wenn der Gegner seinen Angriff durchführen möchte, wo der Wille bereits das „go" gegeben hat, der Körper sich jedoch noch nicht bewegt. Jetzt gibt es aber auch kein Zurück mehr, das ist die Phase, wo der Gegner *Kyo* ist. *Kyo* bedeutet „schwach", „machtlos".

In der Kampfkunst dreht sich alles nur um diesen Moment. Diesen Moment zu erahnen, intuitiv zu erfassen, das wird geübt. Die Übung erfolgt zum Beispiel, wenn ein Partner einen Angriff initiiert, indem er ein optisches Signal gibt (beispielsweise durch das Öffnen der Hände) und seinen Partner quasi einlädt. Entscheidend ist bei dieser Übung, dass die Bewegung entschlossen ausgeführt wird, denn dann fließt Energie. Diesen Energiefluss möglichst früh zu erkennen, idealerweise noch bevor eine körperliche Bewegung stattgefunden hat, und dem Gegner zuvorzukommen, heißt „Sen".

Anfangs hat man das Gefühl, dass man diesen Zeitpunkt durch Zufall errät. Bei fortlaufendem Training merkt man aber sehr schnell, dass man tatsächlich ein Gespür für den richtigen Zeitpunkt entwickeln kann und somit einen Zugang zu seiner eigenen Intuition findet. Mit dieser Art von Training wird die Aufmerksamkeit sensibilisiert und die Achtsamkeit gesteigert.

Wenn dieses Gespür da ist, dass der Zeitpunkt gekommen ist, dann muss man sein Vorhaben, seinen Angriff entschlossen umsetzen. „*you feel. you go.* Fehler sind erlaubt, aber niemals zögern" (H. Nishiyama). Wenn das Gefühl/die Intuition sagt, „geh", dann „gehe" mit voller Entschlossenheit, auch wenn du im selben Moment merkst, es war ein Fehler. Führe deinen Fehler mit der gleichen Entschlossenheit zu Ende, aber zögere nicht.

✎ **Durch jahrelanges Training ist es möglich, die Trefferquote des richtigen Erahnens zu erhöhen und die Fehlerquote zu reduzieren.**

Ein Anfänger hat vielleicht eine Trefferquote von 20 Prozent. Sie steigt nach einigen Jahren auf 50 Prozent und schließlich durch jahrelange Perfektion auf 80 bis 90 Prozent. Große Meister kommen im hohen Alter sehr nahe an die 100 Prozent.

Nishiyama Sensei war ein wahrer Könner des Timings. Er war langsam in seiner Bewegung, da die Geschwindigkeit der Muskelbewegungen mit dem Alter abnimmt. Er hat aber dieses natürliche und altersbedingte Defizit durch ein exzellentes Timing und eine perfekte Intuition wettgemacht, sodass ihm Weltklasseathleten in Topform nicht das Wasser reichen konnten.

Dieses Potential anzuzapfen ist die Herausforderung künftiger Manager. Das verlangt eine hohe Bereitschaft, an sich zu arbeiten, durch konsequentes Sich-verbessern-wollen und stetiges Reflektieren das Selbstvertrauen zu stärken und die Integrität zu entwickeln. Dies macht Sie vom Manager zum Samurai Manager! Boris Grundl, der Gründer und Inhaber der *Grundl Leadership Akademie*, sagte bei einem Interview zum Thema Intuition: „Die kraftvollen Themen dahinter (hinter der Ratio) schreien nach Erfüllung, die Zeit der anderen Kraft ist gekommen."[63]

Das Dilemma, in dem wir stecken, ist: Wir sind so sehr von der äußeren Welt fasziniert, dass wir fast zur Gänze unsere Aufmerksamkeit nach außen lenken und dabei eine innere Leere spüren. Die Intuition kommt aber immer aus der Ruhe, von dort her, wo nichts ist. Nishiyama bezeichnete diesen Zustand als *mind without mind* – auf Japanisch *mu shin* (Gedanken ohne zu denken, oder auch der „Nichtgeist"). Eine tiefe Erfahrung bringt neue Erkenntnisse – und plötzlich ist alles klar. Die Intuition hat den Vorteil, dass sie uns Stärke und Kraft gibt, das berühmte „Gi". So wie wir den Kopf trainiert haben, können wir auch den Bauch trainieren, indem wir der Intuition mehr Raum geben. Das, was mich sehr positiv stimmt, ist, dass immer mehr intellektuelle Menschen spüren, dass sie bald an ihre Grenzen stoßen, dann kippen sie die Ratio über Bord und schauen, was passiert.

*Eine Geschichte aus China*
Der Kaiser hat seine Zauberperle verloren. Er schickt die Klarsicht los, doch diese kann die Perle nicht finden, danach schickt er das Denken los und auch das Denken kommt ohne Erfolg zurück. Anschließend schickt er den Willen los und trotz größter Bemühungen kann der Wille die Perle nicht finden. Zum Schluss schickt er die Absichtslosigkeit los und sie bringt die Perle.[64]

„Absichtslosigkeit" heißt aber *nicht* Passivität. Im Gegenteil: Sie bedeutet höchste Sensibilität. Intuition kommt aus einem Raum, dem ich mich öffne, und ich bin das Gefäß, *ich* lasse sie rein.

## Wie weiß ich, ob meine Intuition richtig ist?

➤ **Die Stimmigkeit ist die Sprache der Intuition.**

Paul Kothes, der Gründer der erfolgreichsten PR-Agentur Deutschlands und Zen-Meister, beschreibt dies so: „Es ist entscheidend, dass wir unsere Motivation stets überprüfen. Ist die Handlung egoistisch oder selbstlos, kurz- oder langfristig, ein Strohfeuer oder nachhaltig, richtet sich das Ergebnis ausschließlich auf mich oder auf mehrere Lebewesen oder die Allgemeinheit. Das ist der Schlüssel zur Überprüfung, ob eine Handlung in Ordnung ist oder nicht, und ob meine Intuition richtig war oder falsch."[65]

Sepp Holzer ist einer der bekanntesten und auch wirtschaftlich erfolgreichsten Bio-Bauern Deutschlands. Er versucht die Frage, was ist richtig und was falsch, über die Natur zu beantworten. Er meint, sag immer das, was dir die Natur sagt, so handelst du aus Intuition. Wir leben jedoch „in einem gefährlichen Zeitalter. Der Mensch beherrscht die Natur, bevor er gelernt hat, sich selbst zu beherrschen."[66] Holzer hat zu dem Thema „Problemlösung" einen sehr interessanten und vor allem einen sehr pragmatischen

Ansatz. Er ist der Überzeugung, dass uns Aufgaben im Leben gestellt werden, damit wir sie lösen, nicht deshalb, dass wir sie dramatisieren und dadurch unlösbar machen. Mit Ehrfurcht und dem nötigen Respekt vor dem Leben sind wir in der Lage, auch sehr komplexe Problemstellungen zu lösen. Was wir von der Natur erfahren und lernen, darf man nicht patentieren lassen. Wir müssen das an unsere Mitmenschen und vor allem an die nächste Generation weitergeben. Dies ist unser Auftrag und ist eine moralische Verpflichtung.

**✎← Um den inneren Zugang zu finden, müssen wir vertrauen.**

„Vertrauen ist eine Oase im Herzen, die von der Karawane des Denkens nie erreicht wird."[67]

**✎← Wenn wir aufhören, alles kontrollieren zu wollen, finden wir Vertrauen.**

Die Psychologin und Intuitionsforscherin Dr. Regina Obermayr-Breitfuß wurde gefragt, wie wir dieser „inneren Stimme" Vertrauen schenken können und woran wir diese als „Intuition" erkennen? Sie erklärte: „Wenn jemand diesen besonderen Moment erfahren hat, frage ich die Person: Wie war das? Beschreiben Sie die Sätze, die Sie wahrgenommen haben! Wenn die Sätze kurz und präzise sind und sofort Freude da war, wenn dies alles so war, dann kann man von einer intuitiven Eingebung sprechen. Die Intuition ist nur eine andere Form der Intelligenz."[68]
Wir dürfen nicht müde werden, konstruktiv zu denken und neugierig zu sein. Nur so können wir unsere verborgenen Potenziale freilegen. Wenn wir zulassen, dass uns destruktive Gedanken beherrschen, erschaffen wir unser Leiden selbst. Wenn wir es erschaffen können, können wir es auch stoppen. Doch wenn wir die Verantwortung abschieben und in die Opferrolle fallen, haben wir ein Problem. Dann erwarten wir eine Veränderung von außen. Veränderung kommt aber immer nur von innen und den Zugang dorthin dürfen wir uns nicht selbst versperren.

## 1.4 Hidetaka Nishiyama – „der letzte Samurai"

### Biografie

Hidetaka Nishiyama (10. Dan) wurde am 10. Oktober 1928 im Bezirk Kōtō in Tokio geboren. Er verstarb am 7. November 2008 im Alter von 80 Jahren in Los Angeles, USA, an den Folgen einer Krebserkrankung. Er, der letzte Schüler von Gichin Funakoshi, dem Begründer des Traditionellen Karate, wurde von der Fachpresse auch gerne als der „letzte Samurai" bezeichnet. Nishiyama war wesentlich am Aufbau und an der Weiterentwicklung der *Japan Karate Association* (JKA) beteiligt und viele Jahre lang ihr

Vorsitzender. Er war zudem Gründer und langjähriger Präsident des *Weltverbandes für Traditionelles Karate* (ITKF).

Nishiyama wurde als eines von drei Kindern eines Rechtsanwalts in Tokio geboren. Bereits 1933 begann er, der Tradition zufolge, mit fünf Jahren am 5. Mai (dem *Kodomo no hi*) mit dem Kendo-Training. Mit dreizehn Jahren (im alten Japan am Sprung zum Erwachsenen) durfte man nach ausreichendem Training zum 1. Dan (Meistergrad) antreten. 1939 kam das Jūdō dazu. Mit 14 Jahren erreichte er den 1. Dan im Judo und ein Jahr später den 1. Dan im Kendo. Kendo trainierte er bis zum 3. Dan. 1943 begann er unter Gichin Funakoshi und dessen Sohn Gigo Funakoshi mit dem Karate-Training. Diese Kenntnisse vertiefte er durch intensives Studium von Body Dynamics. 1945 begann er an der Takushoku-Universität zu studieren und wurde Mitglied des dortigen Karateclubs.

Nach abgeschlossenem Wirtschaftsstudium wurde er in den Vorstand der JKA (Japan Karate Association) gewählt. Nach kurzer Tätigkeit in einem Ölkonzern kehrte er in die JKA zurück und war wesentlich am Aufbau des Instruktorenprogramms beteiligt. 1952 ging er in die USA, um dort gemeinsam mit Masatoshi Nakayama und Isao Obata US-amerikanische Militärangehörige des *Strategic Air Command* (SAC) auszubilden. 1960 publizierte Nishiyama sein erstes Buch. *Karate: The Art of Empty-Hand Fighting* (dt. „Karate: die Kunst der leeren Hand"), welches bis heute zu den meistverkauften Karate-Büchern zählt. Zahlreiche weitere Bücher folgten; unter anderem *The Coach Manual*, in dem Trainerrichtlinien und Methoden ganzheitlichen Karatetrainings beschrieben werden.

Ab 1961 wirkte Nishiyama vorranging in Los Angeles, wo er sein Dōjō aufbaute. Nach Gründung der *All American Karate Federation* (AAKF) wurden die ersten nationalen Karate-Meisterschaften durchgeführt.

Um Karate olympisch werden zu lassen, schickte Nishiyama 1976 einen entsprechenden Antrag an das *Internationale Olympische Comité (IOC)*. Zu Beginn der 1990er-Jahre sollten die

*ITKF* und die *World Union of Karate Do Organisations* (WUKO)
Karate unter einem Dachverband (WKO – *World Karate Organisation*) organisieren. Innerhalb dieses Dachverbandes sollte es
zwei Disziplinen geben, Traditionelles Karate und Sportkarate.
Diese Einigung wurde aber nie umgesetzt, was für Karate als
mögliche olympische Disziplin einen schweren Rückschlag bedeutete.

1999 wurde Nishiyama mit der US-Flagge geehrt, die am 10. Oktober (seinem Geburtstag) über dem Kapitol in Washington D. C.
gehisst wurde, wodurch seine Verdienste um die Verbreitung
des Traditionellen Karate gewürdigt wurden. Am 3. November
2000 wurde Nishiyama in einem Zeremoniell auf dem Gelände
des Kaiserpalastes in Tokio vom Tenno der „Orden des Heiligen
Schatzes 4. Klasse" verliehen. In Polen wurde ihm 2001 vom
damaligen Präsidenten Aleksander Kwaśniewski der „Polnische
Verdienstorden 4. Klasse" (Offizierskreuz) verliehen.

**INTERVIEW MIT AVI ROKAH**

*Meisterschüler von Hidetaka Nishiyama*

Um einen tieferen Einblick in das Leben und Wirken „des letzten Samurais" zu bekommen, habe ich ein Interview mit seinem Meisterschüler Avi Rokah (7. Dan) geführt. Avi verbrachte 27 Jahre seines Lebens in engem Kontakt mit Nishiyama Sensei und seine größten Erfolge waren ein Weltmeistertitel sowie sechs panamerikanische Meistertitel. Er gilt aktuell als der Karateka mit dem besten Timing weltweit und wird von Insidern auch gerne als „Master of Timing" bezeichnet. Avi überzeugt durch seine Bescheidenheit und seinen einfachen Lebensstil, der voll auf das Studium von Traditionellem Karate ausgerichtet ist.

*Wie kamst du zum Traditionellen Karate?*
Als ich als Kind begann, kannte ich keinen Unterschied zwischen Karate und Traditionellem Karate. Der Lehrer, den ich in Israel hatte, war sehr intelligent. Er wusste zwar nicht sehr viel über Traditionelles Karate als Kunst, aber dennoch schaffte er es, mich zum Training zu motivieren. Mit sechzehn entschied ich mich, nach Amerika zu Nishiyama Sensei zu gehen.

*Du hast dein Leben dem Budo gewidmet. Wie schaffst du es, dich jeden Tag aufs Neue für das Training zu motivieren?*
Karate ist eine nie endende Herausforderung. Es ist etwas, das man nie ganz bekommt, aber stets anstrebt. Nishiyama Sensei hat es verstanden, dieses Streben über einen Zeitraum von 27 Jahren aufrecht zu erhalten. Heute trainiere ich Karate aus verschiedenen Gründen und sehe es als Kunst aus verschiedenen Blickwinkeln.

*Was bedeutet Budo für dich?*
Natürlich ist Budo ein Weg des Kämpfens, aber das ist nur ein ganz kleiner Teil davon. Es ist vielmehr ein Weg, den Horizont zu erweitern und sich dabei selbst zu entwickeln.

*Welchen Nutzen ziehst du aus dem täglichen Training?*
Tägliches Training ist meine größte Freude. Es macht mir einfach Spaß. Ich habe sonst nicht so viele Aufgaben, ausgenommen meine Familie natürlich. Im Wesentlichen lehrt mich Budo, hungrig zu bleiben, mich weiterzuentwickeln.

*Du lebst mit deiner Familie in Los Angeles. Warst du jemals in einer gefährlichen Situation, wo du von deinen Kampfkünsten Gebrauch machen musstest?*
Nicht wirklich. Jetzt schon lange nicht mehr. Als ich noch jünger war, neigte ich mehr zum Kämpfen. Jetzt ist es anders. Für mich ist Budo jetzt ein Weg, eine Sensibilität zu entwickeln, die Gefahr und somit den Kampf zu vermeiden.

*Du verbrachtest so viele Jahre gemeinsam mit Hidetaka Nishiyama Sensei 10. Dan. Wie war er als Mensch?*
Zunächst war er ein sehr strenger Lehrer, insbesondere hinsichtlich der Budo-Prinzipien. Ich erinnere mich an das große Feuer in Los Angeles, wo sich niemand ins Freie wagte. Nishiyama Sensei und ich waren die Einzigen, die ins Dojo zum Training kamen. Er fragte mich, wo denn die Leute seien. Er meinte dann: „Die haben keinen Geist." Er war so konsequent, was das Training anging. Der Tod war nahezu die einzige Entschuldigung, um nicht ins Training zu kommen. Er war nicht ein Mensch der großen Worte. Oftmals hatte ein einziges Wort von ihm eine große Bedeutung. Er ging völlig auf in dem, was er tat. Er hatte ein großes Allgemeinwissen, war intelligent und hatte einen unvergleichbaren starken Geist.

*Nishiyama Sensei wurde oftmals als „der letzte Samurai" bezeichnet. Konntest du jemals seinen Samurai-Geist spüren?*
In der Tat. Er war ein unglaublich kraftvoller Mensch, aber gleichzeitig auch sehr warmherzig und sozial. Er besaß eine spezielle Würde. Eine Eigenschaft, welche nur sehr wenigen Menschen beschert wird.

*Du warst Weltmeister und sechsmal amerikanischer Meister, mit Sicherheit also ein Top-Athlet. Wenn du Nishiyama Sensei im Training gegenübergestanden bist, was war dein Eindruck?*

Er zeigte niemals seine ganze Kraft nach außen, aber innerlich war er wie ein Vulkan. Er verstand es, sehr kraftvoll und geschmeidig zugleich zu sein. Das ist es, was ihn auszeichnete.

*Was war das Wichtigste, das du von ihm lernen durftest?*

Er lehrte mich, die Kunst niemals vervollkommnen zu können, aber er machte mich neugierig, danach zu streben.

*Was können alle Menschen von Nishiyama Sensei lernen?*

Natürlich konnte jedermann von ihm eine exzellente Karate-Technik und ein perfektes Timing lernen. Aber da gibt es noch so viel mehr. Beispielsweise war sein Motto „Jeder Moment kommt nur einmal, also gib dein Bestes" (*ichi go, ichi e*). Stellen wir uns vor, alle Menschen würden danach handeln. Wir hätten eine viel bessere Welt.

*Du trainierst eine Menge Manager der Börse von Los Angeles. Warum kommen diese Menschen zu dir ins Dojo, um Traditionelles Karate zu praktizieren?*

Sie schätzen das Wesen von Budo, insbesondere das des Traditionellen Karate. Es handelt sich um hochqualifizierte Wertpapierhändler. Nur intelligent zu sein, ist zu wenig in ihrem Job. Um wirklich erfolgreich zu sein, müssen sie in der Lage sein, ihrer Intuition zu vertrauen.

*Im Karate ist die Intuition ein ganz wichtiges Geschick. Glaubst du, dass die Intuition verbesserbar ist und ins Management übertragen werden kann?*

Definitiv, jede Karatetechnik beginnt mit einer Intuition. Dies bedeutet, die Kraft aus der Intuition ist gewaltig. Nishiyama hat immer von der mentalen Kraft und Ausrichtung gesprochen.

*Was ist deine Mission?*

Ich habe bereits erlebt, wie stark Karate die Ausrichtung von Kindern und Jugendlichen positiv beeinflussen kann. Wie sie in der Lage sind, durch das Training ihre Fähigkeiten auf verschiedenste Art und Weise besser einzusetzen. Es macht sie reifer. Nach dem Karateunterricht höre ich immer wieder von Schülern, dass sie einen besonderen Energiefluss fühlen und dadurch bessere Leistungen erbringen können. Karate kann das Leben schöner machen.

Auch wenn es nur wenige Sätze waren, die Avi über Nishiyama Sensei gesagt hat, gibt uns dieses Interview doch einen Einblick, wie seine Art zu denken war und um welche Persönlichkeit es sich hierbei handelte. Avi gab mir auch das Gefühl, dass er Nishiyama Sensei sehr nahestand, sofern dies bei einem Japaner überhaupt möglich ist.

## Meine persönlichen Erfahrungen mit Nishiyama Sensei

Ich selbst habe Meister Nishiyama im März 1990 in Lima (Peru) bei der Karate-Weltmeisterschaft kennengelernt. Ich war als einziger Österreicher dort und repräsentierte das österreichische Team. Im *Sheraton Hotel* traf ich Meister Nishiyama im Aufzug. Er fragte mich: „Which country?", und ich sagte: „Austria", was er mit einem freundlichen, aber bestimmten „Welcome" quittierte. Das war die erste Begegnung mit dem Menschen, der mein Leben so stark prägen sollte. Was ich jedoch von Anfang an spürte, war seine besondere Ausstrahlung, und was mir auffiel, war seine aufrechte Haltung.

Sein Japanisch-Englisch war für mich anfangs sehr schwer zu verstehen, aber ich konnte mich schnell einhören. Als er später im deutschen Sprachraum unterrichtete, hatte ich das Glück, als Übersetzer zu fungieren, und bekam so einen noch besseren Zugang zu ihm.

Er legte großen Wert auf die Prinzipien des Traditionellen Karate und wich vom Wesen des Budo keinen Millimeter ab. Alles, was spektakulär aussah und einer Show ähnelte, lehnte er strikt ab. Seine Aussage war: „Karate muss effektiv sein und soll Körper, Geist und Seele entwickeln, das ist es."

Eines Tages wurde er von einem amerikanischen Journalisten interviewt. Dieser stellte ihm folgende Frage: „Nishiyama Sensei, Sie sind einer der größten Karate-Meister und Sie haben einen so berühmten Schüler, Mr. Bruce Lee,[69] wie denken Sie über ihn?" Nishiyama gab ihm zu Antwort: „Ja, er ist wirklich ein exzellenter Schauspieler." Diese Aussage war charakteristisch für ihn. Klar, präzise, scharf und dennoch nicht beleidigend. Sensei war sehr intelligent und er sparte nicht an Kritik auch gegenüber Japanern.

Ich liebte seinen Humor, seine besonders amüsante Art, Vergleiche zu bringen. Eine seiner beliebtesten Metaphern war die Antwort, warum Sportkarateka und Karateka des traditionellen Stils gegeneinander antreten können. Er sagte: „Wenn du ernsthaft Karate studieren möchtest, muss du die Prinzipien der Kampfkünste verstehen und diese befolgen. Im Wettkampf musst du in der Lage sein, diese Prinzipien zu zeigen. Oder kannst du dir vorstellen, es möchte jemand an einem Schwimmwettbewerb teilnehmen und er kann nicht schwimmen?"

Wenn ich ihn gefragt habe, „Sensei, wie wäre es mit einem Kaffee?", war seine Standardantwort: „Gerne, Kaffee ist immer willkommen." Oft verirrten sich einige Tropfen auf seinen Karate Gi, was bei der weißen Farbe natürlich besonders ins Auge stach.

Ich schätzte seine präzise Art, auf Fragen zu antworten. Einmal fragte er mich: „Weißt du, was Fußball ist?" Ich gab ihm verschiedenste Beschreibungen für Fußball und er korrigierte mich, indem er sagte: „Nein, Fußball ist ein Spiel nach den Fußballregeln." Eine klare Aussage, und er fügte hinzu: „Wenn du dieses Spiel verstehen willst, dann studiere zuerst die Fußballregeln."

Es war ein Segen, ihn kennenlernen zu dürfen und von seinem außergewöhnlichen Wissen profitieren zu können. Die letzten Worte, die er im Mai 2008 bei seinem letzten internationalen Lehrgang in Polen sagte, waren: „Der Geist ist das Wichtigste." Und dieser besondere Geist, den er in sich trug und den weiterzugeben er in der Lage war, machte ihn zu etwas Besonderem.

## 1.5 Die aktuellen Locations des Samurai Manager-Programms

Der Ort spielt für die Qualität des Qualifizierungsprogrammes zum Samurai Manager eine entscheidende Rolle. Bei der Wahl der Veranstaltungsorte waren für mich zwei Faktoren ausschlaggebend: erstens die Stimmigkeit zum Thema und zweitens das Minimieren von Ablenkungen. Ist die Ablenkung gering oder idealerweise gar nicht vorhanden, steigen die Qualität und damit der Output eines Meetings enorm.

### GreenWell – The Centre for Business Fitness (Österreich)

*GreenWell – The Centre for Business Fitness* steht dem Samurai Manager-Programm exklusiv zur Verfügung. Im Naturschutzgebiet der Hohen Wand gelegen bietet es ein stimmiges Ambiente und eine schlichte, aber hochwertige Ausstattung (www.greenwell.at).

© GreenWell GmbH

© Koji Tsunoda

## Dojo Stara Wieś (Polen)

Das *Dojo Stara Wieś* ist weltweit einzigartig. Dieses Trainingszentrum wurde für den Zweck, den auch das Samurai Manager-Programm verfolgt, konzipiert. Für 25 Millionen US-Dollar wurde in einem Naturschutzgebiet mit 64 Hektar Land ein „japanisches Dorf" gebaut. Auf einer Anhöhe steht ein 2.000 Quadratmeter großes Dojo, das allen Bedürfnissen gerecht wird. Die Unterkünfte sind schlicht, extrem hochwertig und im japanischen Stil gehalten. Das Thema des Samurai Managers ist dort einfach präsent. Ablenkung ist nicht existent und alle Teilnehmer des *Samurai Manager Advanced* haben mir einstimmig bestätigt, sie seien noch nie an einem Ort oder bei einem Seminar gewesen, wo sie so schnell in das Thema und in die Thematik einsteigen konnten. Drei Tage in völliger Abgeschiedenheit sind für die persönliche Weiterentwicklung im Bereich werteorientierter Managementskills und effektiver Verhandlungsstrategien, basierend auf den Prinzipien der Samurai, ein Erlebnis der besonderen Art.

**INTERVIEW MIT DR. WŁODZIMIERZ KWIECINSKI**

© Zdjecie Prezesa

Dr. Kwiecinski (7. Dan) ist der Initiator vom *Dojo Stara Wieś*. Er ist Meisterschüler von Nishiyama Sensei und enger Vertrauter von Friedensnobelpreisträger Lech Wałęsa. Das polnische Karate-Nationalteam erzielte unter seiner Führung in den letzten zwanzig Jahren insgesamt 340 Medaillen, davon 111 Goldmedaillen bei Welt- und Europameisterschaften. Dr. Kwiecinski zählt somit zu den erfolgreichsten Trainern der Welt.

*Ich erinnere mich, als du eines Tages zu mir sagtest: „Nach all diesem harten Training über mehr als dreißig Jahre habe ich langsam das Gefühl, ich kann die Kunst angreifen." Was war die tiefere Bedeutung dieser Aussage?*
Wenn man mit dem Karatetraining beginnt, fühlt man sich oft eingeengt. Man möchte etwas Neues lernen und darf nur etwas kopieren. Später, wenn alle Techniken zusammenfließen und natürlich werden, können wir davon sprechen, dass wir etwas kreieren. Kreation: Ich denke es ist ein Bestandteil der Kunst, und ich spüre, ich habe jetzt ein Stück weit diesen Status in meinem Karate erreicht.

*Das Dojo in Stara Wieś ist weltweit einzigartig, fokussiert auf die Entwicklung der Kampfkünste. Mit der Realisation dieses Projektes wurde ein Traum wahr. Warum hast du gerade diesen Standort gewählt?*
Ich habe diesen Platz gewählt, weil es ein Kraftplatz ist. Ich habe gespürt, dass unsere Kunst hier ein Zuhause finden kann. Selbst als Nishiyama Sensei den Ort besucht hat, spürte er eine spezielle Energie. Die Vision, die hinter dem Dojo steckt, die Menschen, welche das Projekt realisiert haben: All das zusammen macht den Platz so wertvoll.

*Was waren die schwierigsten Schritte, um dieses Zentrum zu errichten?*

Ich war einfach überzeugt, wir können das bewältigen. Auch wenn Polen kein reiches Land ist und wir bei der Umsetzung von diesem Projekt auf eine Menge Widerstand stoßen werden, ich habe nie daran gezweifelt, dass wir es schaffen. Die Tatsache, dass Karate keine Olympische Disziplin ist und nicht einmal eine sehr populäre Sportart, machte viel Überzeugungsarbeit notwendig. Wir lösten uns also ein wenig vom Sport und stellten Karate unter einem erzieherischen Aspekt dar. Wir erklärten den Begriff Budo den Entscheidungsträgern in unserem Land und machten glaubhaft, wie wertvoll die darin enthaltenen Prinzipien für die nächste Generation sind. Die nächste Generation bestimmt die Zukunft unseres Landes. Auf der ganzen Welt sind wir mit denselben Problemen konfrontiert. Drogen, Gewalt, Waffen in den Schulen und häufig Orientierungslosigkeit bei Jugendlichen. Budotraining jedoch kann nachweislich viele dieser Probleme lösen oder lindern, nicht zuletzt, weil es auch ein sehr attraktiver Weg für Jugendliche ist, sich weiterzuentwickeln.

Dieses Zentrum kostete mehr als 25 Millionen US-Dollar. Wir haben einen wesentlichen Anteil des Geldes vom polnischen Sportministerium und der japanischen Regierung bekommen. Natürlich hat die *Polnische Traditionelle Karate Federation* auch etwas beigesteuert. Ich bin der tiefsten Überzeugung, dass es ein gutes Investment ist. Tausende Menschen können hierherkommen und den Fokus auf Budo-Prinzipien richten. Dadurch haben sie die Gelegenheit, sich persönlich weiterzuentwickeln. Ich wünsche mir, dass möglichst viele Menschen von dieser Gelegenheit Gebrauch machen, und das in einer einzigartigen Umgebung mit einer ganz besonderen Atmosphäre.

*Du bist nicht nur der Präsident des polnischen Traditionellen Karate-Verbands, sondern einer der erfolgreichsten Budo-Trainer der Welt. Dein Nationalteam hat in den letzten zwanzig Jahren über 340 Medaillen bei Großereignissen erzielt und davon 111 Goldmedaillen. Was ist dein Geheimnis?*

Als wir bei den Europameisterschaften in den 1980er-Jahren in Belgrad alles verloren hatten, stelle ich mir selbst die Frage, warum? Ich wollte auch an die Spitze, also begann ich noch härter zu trainieren. Als ich 1990 bei der Weltmeisterschaft in Peru Nishiyama Sensei das erste Mal begegnete, wusste ich, er ist der Mensch, der uns weiterbringen kann. Ich saugte das ganze Wissen von ihm auf und transportierte es direkt an unser Team. Nishiyama Sensei wurde oft gefragt, was ist das Geheimnis von Erfolg. Und er sagte immer wieder: „Ernsthaftigkeit". Wir sind in der Tat ernsthaft in dem, was wir tun. Entweder wir tun es oder wir lassen die Finger davon. Das reflektiert das Konzept von Budo, welches *Ho Shin* genannt wird. Es bedeutet, alles zu geben, wenn man auf eine natürlich Wese alles, also sein Bestes gibt, wird man über kurz oder lang Erfolg haben und glücklich sein mit dem Ergebnis.

*Am 14. Juni 2012 hast du eine hohe Auszeichnung – den „Order of the rising sun, Gold Rays with Rosette" – von der japanischen Regierung in der japanischen Botschaft in Warschau bekommen. Wie kam es dazu?*

Als das Erdbeben und der Tsunami große Teile Japans verwüsteten, war ich geschockt und tief betroffen. Ich erinnerte mich, dass ein Teil des Geldes für das Dojo in Stara Wieś aus Japan kam. Da ich an Budo-Prinzipien glaube und diese auch lebe, spürte ich, wir müssen sofort helfen. Es erreichten mich viele E-Mails über mein Büro, diese Katastrophe betreffend. Schließlich beschlossen wir, eine Gruppe von obdachlosen und teilweise verwaisten Kindern aus der Region Tohoku nach Polen ins Dojo Stara Wieś einzuladen. Wir begannen Geld zu sammeln. Erstaunlicherweise hatten wir bald den erforderlichen Betrag beisammen, niemand unserer Partner zögerte, uns zu helfen. Wenn man fest an etwas glaubt, gibt es keine Barrieren.

Im Dezember 2011 erhielt ich einen Anruf von einer Dame der japanischen Botschaft, die mir berichtete, dass von 26 Ländern, welche Hilfsprojekte für Japan gestartet hatten, unseres das erfolgreichste war. Sie kündigte an, dass ich eine Auszeichnung seitens der japanischen Regierung bekommen werde. Ich fühlte mich zunächst nicht ganz wohl dabei. Schließlich war dieser Erfolg das Ergebnis harter Arbeit eines ganzen Teams. Aufgrund dieser Auszeichnung fühle ich mich noch mehr verpflichtet und aufgefordert, den Budo-Gedanken noch stärker in die Welt hinauszutragen. Budo gehört der Welt, so, wie die Musik von Mozart der Welt gehört. Wenn wir unsere Kunst ernsthaft studieren, können wir eine neue menschliche Qualität erreichen.

*Als du das erste Mal vom Samurai Manager Programm gehört hast, hast du sofort zugestimmt, dieses Programm im Dojo Stara Wieś abhalten zu dürfen. Welches Potenzial siehst du in diesem Programm?*
Es gibt so viele Ausbildungsprogramme auf dieser Welt und viele davon sind fachlich exzellent. Was ist das Besondere in Kombination mit Budo? Im Budo entwickeln wir unseren sensibelsten Bereich, die Intuition. Wenn du eine klare Verbindung zu deiner Intuition aufbauen kannst, wirst du Erfolg haben. Das Samurai Manager Programm konzentriert sich auf diese Thematik.
Nur jene Menschen, die tief verwurzelt sind in der Kampfkunst, können dieses Wissen glaubhaft transportieren. Das Ziel im Budo ist einzig und allein, sich selbst zu entwickeln, jeden Tag ein wenig besser als am Tag zuvor. Diese Idee aufzugreifen, kombiniert mit Expertisen aus der Geschäftswelt, macht das Programm einzigartig und ist in der Lage, eine neue Qualität von Managern zu kreieren. Dazu kommt noch, dass viele Freunde aus meinem Umfeld, welche beruflich sehr erfolgreich sind, oft Traditionellem Karate sehr nahestehen. Diese Menschen haben bereits Respekt verdient, denn sie haben durch das regelmäßige Training bereits Verantwortung für sich selbst übernommen. Folglich sind sie auch vertrauenswürdiger in ihrem Job.

*Vielen Dank!*
Gern geschehen, ich wünsche mir künftig viele, viele Samurai Manager!

# Dojo Neue Welt (Österreich)

Das Dojo *Neue Welt* am Fuße des Naturschutzgebietes der Hohen Wand in Niederösterreich bietet einen würdigen Rahmen für den dritten Teil des Qualifizierungsprogramms, den *Samurai Manager for Experts*. Diese Location ist von der Größe mit den anderen beiden Örtlichkeiten nicht vergleichbar, bietet aber einen sehr exklusiven, ja fast familiären Charakter.

Bei der Errichtung wurde besonders auf hochwertige und vor allem natürliche Materialien Wert gelegt. So wurde zum Beispiel auf den Wänden Ionit-Wandcreme verarbeitet, welche nachweislich in Verbindung mit Sauerstoff Ionen freigibt. Diese wiederum sorgen für ein gesundes Raumklima, erhöhen messbar die Konzentrationsfähigkeit und steigern das Leistungsvolumen. Dies wurde von den Teilnehmern vielfach bestätigt.

## 1.6 Die Prinzipien der Kampfkunst am Beispiel des Traditionellen Karate

Die Dojo-Regeln lauten:
1. sich um charakterliche Vollendung bemühen,
2. dem Weg der Wahrheit treu bleiben,
3. den Geist des sich Bemühens fördern,
4. höfliche Umgangsformen respektieren,
5. sich vor überhitztem Mut hüten.

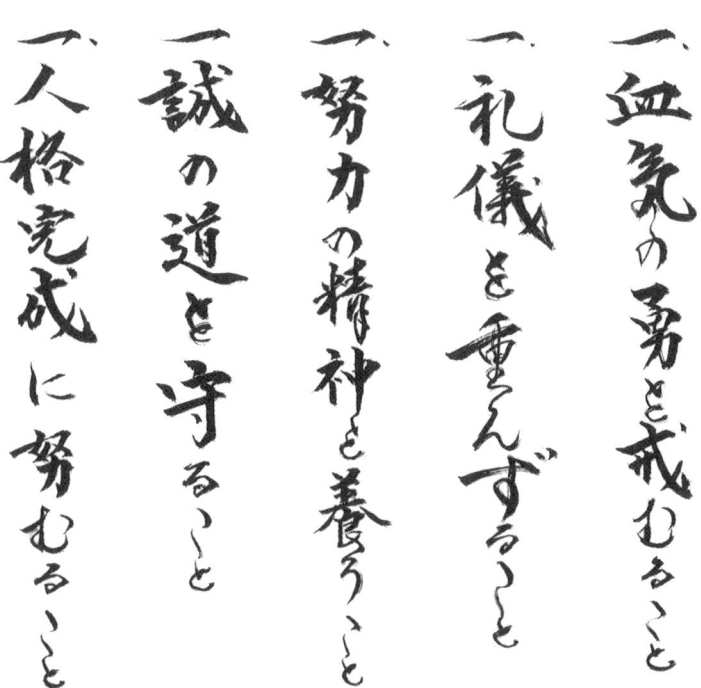

一、血気の勇を戒むること
一、礼儀を重んずること
一、努力の精神を養ろうこと
一、誠の道を守ること
一、人格完成に努むること

Die größte Herausforderung bei der Entwicklung des Samurai Manager Programms war die Übersetzung meiner dreißigjährigen Erfahrung aus dem Budo ins Wirtschaftsleben für jemanden, der kein Vorwissen im Budo mitbringt. Um vom Wesen des Budo im Management und natürlich auch persönlich profitieren zu können, ist es wichtig, den tieferen Sinn der Budo-Prinzipien zu erfassen. Was ist exakt der Unterschied zwischen Sport und Kunst, und worin liegt der Mehrwert in Form einer Hilfestellung für komplexe Verhandlungs- und schwierige Führungssituationen? Die nächsten Seiten geben einen Einblick, wie Prinzipien in Kampfkunst funktionieren, und diese führen uns zum Kodex eines Samurai Managers.

*Bu* bedeutet wörtlich übersetzt „Krieg", ist aber auch ein Sammelbegriff für Kampfkunst, und *Do* bedeutet „Weg". Zur Familie von Budo gehören Karate, Judo, Kendo (Schwertkampf), Aikido, Kyudo (japanisches Bogenschießen) und viele andere Kampfkünste. Alle verfolgen ein Ziel: *Todome. Todome* bedeutet, mit einem Schlag oder Wurf oder Schuss den Angreifer kampfunfähig zu machen. Im Traditionellen Karate wird *Todome* folgendermaßen definiert: mit einem Schlag die Offensive des Gegners zu zerstören. Das bedeutet, es geht um *eine* entscheidende, mit hoher Präzision ausgeführte Technik.

**Die maximale Energie muss mit größtmöglicher Geschwindigkeit ins Ziel gelenkt werden.**

Warum ist *Todome* so entscheidend? Alle traditionellen Kampfkünste sind sehr pragmatisch ausgerichtet. Es zählt nur das, was im Ernstfall auch effektiv eingesetzt werden kann. Wenn ein Aggressor eine körperlich schwächere Person bedroht, reicht es nicht, sich nur zu wehren oder den Angreifer zu verletzen. Ganz im Gegenteil, den Angreifer zu verletzen, macht ihn noch aggressiver und die Situation wird gefährlicher. Ein Grundsatz lautet: „Wenn immer du kannst, versuche den Kampf zu vermeiden, der größte Sieg ist das Vermeiden von Gewalt. Wenn dies aber nicht möglich ist, kämpfe mit voller Entschlossenheit und nutze deine ganze physische und mentale Kraft, um zu siegen."[70]

Ziel des Trainings im Budo ist es auch, seine physischen Grenzen zu sprengen, um einen körperlich überlegenen Angreifer zu besiegen. Doch wie ist dies möglich? Es funktioniert nur, wenn folgende drei Parameter zutreffen:

1. maximale Energie,
2. perfektes Timing,
3. zentriert am schwächsten Punkt des Gegners.

Stellen Sie sich folgende Situation vor: Wenn Sie als Erwachsener mit Ihrem fünfjährigen Sohn spaßhalber raufen (und in diesem Alter tun das die Kinder besonders gern, weil sie zeigen wollen, wie stark sie schon sind), wird Ihr Sohn aufgrund Ihrer körperlichen Überlegenheit keine Chance haben. Nehmen wir an, Sie machen gemütlich auf der Couch im Wohnzimmer ein Nickerchen. Ihr fünfjähriger Junge stellt einen Stuhl auf den Couchtisch, klettert auf den Tisch und anschließend auf den Stuhl und springt Ihnen mit voller Wucht und Treffsicherheit mit seinem Knie voran auf den Kehlkopf. Die Wahrscheinlichkeit, dass Sie jetzt kampfunfähig sind, weil sie ernsthaft verletzt sind, ist sehr hoch. Abgesehen von der Brutalität der Vorgehensweise war es eine Handlung, welche die drei oben angeführten Parameter erfüllt hat: maximale Energie (durch Ausnützung der Schwerkraft), mit einem perfekten Timing (dann, wenn Sie schlafen), auf den schwächsten Punkt des Gegners (Ihr Kehlkopf).

In der Kampfkunst werden exakt diese drei Parameter trainiert und perfektioniert. Der maximale Energietransfer läuft über Schlag- oder Wurftechniken. Das perfekte Timing erreicht man über die Intuition und den schwächsten Punkt des Gegners sucht man sich als Ziel aus.

Im Traditionellen Karate ist der Energietransfer immer indirekt. Das heißt, eine Technik wird nicht direkt in Richtung des Gegners ausgeführt (dies würde nur Muskelkraft bedeuten), sondern indirekt, indem Druck zum Boden erzeugt wird.

**➤ Durch den Druck zum Boden kann man sein Körpergewicht und damit die potenzielle Energie entscheidend erhöhen.**

Wenn Sie sich zum Beispiel auf eine Waage stellen, wird die Nadel bei einer bestimmten Stelle stehen bleiben und zeigt so Ihr Gewicht an. Wenn sie jedoch in die Höhe springen, wird beim Landen die Nadel für einen kurzen Moment ausschlagen und ein wesentlich höheres Gewicht ausweisen. Durch gezieltes Training kann man durch den Druck zum Boden sein Körpergewicht verdoppeln oder sogar verdreifachen. Wenn exakt zum selben Moment eine Technik das Ziel trifft, ist man in der Lage, seine Energie ebenso zu vervielfachen und seine physische Grenze zu durchstoßen.

Es ist wissenschaftlich nachgewiesen, dass zum Beispiel Hochspringer im Moment des Absprungs mit dem Sprungbein einen Druck auf den Boden ausüben, der das Fünffache ihres Körpergewichtes betragen kann. Die größte Herausforderung der drei Komponenten stellt das Timing dar. Man muss versuchen, den Gegner in eine physische oder mentale Instabilität zu bringen. Diese körperliche oder geistige Instabilität wird im Japanischen als *Kyo* bezeichnet. Das Gegenteil davon ist *Jitsu*, es bedeutet „Wachsamkeit"; in diesem Zustand des Gegners kann kein erfolgreicher Angriff stattfinden.

## Der Unterschied zwischen Kampfsport und Kampfkunst

Nishiyama Sensei hat auf diese Differenzierung großen Wert gelegt. Er hat sich in diesem Zusammenhang immer sehr klar ausgedrückt: „Sport ist begrenzt, Kunst ist grenzenlos." Wie ist das zu verstehen? Im Sport geht es in der Regel entweder um Geschwindigkeit (Sprinter, Skifahren, Formel 1) oder um Kraft (Gewichtheben, Kugelstoßen). Manchmal auch um Punkte (Tennis, Fußball), die aber wiederum nur durch Geschwindigkeit und oder Kraft/Kondition (sowie auch Technik) erzielt werden können. Die Parameter Schnelligkeit und Kraft sind jedoch aufgrund unserer Physis begrenzt. So wird zum Beispiel ein 70-jähriger Weltklassesprinter gegen einen 30-jährigen Weltklassesprinter nicht gewinnen können, da der Körper mit fünfundzwanzig Jahren bereits abzubauen beginnt. Ebenso verhält es sich mit einem 75-jährigen Spitzen-Tennisspieler gegen einen 25-jährigen Weltranglisten-Top-Ten-Spieler. Dieses körperliche Defizit kann man im Alter mit Technik nicht wettmachen. Ganz anders verhält es sich in der Kunst. Ein 70-jähriger Geigenspieler oder Maler kann durchaus mit einem um Jahrzehnte jüngeren Künstler mithalten. Die Physis hat hier nicht ein solch starkes Gewicht.

> ✎ **In der Kampfkunst geht es nicht um Kraft und Schnelligkeit, sondern um Energietransfer in Verbindung mit einem perfekten Timing.**

Für den Energietransfer kann man häufig die Energie des Aggressors nutzen (je mehr dieser einbringt, umso besser) und beim Timing gilt es, den optimalen Zeitpunkt zu erfassen, es geht also um Intuition. Da die Intuition so gut wie gar nichts mit der Muskelkraft oder der Schnelligkeit gemein hat, sondern vielmehr mit Gelassenheit, haben ältere Personen bei diesen Parametern sogar einen Vorteil.

Ein weiteres entscheidendes Unterscheidungsmerkmal zwischen Kampfkunst und Kampfsport ist *Todome*. Ist *Todome* ein Kriterium oder wird nach Punkten gekämpft, indem man möglichst viele davon sammelt? Geht es darum, eine einzige perfekte Technik zu platzieren, oder reicht ein unkontrollierter Schlag an eine beliebige Stelle des Gegners, um zu punkten?
Von Kunst sprechen wir dann, wenn die maximale Energie mit einem optimalen Timing auf äußerst sensible Körperteile kontrolliert platziert wird. Wird jedoch wild in der Gegend herumgeschlagen, meist noch mit Handschuhen, Schienbeinschützern und Helm, ist es mit Sicherheit irgendein „Kicking Punching Sport" und hat garantiert nichts mit traditioneller Kampfkunst,

die auf Werten basiert, zu tun. Wenn die mutigen Kämpfer blut-
überströmt nach ihrem Sieg die Hände in die Höhe reißen und
sich vom Publikum feiern lassen, sind wir von der Kunst weit entfernt.

Selbst bei all den Karatefilmen, die in den 1980er-Jahren die
Kinos überschwemmt haben, handelt es sich nicht um Kampfkunst, sondern eher um Akrobatik und Show. Ich hatte einmal
das Glück, dabei sein zu dürfen, wie in China ein Kung-Fu-Film
gedreht wurde. Es war in der Tat sehr amüsant zuzusehen, aber
es war fernab von jeder Kampfkunst. Im Boden wurden Trampo-
lins eingegraben und mit Laub bedeckt, um die Sprungkraft zu
vervielfachen und es wurde extrem viel mit Special-Effects gearbeitet.

**⤙ Die Kampfkunst ist pragmatisch, und in der Realität kann man
nicht mogeln.**

Kein Samurai wäre jemals auf die Idee gekommen, seinen Gegner aus der Ferne mit Anlauf anzuspringen, es wäre sein sicherer
Tod gewesen. Auch die Gewichtsklassen stehen unter strenger
Betrachtung im Widerspruch zu den Prinzipien von Budo. Die
Begründung ist ganz einfach: Ich kann mir in einer realen, be-
drohlichen Situation auch nicht das Gewicht meines Angreifers
aussuchen. Dies ist absurd und ist eine Entwicklung im Budo, die
es zu hinterfragen gilt. Deshalb spricht man hier auch eher von
Kampfsport, wenngleich ich im Sinne der sportlichen Fairness
die unterschiedlichen Gewichtskategorien zum Beispiel im Judo
gut nachvollziehen kann.

Das Wesen des Traditionellen Karate Do

> *Weder Sieg noch Niederlage ist das höchste Ziel im Karate, son-
> dern die Vervollkommnung seines Charakters.*
> Leitspruch der JKA (*Japan Karate Association*)[71]

*Kara* bedeutet „leer" und die Silbe *te* heißt „Hand". *Do* ist der „Weg". Wir sprechen also vom „Weg der leeren Hand", was im übertragenen Sinn bedeutet, „die Kunst ohne Waffen zu kämpfen". Nishiyama Sensei hat sein Leben dem Karate Do gewidmet und dieser Kunst eine besondere Note verliehen. Während der ersten Welt-Budo-Konferenz am 5. Oktober 2007 wurde er auf die Tatsache angesprochen, dass aufgrund der Meisterschaften dem Budo die Basis entzogen würde. Er antwortete Folgendes: „Sportwettkämpfe haben neben der sportlichen Herausforderung in erster Linie einen Unterhaltungswert und sind ein ganzer Geschäftszweig geworden. Im Budo geht es um Persönlichkeitsentwicklung. Sich selbst zu entwickeln, ist weder ein Spiel noch eine Unterhaltung. Die Aufgabe ist es, menschliche Potenziale zu heben. Regeln können keinen Charakter entwickeln, aber sie können helfen, die Sinne zu schärfen und so den Charakter zu formen. Folglich dürfen wir auch in den Wettkampfregeln niemals Budo-Prinzipien vernachlässigen, wir laufen sonst Gefahr, unsere Schüler in eine falsche Richtung zu leiten. Auch wenn Attraktivität und Publikumswirksamkeit darunter leiden, müssen wir den Prinzipien treu bleiben, sonst verlieren wir unsere Identität. Sporttrainer entwickeln Sieger, des Gewinnens willen, Budo-Trainer entwickeln Sieger fürs Leben."

Wenn wir von Traditionellem Karate sprechen, sprechen wir gleichzeitig von Budo, da die Prinzipien von Budo im Traditionellen Karate enthalten sind und gelebt und geübt werden. Budo umfasst drei Aspekte: *Body, mind and spirit.* Im Deutschen ist die Unterscheidung zwischen „mind" und „spirit" gar nicht so einfach. Unter „mind" versteht man nicht das Gehirn, sondern eher das Mentale. Im Japanischen wird hierfür das Wort *mu-shin* verwendet und Nishiyama hat *mu-shin* mit „mind without mind" übersetzt. Gemeint hat er damit mentale Stabilität und Ausgeglichenheit. Er hat in diesem Zusammenhang auch gerne den Begriff „stilles, flaches Wasser" gebraucht.

Der Begriff „body" ist klar. Hier geht es um unseren Körper, den es zu entwickeln gilt. Entwickeln aber im Sinne von gesund erhalten (bis ins hohe Alter). Deshalb muss jede Karatetechnik natürlich sein und auf den eigenen Körper abgestimmt werden. Man darf nicht gegen seinen Körper arbeiten. Die wichtigsten Themen in diesem Zusammenhang waren die Haltung, die Atmung und natürlich das Zentrum *(Tande)*. Einer der berühmtesten Aussprüche von Nishiyama Sensei war: „Wenn deine Bewegung ansatzlos direkt vom Zentrum kommt, berührst du bereits die Kunst." Ein Satz, der mich zutiefst beeindruckt und auch die Methodik meines Trainings bestimmt hat.

Warum ist die Haltung so wichtig? Das Thema „Haltung" geht in zwei Richtungen: Zahlreiche Studien bestätigen, dass bereits im Teenageralter in der Bevölkerung massive Haltungsschäden vorliegen, die mit fortschreitendem Alter exponentiell zunehmen. Der Grund dafür liegt in schlechten Sitzgewohnheiten und zu wenig Bewegung. Richtiges Karatetraining beugt Haltungsschäden vor und korrigiert bereits vorhandene. Prof. Tomasz Karski, Leiter der Kinderorthopädie der medizinischen Universität in Lublin (Polen), bestätigt, dass Karate ein exzellenter Weg ist, vor allem bei Kindern Haltungsschäden, der sogenannten *Idiopatic Scoliosis*, vorzubeugen. [72]
Der aber noch viel interessantere Aspekt spricht einen sehr wichtigen Wert an:

> ◀━ **Aufrechte Haltung hat etwas mit Aufrichtigkeit zu tun, und die Haltung leistet somit einen Beitrag für eine wesentliche Charaktereigenschaft.**

Wenn ein Baby auf die Welt kommt, ist das erste so erlösende Lebenszeichen das Schreien. In diesem Moment weiß man, das Kind atmet, es lebt. Atmen bedeutet leben. Wir beenden unser Leben mit dem letzten Atemzug. Alles, was dazwischen ist, ist lernen und Erfahrungen sammeln.

**⤚ Die Atmung ist im Budo ein fundamentales Instrument. Die Atmung kontrolliert die Technik.**

Ein Drittel des gesamten Trainingspensums beschäftigt sich mit der richtigen Atmung, mit dem eigenen Atemrhythmus und dem des Gegners und wie man diesen durchbrechen kann. Das „Zentrum" schließlich ist das zentrale Thema. Man muss es finden, spüren lernen und jede Bewegung aus dem Zentrum starten.

Was Budo von anderen Sportarten unterscheidet, ist der besondere Geist, der damit verbunden ist. Ich bin ein leidenschaftlicher Skifahrer, insbesondere das Tourengehen macht mir seit über zwanzig Jahren Spaß. Ich bin begeisterter Mountainbiker, spiele gerne Tischtennis und Volleyball, aber was mir bei allen diesen Freizeitaktivitäten fehlt, ist dieser Geist. Das japanische Wort dafür ist *Ki*. Den gibt es nur im Budo-Training. *Ki* muss immer fließen, darf nie stoppen. Mein Freund Avi Rokah aus Los Angeles hat in diesem Zusammenhang einen sehr treffenden Vergleich gebracht. „Ein Kanu fährt auf einem Fluss. Selbst wenn das Kanu angehalten wird, fließt der Fluss weiter." Ähnlich verhält es sich mit dem Ki.

Ein weiterer interessanter Aspekt, warum ich davon überzeugt bin, dass ein enormes Potenzial im Budo, insbesondere im Traditionellen Karate, steckt, ist der geringe Aufwand, der für das Praktizieren notwendig ist. Als ich eines Tages Nishiyama Sensei fragte, warum Karate in Japan so stark verbreitet ist, abgesehen von der Tatsache, dass es dort seinen Ursprung hat, gab er mir zur Antwort: „Karate ist einfach, natürlich und so gut wie überall und jederzeit praktizierbar. Als nach dem Krieg Japan teilweise völlig zerstört war, schafften die Leute den Schutt von den eingestürzten Häusern zur Seite und dort, wo eine ebene Fläche, zum Beispiel eine stabile Kellerdecke, zum Vorschein kam, trafen sie sich in kleinen Gruppen, um Karate zu trainieren."

Alles, was man zum Karatetraining benötigt, sind ein paar Quadratmeter Platz, ein wenig Zeit, einen guten Geist und einen guten

Trainer, der einen immer wieder korrigiert. Ich verbringe rund 100 Nächte pro Jahr aufgrund meiner beruflichen Tätigkeit als Berater in Hotels.

**⟵ Auch wenn mein Hotelzimmer noch so klein ist, ich finde dennoch ausreichend Platz für mein Training.**

Ich brauche zwei Quadratmeter und im Anschluss eine Dusche, das ist alles. Nach einem anstrengenden Seminartag eine Stunde Karatetraining abzuleisten, ist ein Segen für Körper, Geist und Seele. Ich bin wie erwähnt ein begeisterter Skifahrer, aber wenn ich bedenke, welchen Aufwand ich in Kauf nehmen muss, bis ich mit meinen Kindern endlich auf der Skipiste bin und den Hang hinunterfahren kann, darf man sich nicht wundern, wenn einem manchmal der Spaß daran vergeht. Ganz abgesehen von den Kosten. Der Gedanke, wie viele Hektoliter sauberes Trinkwasser vergossen werden müssen, damit ein Golfball geschlagen werden kann, lässt diesen mit Sicherheit wunderbaren Sport unter einem ganz anderen Licht erscheinen.

Traditionelles Karate hat aus gesundheitlicher Sicht ebenso einen enormen Wert. Eine Studie in Amerika hat bestätigt, dass neben Schwimmen Traditionelles Karate die einzige „Sportart" ist, welche die gesamte Muskulatur gleichmäßig beansprucht. Beim Gesundheitsweltkongress 2011 in Istanbul wurde präsentiert, dass zwei Faktoren die Lebenserwartung der Menschen entscheidend erhöhen können. Zum einen das Verzichten auf Zigaretten, dies war wenig überraschend, da das Rauchen eine Ursache für zahlreiche Folgeerkrankungen ist. Was aber durchaus für Überraschung gesorgt hatte, war der zweite Faktor, und dies war das Verbessern des Gleichgewichts. Tatsache ist, dass ein schlechtes Gleichgewichtsgefühl ein erhöhtes Risiko für Unfälle durch Stürze darstellt. Und Stürze im Alter können oft fatale Folgen haben und irreparable Schäden hervorrufen und somit die Lebenserwartung herabsetzen. Ein Großteil des Karate-Trainings dreht sich um das Thema „Balance": Wie bleibe ich im Gleichgewicht, damit ich mein Zentrum kontrollieren kann? Denn nur wenn ich mein Zentrum unter Kontrolle habe, bin ich in der Lage, eine Technik mit Wirkung zu erzeugen. Wobei es hier nicht nur um das körperliche Gleichgewicht geht, sondern auch um die mentale Stabilität.

>— **Stabile Emotionen sind das Tor zur Intuition.**

Richtige Körperhaltung und ausreichende Dehnung sind entscheidende Parameter für einen Körper, in dem man sich wohlfühlt. Gerade die Dehnung wird in den meisten Sportarten sehr stiefmütterlich behandelt. Man trifft sich zum Tennisspielen, beeilt sich beim Umziehen, weil man sich etwas verspätet hat und der Tennispartner schon wartet, wer hat da noch Zeit zum Dehnen. Nach dem Spiel, wo das Dehnen noch wichtiger wäre, freut man sich auf ein kühles Getränk, das man sich nach so viel Bewegung schließlich und endlich auch verdient hat. Für mehr als ein „Alibi-Stretching" bleibt da wieder nicht die Zeit. Wir verwenden im Dojo-Training und auch beim Training beim Samurai Manager auf das Dehnen ausreichend Zeit.

>— **Unsere Jugend braucht Orientierung. Budo liefert Orientierung auf einem attraktiven und zeitgemäßen Weg.**

Ich traf einmal die Eltern eines Schülers von mir, den ich vor zwanzig Jahren unterrichtet hatte. Er kam zu mir ins Karatetraining schon im Alter von zehn. Er wurde in der Schülerklasse mehrmals österreichischer Meister. Seine Eltern bedankten sich nochmals bei mir für das, was er im Training vor allem fürs Leben gelernt hatte. Zuvor waren seine schulischen Leistungen in der Volksschule mäßig und Begriffe wie Respekt und Disziplin Fremdwörter gewesen. Sein Sozialverhalten verbesserte sich mit der Fortdauer des Trainings von Jahr zu Jahr und damit auch die schulischen Leistungen. Im oft so schwierigen pubertären Alter entwickelte er mehr und mehr soziale Kompetenz und ging auf die Universität. Er hat heute einen tollen Job und ist mit 32 Jahren glücklicher Familienvater. Seine Eltern bestätigten mir, dass das regelmäßige Karatetraining ihm Orientierung gegeben und sein Wertesystem geformt hatte.

## Die Bedeutung von Wettkämpfen im Traditionellen Karate

*Shi-ai* ist das japanische Wort für „Wettkampf" und bedeutet „sich gegenseitig testen". Es geht also darum zu sehen, wo man steht.

**➤ Der Gegner soll einem im Wettkampf die Schwächen aufzeigen, um anschließend zu wissen, woran man speziell trainieren soll.**

Aus dieser Sicht betrachtet, ist der Wettkampf eine Quelle der Information, um im täglichen Training eine Kurskorrektur vornehmen zu können. Es steht also nicht das Gewinnen von Medaillen im Vordergrund, sondern vielmehr ein Test, ob der eingeschlagene Weg der richtige ist.

Zum besseren Verständnis für die Leser möchte ich zunächst kurz erklären, wie ein Wettkampf im Traditionellen Karate abläuft: Nachdem wir uns strikt an die Budo-Prinzipien halten, gibt es keine Gewichtsklassen. Ziel des Wettkampfes ist es, sich zu messen, um sich auf Basis dieser Erkenntnis weiterentwickeln zu können. Da Traditionelles Karate etwas für die Gesundheit und für die geistige Entwicklung zu einem guten Wertesystem beitragen soll, kann es also nicht das Ziel sein, den Gegner zu verletzen. Ziel ist es vielmehr, eine perfekte Technik, also maximalen Energietransfer bei exzellentem Timing auf einen klar definierten Körperbereich kontrolliert zu platzieren. Kontrolliert platzieren bedeutet die Technik (Angriff mit Arm oder Fuß) rechtzeitig zu stoppen, jedoch zu signalisieren, dass im Ernstfall diese Technik die Offensive des Gegners zerstört.

Dies erfordert jahrelanges Training. Denn es ist viel leichter, einen Gegner zu treffen als ihn nicht zu treffen, ihm aber das Gefühl zu geben, man hätte ihn jetzt mit dieser Technik kampfunfähig machen können. Um dies beurteilen zu können, bedarf es nicht nur großer Körperbeherrschung und Body Dynamics seitens der Athleten, sondern auch eines sehr geschulten Auges der Schiedsrichter. Da der Gegner im Wettkampf also nicht verletzt werden soll (in diesem Fall erfolgt die Disqualifikation) und um eine kontrollierte Technik einzusetzen, benötigen wir im Traditionellen Karate keine Handschuhe und keinen Kopfschutz. Das Tragen von stark gepolstertem Hand- und Kopfschutz erhöht nicht die Sicherheit, sondern verleitet den Angreifer oftmals zum Durchschlagen auf Kosten der Kontrolle.

Eine kontrollierte Technik hat nichts mit nur „andeuten" zu tun. Die Wettkämpfe fordern den Athleten höchste körperliche und geistige Anstrengung ab. Es ist für den Beobachter ein hohes Maß an Kampfgeist und Entschlossenheit sichtbar, die Kontrolle und die Gesundheit sowie der gegenseitige Respekt haben jedoch eine ebenso große Bedeutung. Bei der Europameisterschaft im Oktober 2011 in Israel gab es keine einzige ernsthafte Verletzung. Dies ist ein Indikator für hohes Niveau und die Darbietung einer Kunst.

Die große Herausforderung bei den Meisterschaften ist, den Athleten den feinen Unterschied zwischen Selbstbewusstsein und Arroganz aufzuzeigen. Ein Europa- oder Weltmeistertitel eines 25-Jährigen kann sehr schnell zur Arroganz verleiten. Bei allem Respekt, den der Athlet für diese Spitzenleistung verdient hat: Wenn sein Erfolg in Arroganz übergeht, haben wir alle mit unserer Kunst versagt.

Ich war im August 2012 im Dojo Stara Wieś bei Gesprächen des technischen Komitees der ITKF dabei. Hier wurde speziell die Thematik „Arroganz" ausführlich behandelt. Wir waren uns einig: Arroganz muss zur Schau gestellt werden, Selbstvertrauen nicht; Arroganz geht nach außen, Selbstvertrauen schlummert im Inneren. Es muss die Aufgabe der Trainer sein, genau dies den Athleten verständlich zu machen. Weltmeister zu sein, ist wunderbar, aber es ist nicht mehr als ein Augenblick, den es auszukosten gilt. Ein Titel ist eine Momentaufnahme und das Ergebnis eines Tests, das mit dem Erlangen bereits Geschichte ist.

**➤ Unser Bestreben muss dorthin gehen, uns bis ins hohe Alter kontinuierlich weiterzuentwickeln.**

Wir dürfen bis ins hohe Alter nicht stehen bleiben und uns keinesfalls auf einem Titel ausruhen. Denn damit würde Budo sein Wesen verlieren und zu einem beliebigen Sport degradiert werden. Der Weltmeister oder die Weltmeisterin im Traditionellen Karate ist das Vorbild für alle, die sich auf diesem Weg befinden. Der Champion ist eine Leitfigur, nicht nur im Sinne einer körperlichen Spitzenleistung, sondern auch im Sinne des Budo-Aspekts. Dieser schließt Haltung und Werte mit ein. Etikette ist ein Teil der Bewertungskriterien unmittelbar vor, während und nach einem Kampf. Ich denke, dass der Grat zwischen Arroganz und Selbstbewusstsein bei Managern ähnlich schmal ist wie im Sport oder in der Kunst. Zu einem auserwählten Kreis zu gehören, ob als Champion, als Führungskraft oder Politiker, ist etwas Besonderes und hat meines Erachtens in erster Linie etwas mit Verantwortung zu tun. Erhöhte Aufmerksamkeit zu genießen, im Mittelpunkt zu stehen, Entscheidungen treffen zu können, heißt, in der Lage zu sein, etwas zu bewegen, zu beeinflussen. In welche Richtung dieser Einfluss geht, hat etwas mit dem persönlichen Wertesystem zu tun.

**➤ Die Prinzipien von Budo können uns vor Arroganz schützen.**

Als ich nach zwei Jahren Training Vereinsmeister in meiner Altersklasse wurde, glaubte ich, bereits gut zu sein. Mit dem ersten österreichischen Meistertitel war ich mir sicher, richtig gut zu sein. Ich lernte im Laufe der Zeit wirkliche Meister kennen und mir wurde mehr und mehr bewusst, wo ich stand. Ich blieb neugierig und hungrig, und durch das Training lernte ich, die Arroganz zu kontrollieren. Die *wirklichen* Persönlichkeiten, die ich in meinem Leben kennenlernen durfte, haben alle keinen Grund zur Arroganz.

## 1.7 Der Kodex für Samurai Manager

Aus allen diesen Erkenntnissen lässt sich nun der Kodex für Samurai Manager ableiten:

1. Für einen Samurai Manager ist das Gesagte gleichzusetzen mit der Tat.
2. Ein Samurai Manager fragt sich jeden Tag, was er heute besser machen kann als gestern und morgen besser als heute – und zwar in seinem Job und auch als Mensch.
3. Ein Samurai Manager ist bereit, Geld oder Einfluss zu verlieren, aber niemals seine Ehre.
4. Ein Samurai Manager hört auf seine Intuition und arbeitet daran, diese kontinuierlich zu verbessern.
5. Ein Samurai Manager motiviert seine Mitarbeiter durch respektvollen Umgang mit ihnen.

# TEIL 2

# Japanisches Management

侍マネージャー

Wenn man das japanische Management und seine Management-strategien betrachtet, muss man zwischen der Zeitspanne vor 1992 und jener nach diesem Wendejahr der Hochwachstumsphase unterscheiden. Jenen Lesern, die sich nicht zu den Japankennern zählen, sind verständlicherweise eher nur die Unternehmen bekannt, welche als Weltkonzerne vorrangig in der Autoindustrie (Toyota, Honda, Mazda, Mitsubishi, Nissan, Suzuki etc.) und in der Elektronikindustrie (Sony, Panasonic, Canon, Fuji, Minolta etc.) tätig sind. Doch in Japan gibt es natürlich noch Zehntausende andere KMUs,[73] die entweder als Zulieferer für diese Branchen fungieren oder den regionalen Markt bedienen.

## 2.1 Die Macht der Familienclans

Ein Großteil der Topunternehmen ist in mehr oder weniger enger Form in sogenannten *keiretsu* (s. u.) organisiert, und es lohnt sich, einen tieferen Blick auf diese Organisationsstruktur zu werfen. Aus der Geschichte wissen wir, dass Brigadegeneral Douglas MacArthur,[74] der Oberbefehlshaber der US-amerikanischen Besatzungstruppen in Japan, die Besitzerfamilien der Zaibatsu – die Iwasaki von Mitsubishi und die Barone Mitsui – enteignen ließ. Die Firmen der einflussreichsten Familien wurden zerschlagen. Im Jahr 1951, als Japan wieder souverän geworden war, schlossen sich die Konzerngruppen zusammen und bildeten die sogenannten *keiretsu*. Nicht alle Familienclans beteiligten sich mit dem gleichen Engagement. Die Familie Mitsui beispielsweise hielt sich eher zurück und strebte nach mehr Unabhängigkeit.[75]

**Familienclans dominieren die Konzerne.**

Um aus den Zusammenschlüssen möglichst hohe Synergieeffekte zu erzielen, hielten die Mitsubishi-, die Mitsui- und die Sumitomo-Gruppierung wechselseitig Aktienpakete und schoben somit bei Hauptversammlungen unangenehmen Zwischenfragen einen Riegel vor. Sie tauschten innerhalb des *keiretsu* immer wieder Führungskräfte aus und veranlassten ihre Vorstandsvorsitzenden, das *Board of Directors*, die Chefs diverser Konstruktionsabteilungen sowie weitere relevante Manager, sich jeweils einmal im Monat treffen. Bis dato gibt es beispielsweise bei den Top-Führungskräften der 29 Mitsubishi-Kernfirmen jeden zweiten Freitag im Monat im Präsidentenclub, der *kinyukai* genannt wird, ein ausführliches Treffen.[76]

Bei diesen Meetings wird nicht nur lapidar über Golf-Handicaps geplaudert, sondern auch über relevante strategische Maßnahmen, die den Markteinfluss des *keiretsu* stärken sollen. Hausbanken und Außenhandelsgesellschaften *(sogo shosha)* gehören ebenso zum *keiretsu* wie Versicherungen, zahlreiche Produktionsindustrien in der Lebensmittel-, Textil-, Papier-, Immobilien-, Logistik- und Elektronikbranche. Besonderer Wert wurde darauf gelegt, dass jede Branche nur von *einer* Einzelfirma abgedeckt wird, um interne Konkurrenzkämpfe zu vermeiden.

**◄ Aufträge werden nur innerhalb des Clans vergeben.**

Den Transport von Mitsubishi-Produkten übernimmt beispielweise nur die Nippon Yusen, die Finanzierung erfolgte über viele Jahre nur durch die *Mitsubishi Bank*, die *Tokyo Marine and Fire Industry* sorgt für den Versicherungsschutz und *Mitsubishi Shoji* deckt im Ausland den Vertrieb ab. Für den Bau sämtlicher Verwaltungs- und Industrieobjekte der Gruppe zeichnet *Mitsubishi Construction*, und *Mitsubishi Estate* sorgt für eine lückenlose Administration. Die knapp 100.000 Mitsubishi-Angestellten fahren ausschließlich Fahrzeuge von *Mitsubishi Motors* und ihre Lebensversicherung schließen sie bei *Meiji Life* ab. Natürlich benützen sie *Nikon*-Kameras und ein anstrengender Arbeitstag findet seinen Ausklang meist bei einem Kirin-Bier.

Bis zum Anfang der 1990er-Jahre waren *keiretsu*-Strukturen extrem dominant – vor allem in den Roh- und Grundstoffindustrien (Metall, Chemie, Holz, Zement, Papier, Glas). Die *keiretsus* bestimmten auch kapitalintensive Fertigungsanlagen, zum Beispiel in der Fahrzeug-, Seefahrt- und Elektronikindustrie sowie im Maschinenbau.

Das Ausmaß der Intra-*keiretsu*-Exklusivität wurde von den USA als so dramatisch eingeschätzt, dass sie die Gesellschaftspraktiken in ihren Handelsverhandlungen mit der japanischen Regierung in den Jahren 1989/91 als „Diskriminierung von Importen" thematisierten.[77]

Auch die Methodik, die künftigen Führungskräfte des Clans enger zusammenzuschweißen, ist für uns Europäer hochinteressant. Bei Mitsubishi ging das „bounding" so weit, dass Nachwuchsführungskräfte in Ausbildungscamps an ihre körperlichen Grenzen geführt wurden und Aufgaben nur unter größter Anstrengung jedes Einzelnen in der Gruppe gelöst werden konnten.

## ✈ Ausbildungscamps für Führungskräfteanwärter

Studien haben ergeben, dass diese Art von Training einen wesentlich besseren Effekt hat als amüsante gemeinsame Golfturniere in einem netten Ambiente. Bemerkenswert ist auch, wie langfristig innerhalb eines *keiretsu* geplant und gedacht wurde und wie man Grundsätze auf das Wesentliche reduzierte. So formulierte der Gründer der *Sumitomo Gruppe* bereits 1891 folgende Leitsätze:

1. *Sumitomo* soll Stärke und Wohlstand durch die Priorität von Integrität und fehlerfreiem Management erreichen.
2. *Sumitomo* soll seine Aktivitäten mit Vorausschau und Flexibilität bewältigen.

Erst im Jahre 1998 wurden diese Grundsätze angepasst, um für das nächste Jahrhundert Gültigkeit zu haben:[78]

1. *Sumitomo* soll Wohlstand und Träume durch fehlerfreie Geschäfte erreichen.
2. *Sumitomo* soll höchste Priorität auf Integrität und korrektes Management setzen, mit höchstem Respekt für das Individuum.
3. *Sumitomo* soll eine Unternehmenskultur voller Dynamik und Innovation fördern.

Die Wirtschaftskrise, beginnend in den frühen 1990er-Jahren, war letztlich ausschlaggebend dafür, dass die Zahl der Generalhandelsgesellschaften *(sogo shosha)* und der Großbanken – und damit auch die von ihnen kontrollierten *keiretsu* – entscheidend verringert wurde. Mehr vertikal strukturierte *keiretsu*, zum Beispiel jene von Honda, Matsushita und Toyota, gewannen seitdem an Einfluss.

## 2.2 Aufstieg, Karriereplan und Dotierung

Wenn man einen österreichischen WU-Absolventen[79] fragt, wo er sich in fünf bis maximal zehn Jahren sieht, so sehen sich 90 Prozent der Befragten in einer angesehenen Führungsposition. Dies wäre für einen Japaner undenkbar und eine Anmaßung, die nichts mit Selbstbewusstsein zu tun hat. Denn das japanische Management legt größten Wert darauf, dass künftige Führungskräfte das Unternehmen gründlich kennenlernen. Jobrotation innerhalb des Konzerns ist selbstverständlich und verpflichtend. So soll ein möglichst großes Verständnis für sämtliche Arbeitsprozesse entwickelt werden.

➤ **Angefangen wird ganz unten, und zwar unabhängig von der schulischen Ausbildung.**

Ein Universitätsabschluss hilft dem Mitarbeiter zwar in seiner weiteren Karriereplanung, aber er unterscheidet ihn beim Einstieg in das Unternehmen in keiner Weise von einem Neuling mit geringerer Qualifikation. Möchte beispielsweise ein promovierter Elektroingenieur ins Management eines Energiekonzerns, so verbringt er seine ersten vier bis sechs Monate im Betrieb damit, Endkunden zu besuchen und Stromzähler abzulesen. Dass dies in den Gebirgsregionen in Tohoku bei meterhohem Schnee durchaus anstrengend und ungemütlich werden kann, darf ihn nicht weiter stören.
Um bei einem Brokerhaus wie Nomura in die Führungsebene aufsteigen zu können, muss der „Neuling" im Supermarkt beim Tiefkühlregal Endkunden ansprechen und Versicherungen

verkaufen. Sollte einem Neueinsteiger diese Basisarbeit nicht schmecken, kann diese auch auf zwei Jahre ausgedehnt werden. In Japan wird flächendeckend dafür gesorgt, dass die Zulassungsprüfungen in die besseren Mittel- und Oberschulen, Universitäten und Colleges gleich schwer sind. Dies fördert den nationalen Zusammenhalt und den sozialen Frieden. Somit hat jeder Mensch zumindest theoretisch die Chance, eine Spitzenkarriere zu machen. Wer seine Chance nicht ergreift, muss bei sich Ursachenforschung betreiben.

✎ **Die Japaner haben wenig Verständnis, wenn das Scheitern dem System zugeschrieben wird.**

Der Akademikeranteil ist in Japan ungleich höher als im EU-Durchschnitt (21 versus 44 Prozent).[80] Diese Fakten sind auch eine gute Basis für eine breite Mittelschicht. Während die Gesellschaftsschichten weltweit teilweise dramatisch auseinanderklaffen, ist dies in Japan nur sehr begrenzt der Fall. Eine Nikkei-Umfrage hat ergeben, dass sich auch knapp ein Jahrzehnt nach der Wirtschaftskrise immer noch deutlich mehr als 50 Prozent der Mittelschicht zugehörig fühlen.[81]

✎ **Die Erfolgsformel im japanischen Management lautet: Lebenserfolg = Fähigkeit x Anstrengung x Einstellung.**

Beruflicher Erfolg bedeutet in Japan Lebenserfolg. Alles dreht sich um die Firma. Der Japaner weiß auch wenig mit seiner Freizeit anzufangen. Einen wesentlichen Anteil der Zeit nach Dienstschluss verbringt er bei legeren Treffen mit Kollegen in diversen Lokalen und Klubs. Dort dreht sich das Thema meist wieder um die Arbeit und fürs Wochenende nimmt sich der pflichtbewusste Japaner auch noch Arbeit mit nach Hause.

Die unvergleichbar hohe Identifikation mit dem Unternehmen ist in der japanischen Kultur tief verankert. Die Konzerne tun aber auch alles, um die Leute bei der Stange zu halten. Ein kontinuierlich steigendes Gehalt, eine Menge Sozialleistungen, von der Wohnungsbeihilfe bis zu zahlreichen Ermäßigungen in diversen Klubs. Eine ansehnliche Abfertigung meist mit dem sechzigsten Lebensjahr und eine überdurchschnittlich hohe Pension bieten eine Menge Anreize, dem Unternehmen ein Arbeitsleben lang die Treue zu schwören. Es gibt auch keinen Grund zu wechseln. Es wird überall das gleiche System praktiziert und ein Neustart hat nur Nachteile für den Arbeitnehmer, da er mit viel Verzicht verbunden ist. Wer bei *Minolta* nicht glücklich wird, wird es bei *Canon* auch nicht.

➤ **Wechseln zur Konkurrenz ist verpönt, denn als Verräter hat man in Japan keine guten Karten.**

Akio Morita, der 1946 zusammen mit Masaru Ibuka *Sony* gegründet hat, war umso überraschter und entsetzt, als einer seiner Verkaufsleiter einer *Sony*-Niederlassung in den USA zur Konkurrenz wechselte, nur weil diese ihm ein höheres Gehalt bot. Das japanische Management nimmt es einem Mitarbeiter übel, wenn dieser ohne nachvollziehbaren Grund dem Unternehmen den Rücken kehrt. Andererseits verhält sich auch der Arbeitgeber dem Mitarbeiter gegenüber äußerst fair, wenn es finanzielle Engpässe gibt. So verzichtet das japanische Management gerne auf einen nicht unerheblichen Teil seines Gehaltes, bevor Mitarbeiter entlassen werden.

Die Gehaltsstruktur sieht in Japan gänzlich anders aus als in Europa und in den USA. Innerhalb der Betriebe beträgt die Disparität zwischen Einstiegs- und Vorstandsgehalt nicht mehr als 1:11. In Deutschland beträgt dieser Faktor bei einer führenden Bank beispielsweise 1:500. Bei Spitzenverdienern amerikanischer Hedgefonds beträgt der Faktor astronomische 1:22.000. Solche Relationen sind völlig absurd und ein Nährboden zur Demoralisierung der gesamten Belegschaft. Natürlich kann man auch sagen, die Schuldigen sind die, welche diese Gehälter bewilligen, und nicht die, die sie bekommen.

Vorstandmitglieder in Japan können in der Regel bis zu einem Alter von 70 Jahren im Amt bleiben. Ihr Vorsitzender *(shacho)* entscheidet über den Zeitpunkt seines eigenen Abganges, das heißt, die Übernahme des Aufsichtsratsvorsitzenden *(kaicho)*, meist selbst und bestimmt auch seinen Nachfolger. Ist dieser jünger, müssen alle älteren Vorstandsmitglieder ausscheiden.

## 2.3 Japanisches Management am Beispiel des Kanban-Systems von Toyota

Die Niederlage Japans im Pazifischen Krieg 1945 und die Tatsache, dass Japan über sehr wenige Bodenschätze verfügte, erfüllten das Volk mit Sorge. Da Not bekanntlich erfinderisch macht, überlegten sich viele japanische Unternehmen, wie sie künftig wieder am Weltmarkt eine Rolle spielen könnten. Bei knappen Ressourcen ist die Verschwendung in der Produktion ein noch brisanteres Thema und so suchte man nach Möglichkeiten, diese zu reduzieren.

Das 1937 gegründete Unternehmen *Toyota* hatte noch ein weiteres Problem: In den 1950er-Jahren war das Unternehmen viel zu klein, um bei der bereits vorherrschenden Konkurrenz am Weltmarkt eine Rolle zu spielen.

1975 wurde Taiichi Ohno Vizepräsident von *Toyota*. Er formulierte die Herausforderung folgendermaßen: „Es müsste doch möglich sein, den Materialfluss in der Produktion nach dem Supermarktprinzip zu organisieren. Das heißt, ein Verbraucher entnimmt aus dem Regal Waren bestimmter Spezifikation und Menge, die Lücke wird bemerkt und wieder aufgefüllt."[82]

Damit wurde das japanische Kanban-System erfunden, ein Produktionsprozesssteuerungssystem, das durch eine Benchmark an einen Supermarkt adaptiert wurde. Dieses System verhalf der japanischen Produktion zu einem wesentlichen Wettbewerbsvorteil gegenüber westlichen Produktionen. Ein wichtiger Grundstein für den industriellen Aufstieg Japans zur Großmacht wurde gelegt.

Nach Albrecht Rothacher ist die Zielsetzung des Kanban-Produktionssystems eine stetige Verbesserung der Fertigungsprozesse. Die Faktoren Qualität, Kosten und die dafür benötigte Zeit werden in Relation zueinander gestellt. Der Erfolg von Toyota bei der Produktion lässt sich laut Rothacher auf drei Gründe zurückführen:

1. Der Begriff „muda" steht dafür, dass nur das produziert wird, was später auch benötigt wird. Dadurch werden Ausschüsse und Veränderungen während des Produktionsprozesses vermieden. Um gleichzeitig auch eine Kostenreduktion zu erzielen, wurde das Lager verringert und durch einen besseren Überblick wurden Probleme ans Tageslicht gebracht.

2. Um das ehrgeizige Ziel von null Fehlern zu erreichen, wurden Systeme der Fehlerfrüherkennung geschaffen. Dadurch wurden auch Folgefehler vermieden.

3. Anregungen zur Produktionsverbesserung wurden als wünschenswert betrachtet, sodass sich alle Beteiligten (Mitarbeiter, Lieferanten etc.) frei äußern konnten. [83]

Es handelt sich hierbei um einfache, aber klar verständliche Grundsätze und sie sollten die operativen Prozesse in eine neue Liga bringen. Dies ist jedoch ein Prozess, der niemals endet. Zweifelsohne hat Toyota vieles davon umgesetzt und ist so zur Automobilgroßmacht aufgestiegen. Toyota war auch jahrelang in der Pannenstatistik der diversen Autofahrerklubs als zuverlässigstes Kraftfahrzeug mit den geringsten Störungen führend. Das fortgesetzte Expansionsstreben mit dem Ziel, die unangefochtene Nummer eins in der Automobilindustrie weltweit zu werden, ließ Toyota offensichtlich wieder von diesen Grundsätzen abweichen und so waren sie gezwungen, aufgrund akuter Mängel eine der größten Rückholaktionen in der Geschichte der Automobilindustrie durchzuführen. Ein Freund, der im internationalen Finanzmanagement tätig ist, pflegte zu sagen: „Es gibt für alles ein Optimum, im seltensten Fall liegt dies beim Maximum." Eine Aussage, auf die ich bei meinen persönlichen Entscheidungen, wenn es um das Thema Expansion geht, gerne zurückgreife.

## 2.4 Die Japaner sind nicht die großen Erfinder, aber geniale Verbesserer

Es waren nicht die japanischen Ingenieure, die das Automobil erfunden haben. Wenn es jedoch in den letzten Jahrzehnten Innovationen in der Automobilindustrie gab, kamen diese meist aus dem Land der aufgehenden Sonne.

### Das Geheimnis des japanischen Erfolges liegt in drei Schriftzeichen

### Shu 守

*Shu* bedeutet „studieren", sich einer Sache widmen, etwas seine ganze Aufmerksamkeit schenken. Japaner werden nicht müde, etwas aus den verschiedensten Perspektiven zu betrachten, immer und immer wieder. Sie interessieren sich für jedes Detail, auch wenn es noch so unwesentlich erscheint. Sie fotografieren alles und das mehrmals, für Europäer oft unverständlich und nicht nachvollziehbar. Unter genauerer Betrachtung der nächsten beiden Silben wird dieses Verhalten jedoch auch für uns klarer.

### Ha 破

*Ha* kann man am ehesten übersetzen mit „verdauen" – das Gelernte, Gesehene, Inspizierte wirken lassen; alle Eindrücke setzen lassen und Schritt für Schritt die eigenen Erfahrungen dazugeben. In der Silbe „Ha" ist auch Geduld haben und Gelassenheit implementiert. Es gibt für alles einen richtigen Zeitpunkt, nichts überstürzen und überlegt an die Sache herangehen. Dies ist auch der Grund, warum Japaner nie etwas sofort entscheiden. Eine

Entscheidung muss reifen und die Grundlage hierfür ist immer Vertrauen. Um vertrauen zu können, benötigen die Japaner einerseits eine Vielzahl von Fakten und andererseits einen tiefen Einblick in die Persönlichkeit jener Menschen, mit denen sie eine Zusammenarbeit in Betracht ziehen.

## Ri 離

*Ri* impliziert „etwas Neues kreieren": aufbauend auf das Gelernte, kombiniert mit den eigenen Ideen, Erfahrungen und Erkenntnissen etwas Neues schaffen. Etwas Besseres als das Altbekannte, die nächste Generation. *Ri* bedeutet aber auch, das Neue entschlossen in die Tat umzusetzen. Mit Mut und Konsequenz etwas verwirklichen. Die eigene Vision leben und sich von der Intuition treiben und antreiben lassen. Damit das Neue besser sein kann als das „Original", muss man das Original sehr gut kennen. Deshalb ist es unumgänglich, dies präzise zu studieren, zum Kern der Sache vorzudringen, in die Tiefe der Materie einzutauchen und zu versuchen, diese zu verstehen. Darin sind die Japaner wahre Meister. Der Grund dafür ist nicht zuletzt die Tatsache, dass sie „vertikal" denken, resultierend aus der vertikalen Struktur ihrer Schrift. Japaner sind nicht schnell in der Umsetzung, aber präzise und vor allem konsequent.

## Was macht Samsung besser als die Japaner?

Gestatten Sie mir einen kleinen Exkurs zum Nachbarn und zur ehemaligen Kolonie von Japan, der aufstrebenden Wirtschaftsmacht Südkorea: Die südkoreanischen Firmen waren viele Jahre nur Zulieferer für die japanische Industrie, jetzt übernehmen sie das Ruder selbst und haben einige ihrer japanischen Vorbildunternehmen bereits überholt. Was ist ihre Strategie?
Das koreanische Unternehmen *Samsung* beispielsweise stieg 1969 als Mittelbetrieb ins Elektronikgeschäft ein und übernahm Fertigungsaufträge für *Sony* und *Sanyo*. Samsung entwickelte

in weiterer Folge die verschiedensten Haushaltsgeräte von der Waschmaschine bis zur Mikrowelle. Das breite Produktsortiment ließ keine Spitzenqualität zu.

## Der Weg an die Weltspitze

1987 übernahm Lee Kun-hee das von seinem Vater gegründete Unternehmen und arbeitete sich in das Firmenkonglomerat ein. *Samsung*s Produktion reichte von Baumwollstoffen bis zu Containerschiffen und hatte die üblichen Probleme, die eine so starke Diversifizierung mit sich bringt. Die Konzerngruppe konnte sich nur mittels Billiglohnpolitik und überlangen Arbeitszeiten über Wasser halten. Nichts deutete zu diesem Zeitpunkt auf eine Weltvormachtstellung in der Elektronikindustrie hin.

1993 ging Lee in die Offensive. Er ließ alle nicht profitablen Produkte aus der Produktion nehmen, ebenso jene, die mittelfristig keine Wertschöpfung versprachen, und ein strenges Controlling hinsichtlich Kosten und Qualität wurde eingeführt. Ein neues Design sollte die verstaubten Produkte näher an *Sony* heranführen. Von 88.000 Samsung-Mitarbeitern arbeiteten in den nächsten Jahren 20.000 in F&E-Zentren in 15 Ländern rund um den Erdball.[84] Über eine Milliarde US-Dollar wurden jährlich in Marketing und Sponsoring investiert. Diese Zahl wurde in den letzten Jahren noch bei Weitem übertroffen. Die asiatische Finanzkrise, welche 1996 auch Korea voll erwischte, veranlasste Lee, 40 Prozent der Belegschaft zu entlassen, das Management zu verschlanken und alle verlustbringenden Bereiche stillzulegen. Alle Schulden wurden bezahlt und der Fokus auf zukunftsorientierte Märkte und Branchen gelegt, insbesondere auf die Elektronikindustrie.

Während die grenzenlose Expansionsstrategie von *Daewoo* und *Hyunda*i in den Krisenjahren den beiden Unternehmen stark zusetzte, überstand *Samsung* diese schwierige Zeit weitgehend unbeschadet, ging sogar gestärkt wieder ins Rennen. Der langjährige Vorstandschef von *Samsung Electronics*, Yun Jong-yong, setzte auf Geschwindigkeit und Flexibilität. Sein Leitspruch war: *Am zweiten Tag schmeckt auch der beste Fisch alt.*[85] Die Schnelligkeit, mit der Samsung auf Veränderungen am Markt reagieren konnte, war mit Sicherheit ein großer Wettbewerbsvorsprung im Vergleich zu den starren Systemen der japanischen Unternehmen, welche mehr auf Kontinuität setzten.

**➤ Samsung war der Gewinner der digitalen Revolution.**[86]

Samsung hatte ein perfektes Timing, was den Übergang von der analogen zur digitalen Technologie betraf. Dadurch machte sich das Unternehmen von den japanischen Herstellern unabhängig. Der koreanische Konzern kann mit dieser Geschäftspolitik in schwierigen Zeiten die Kosten besser kontrollieren als japanische Unternehmen und legt in Zeiten der Hochkonjunktur mehr Wert auf Ertragsmaximierung als auf die Erhöhung der Marktanteile, wie es in Japan oft praktiziert wurde. Mit dem daraus resultierenden finanziellen Rückhalt lassen sich Durststrecken leichter überbrücken, Liquiditätsengpässe vermeiden und die Mannschaft bei Laune halten.

*Samsung Electronics* ist ein Teil des *Samsung-Chaebols* (koreanisch für Firmenkonglomerat), zu dem noch weitere 26 Unternehmen zählen. Die Konzerngruppe führt die Rangliste der erfolgreichsten koreanischen Exportfirmen an. Auch ein Skandal, bei dem der Juniorchef Lee Jae-yong von der Konzernholding Konzernanleihen zum Schleuderpreis erhalten haben soll, konnte den Siegeszug nicht stoppen.[87] *Samsung* ist heute sowohl in der Herstellung von Fernsehern als auch im Bereich Mobilfunktelefonie Weltmarktführer. Mit über 100 Millionen Stück verkauften Smartphones hat es *Nokia* von der Spitze verdrängt. Im TV-Bereich wurde *Sony* an die Wand gespielt und nun hat der Elektronikgigant dem Hauptmitbewerber *Apple* den Kampf angesagt. Mit 340.000 Beschäftigten weltweit zahlt Samsung in Südkorea fünf Milliarden Euro Steuern, was acht Prozent der Staatseinnahmen entspricht, und bestreitet ein Fünftel der südkoreanischen Exporte.

➤ **Das Geheimnis des Erfolges wird streng gehütet.**

In einem Artikel von Marcus Rohwetter in der ZEIT[88] steht die durchaus kritische Bemerkung: „Samsung verbindet die Innovationskraft eines Startups mit Merkmalen eines autoritären Regimes."[89] Wie viel Kraft in koreanischen Unternehmen steckt, beweist auch die Tatsache, dass der CEO der *Volkswagen-Gruppe*, Martin Winterkorn, in einem Interview die koreanischen Automobilhersteller als die künftig härtesten Konkurrenten am Markt bezeichnet.

## Gesellschaftliches Engagement

Das gesellschaftliche Engagement von Samsung umfasst eine Vielzahl von Themenbereichen, die das Leben der Menschen berühren. Dazu gehören auch Sozialfürsorge, Kunst und Kultur, Freiwilligendienste, Ausbildung und Studium, Umweltschutz und internationale Verständigung, so zum Beispiel:
• „Hoffnung für Jugendliche"
• Umweltmanagement
• Nachhaltigkeit

Martin Wallner (Vice President Samsung Electronics Österreich und Schweiz) äußerte sich dazu folgendermaßen:
„Ziel aller unserer Aktivitäten ist es, Management, Produkte, Prozesse und Arbeitsplätze umweltfreundlicher und ‚grüner' zu gestalten. Unsere ‚grüne Managementrichtlinie' beinhaltet die fortlaufende Verbesserung der Umweltfreundlichkeit im Hinblick auf alle unsere Geschäftsaktivitäten, einschließlich Produktdesign, Herstellungsprozesse und Abläufe am Arbeitsplatz. Wir haben ökonomische, ökologische und soziale Verantwortung

zu den Kernelementen unseres Zukunftsmanagements ernannt. Samsung setzt in der Strategie 2020 nicht nur auf Innovation, sondern auch auf Werte im Management."[90]

Die Tatsache, dass die erste Führungsebene von *Samsung* Österreich das Samurai Manager-Programm durchlaufen hat, ist ein sichtbares Zeichen hierfür.

## Entscheidungsprozesse in Japan

Als ich meine Interviewpartner westlicher Herkunft bei meiner Studie in Japan fragte, was sie von den Japanern gelernt hätten und was sie in westlichen Unternehmen sofort einführen würden, waren es im Wesentlichen zwei Dinge.

1. *Zuhören,* seinem Gesprächspartner die volle Aufmerksamkeit schenken, dadurch Wertschätzung zeigen und Vertrauen aufbauen. So gut zuhören, dass man auch die Dinge hört, die das Gegenüber nicht explizit gesagt, aber zwischen den Zeilen ausgedrückt hat.
2. *Die Art und Weise, Entscheidungen zu treffen.* Es fiel in diesem Zusammenhang immer wieder der Begriff *ne mawashi.* Es bedeutet die Art und Weise, wie man einen großen Baum versetzen kann, ohne ihn zu verletzen, mit der Gewissheit, dass er auch weiter wächst. Man muss um den Stamm herum in einer angemessenen Entfernung einen Kreis *(mawashi)* graben und so die Wurzeln freilegen, den Baum als Ganzes in ein vorbereitetes Loch geben und dort einbetten. Umgelegt auf Entscheidungsprozesse heißt dies, Entscheidungen großflächig anzusetzen und möglichst viele relevante Personen daran zu beteiligen.

✎ **Entscheidungsprozesse laufen in Japan im Wesentlichen „bottom up" und in der westlichen Welt meist „top down".**

Ich möchte an dieser Stelle mit Sicherheit keine Partei ergreifen für eine der beiden Vorgangsweisen. Vielmehr ergibt es Sinn, die Vor- und Nachteile der beiden Systeme einander gegenüberzustellen.

**TOP-DOWN-ENTSCHEIDUNGEN** sind zweifelsohne sehr effizient. Der Entscheidungsprozess ist kurz und das Team kann sehr schnell mit der operativen Umsetzung beginnen. Eine schnelle Reaktionsfähigkeit auf sich ändernde Märkte kann sich in einer Zeit rasant wechselnder Wettbewerbsbedingungen sehr vorteilhaft auswirken.

Wie ich häufig bei meinen Kunden erlebt habe, laufen diese Entscheidungsprozesse bei uns folgendermaßen ab: Der Vorstand hat eine grandiose Idee: eine Innovation, die voll im Trend liegt und eine Vielzahl von Vorteilen verspricht, die auch logisch nachvollziehbar sind. Er holt seine engsten Vertrauten zusammen, begeistert diese für sein Vorhaben und das Projekt wird einstimmig in der Führungsebene beschlossen.

Die zweite Führungsebene wird nun damit beauftragt, die ersten Schritte zur Umsetzung einzuleiten, und spricht mit ihren Abteilungsleitern. Bei den Meetings mit der dritten Führungsebene kommen bereits die ersten kritischen Fragen auf, wie man sich denn die Umsetzung aufgrund der vorhandenen Gegebenheiten vorstelle. Jetzt ist Kreativität gefordert, denn schließlich und endlich wird man ja dafür als Teamleiter auch gut bezahlt.

In den Teambesprechungen, werden die Anwender das erste Mal mit dieser Thematik konfrontiert und zweifeln die Praktikabilität meist zu Recht an. Bewaffnet mit den größtenteils berechtigten und glaubwürdigen Bedenken der Anwender wird im Meeting auf Bereichsleiterebene der Status des Projektes präsentiert. Die zweite Führungsebene ist entsetzt und glaubt, es mit einem Haufen veränderungsresistenter Beamter zu tun zu haben. Die ersten Konfliktgespräche entflammen und Vorwürfe, es herrsche ein Mangel an Innovationsbereitschaft und Durchsetzungskraft, sind die Folge. Schließlich und endlich gebe es einen Vorstandsauftrag, den es umzusetzen gilt.

Die ersten Lager bilden sich in der Belegschaft, und zwar jene, die das Projekt befürworten, und jene, die es ablehnen.

>⟵ **Am schlimmsten sind die, die gar keine Meinung haben.**

Jetzt beginnt meist die Phase, wo die Mitarbeiter anfangen zu taktieren, wie sie sich in dieser schwierigen Situation verhalten sollen. Die Energie geht jetzt in Richtung Taktieren und Schuldzuweisung anstatt konstruktiver Lösungsfindung. Das Projekt ist nun bereits meist so weit fortgeschritten, dass es auch kein Zurück mehr gibt, weil dies einen massiven Gesichtsverlust des verantwortlichen Vorstands zur Folge hätte. Die Vertragsgestaltung mit den Partnern und Lieferanten, welche in das Projekt involviert sind, erweist sich meist als sehr schwierig, weil bereits Auftragszusagen gegeben wurden und in diesem Zusammenhang ja auch ein angemessener Rabatt gewährt wurde. Ab diesem Zeitpunkt wird meist nur mehr gute Miene zum bösen Spiel gemacht und jeder ist um Schadensbegrenzung bemüht. Häufig ist der Vorstand auch rhetorisch gut geschult, sodass er in der Lage ist, das Projektergebnis schönzureden. Das „business as usual" geht somit einfach weiter.

In der Phase, in der die Mitarbeiter an der Sinnhaftigkeit und am Erfolg des Projektes zweifeln, arbeiten viele von ihnen nur noch mit der halben Energie. Das zögerliche Vorgehen bremst nochmals die Erfolgschancen, aber der Mitarbeiter kann am Ende wenigstens sagen: „Ich habe es ja gleich gewusst, aber auf mich hört ja keiner."

>⟵ **Wir sind eine Nation derer, die Recht haben müssen.**

„Recht haben" ist uns viel wichtiger als der Erfolg, denn dafür müssten wir uns ja auch anstrengen. Das Grundproblem dieses Dilemmas liegt auch darin, dass wir dem Individuum gegenüber dem Kollektiv den Vorzug geben. Oder anders ausgedrückt: den kurzfristigen Erfolg höher bewerten als den langfristigen. Der Vorstand im angesprochenen Beispiel wollte sich ein Denkmal setzen, sein Ego befriedigen und unsterblich werden. Meine Erfahrung nach 20 Jahren Beratertätigkeit sagt, dass rund 80 Prozent aller Projekte Flops sind und in irgendeiner Schublade verschwinden.

**DER „BOTTOM-UP-PROZESS"**, wie er in japanischen Unternehmen häufig praktiziert wird, ist für die Entscheidungsfindung wesentlich aufwendiger und zeitintensiver. Der japanische Manager ist bei Veränderungen, die das Unternehmen betrifft, auch in der Wortwahl sehr vorsichtig. Er sagt niemals, „er möchte", dass dies oder jenes umgesetzt wird. Damit würde er bei seinem Team implizieren, dass er dies bereits entschieden hätte. Die Mannschaft würde sich übergangen fühlen und dies mit Enttäuschung quittieren. Das Wording lautet eher: „Es besteht die Möglichkeit, dass ..., an uns wurde die Option herangetragen, dass ..., wir beschäftigen uns mit dem Gedanken ..." Diese Überlegungen werden mit den anderen Führungskräften ausgetauscht und evaluiert. Nun erfolgt der Auftrag, die Veränderung auf Praktikabilität im eigenen Unternehmen zu prüfen. Das geschieht durch die Fragestellung, was diese oder jene Veränderung für eine Auswirkung auf das Arbeitsergebnis hätte und unter welchen Umständen der Anwender eine Verbesserung sähe. Mit diesen Fragen beschäftigt sich nun jeder, der auch nur im Entferntesten mit dieser Sache konfrontiert sein könnte. Der Prozess zur Entscheidungsfindung erfolgt nun unter Einbindung aller Beteiligten, oftmals bis hin zum Portier und Hausmeister.

In dieser Phase laufen erfolgsrelevante Informationen zu den Team- und Bereichsleitern und das Management bekommt eine klare Übersicht hinsichtlich Realisierbarkeit. Diese Vorgangsweise ist aufwendig und kann sich über einen Zeitraum von mehreren Monaten, in manchen Fällen auch bis zu zwei Jahren, erstrecken. Der enorme Vorteil an diesem Prozedere ist aber, dass, noch bevor

Aufträge vergeben und Verbindlichkeiten mit externen Firmen eingegangen werden, die Bedingungen und Voraussetzungen klar sind, unter welchen das Projekt im eigenen Unternehmen von Erfolg gekrönt sein wird. Unabhängig davon, wie sich jeder Einzelne zu diesem Projekt geäußert hat, ziehen dann alle an einem Strang. Von nun an läuft alles wie bei einem Schweizer Uhrwerk. „Grüppchenbildung" ist völlig ausgeschlossen.

> ✂ **Es zählt nur mehr das gemeinsame Ziel und das lautet: „Erfolg für das Unternehmen."**

Die Tatsache, dass sich die Mitarbeiter wertgeschätzt fühlen, weil sie in diesen Prozess mit eingebunden wurden, ist noch ein zusätzlicher positiver Aspekt, der zur Motivation beiträgt. Abgesehen davon werden aber strategische Entscheidungen, die die Mitarbeiter überfordern, nach wie vor vom Management allein getroffen. Aber selbst in so einem Fall gibt es einen Entwurf für einen formellen Entscheidungsakt *(ringi sho)*, der danach von Abteilung zu Abteilung wandert und abgesegnet wird. In der Regel gibt es hier dann auch keinen Widerstand mehr.

## Sozialverhalten in Japan

Wenn Sie sich ausführlich in diese Thematik einarbeiten wollen, empfehle ich das Buch: *Japanese Custom and Etiquette. A Practical Handbook* (Selangor/Singapur 2005.)
Ich möchte mich auf wenige grundsätzliche Merkmale beschränken und darauf achten, ob und wie sich der Samurai-Geist in den aktuellen Verhaltensregeln in Japan noch widerspiegelt. Japanische Verhaltensregeln sind durchaus sinnvoll und vor allem pragmatisch. Sie entstammen den Umständen, welche das beengte Miteinander in den Wohnhäusern, U-Bahnen und Großraumbüros hervorruft. Es versteht sich von selbst, dass Japaner größten

Wert auf Sauberkeit bei der Kleidung und auf Körperpflege legen. Selbst Obdachlose in ihren Behausungen sind relativ sauber und hängen ihre ärmliche Wäsche in die Sonne, wo immer sich eine Gelegenheit dafür bietet. Die Lärmbelästigung wird auf ein Minimum reduziert. So ist das Telefonieren in U-Bahnen absolut verpönt. Stattdessen werden eifrig SMS-Nachrichten versendet. Gespräche werden dezent geführt und Wutanfälle als geistige Unreife quittiert.

Im Wesentlichen reduziert sich der japanische Verhaltenskodex in der Gesellschaft auf sechs „No-Gos" (*iie*):
1. das Betreten einer Tatami-Matte mit Schuhen,
2. die Schuhe nach Cowboyart auf Tischen oder Sesseln ablegen,
3. jemanden anniesen,
4. Kaugummi oder Ähnliches beim Reden,
5. Umarmungen oder gar Küssen bei Begrüßung und Verabschiedung,
6. sich eingeseift in die (gemeinsam genutzte) Badewanne legen und das Wasser für nachfolgende Badegäste verschmutzen.

Wenn Sie diese sechs Punkte beachten, wird man Ihnen bei anderen Ausrutschern nicht den Kopf abreißen. Alles andere wird verziehen.

**Bei der Begrüßung verbeugen sich die Japaner traditionell. Je höher der Rang des Gegenübers, umso tiefer die Verbeugung.**

Wenn man sein Gegenüber nicht einordnen kann, empfiehlt es sich, eine Nuance tiefer zu gehen, um unnötige Beleidigungen zu vermeiden. Achten Sie darauf, dass Sie beim Verbeugen nicht mit den Köpfen zusammenstoßen, dies kann sehr leicht passieren.

Das Übergeben der Visitenkarte (*meishi*) gleicht einem Ritual. Sie wird ausschließlich mit beiden Händen übergeben und in der Folge andächtig studiert. Wichtig ist, dass Ihre Visitenkarte den exakten Titel und vor allem die korrekte Position, die Sie in Ihrem Unternehmen einnehmen, enthält.

➤ **Die Visitenkarte auf der Rückseite auf Japanisch zu bedrucken ist eine Investition, die sich bestimmt rechnet.**

Der Japaner wird in der Regel nicht mit seinem Vornamen angesprochen, sondern nur mit seinem Familiennamen und dem Titel oder der Funktion. Ein „Herr/Frau" *(San)* vor dem Namen erfüllt meist auch seinen Zweck. Die Japaner setzen das „San" ans Ende des Familiennamens, also „Herr Tanaka" heißt „Tanaka San". Die hohe Identifikation des Japaners mit seinem Arbeitgeber drückt er auch darin aus, dass er, wenn er sich vorstellt, immer zuerst den Firmennamen nennt. Erst danach folgt sein persönlicher Name.

Abendliche Einladungen zu Geschäftsessen verlaufen ebenfalls nach strengen Regeln. Die Kleidung sollte konservativ sein: dunkler Anzug, Krawatte, elegantes Hemd und schwarze Schuhe für den Herrn. Für die Dame schickt sich ein adrettes Kostüm, wobei der Ausschnitt bei der Bluse keinesfalls zu tief ausfallen sollte. Legere Kleidung wird eher als Mangel an Respekt bewertet denn als lockeres selbstbewusstes Auftreten.

Die Unterhaltungen laufen eher oberflächlich mit dem klassischen höflichen Ton und einem dezenten Lächeln. Bei Geschäftsanbahnungen kommt es durchaus vor, dass beim Erstkontakt gar nicht über das Geschäft gesprochen wird, sondern nur überprüft wird, ob der Gesprächspartner vertrauenswürdig ist. In Gesprächen ist es sehr ratsam, das Gegenüber unbedingt aussprechen zu lassen, nach dem Gesagten eine Pause zu machen, ehe man mit der Antwort beginnt. Dies eröffnet auch die Möglichkeit, das zu hören, was der Japaner nicht gesagt hat, beziehungsweise ermutigt ihn, noch etwas hinzuzufügen.

➤ **Schweigen ist keinesfalls peinlich. Es wird vielmehr als ernsthaftes Nachdenken gewertet und als Zeichen von Interesse und Wertschätzung.**

Ob der japanische Geschäftspartner Interesse an einer Zusammenarbeit hat, kann man nicht an der Höflichkeit seines Verhaltens erkennen, sondern vielmehr an der Rangordnung der Gesprächspartner. Ist ehrliches Interesse vorhanden, sind nicht nur die Teilnehmer der Verhandlungen weit oben in der Hierarchie angesiedelt, sondern man wird im Anschluss an unzählige Abteilungen weitergereicht, wo man stets dieselben Fragen beantworten muss. Wenn man Erfolg haben will, muss man diese Prozedur über sich ergehen lassen. Geduld ist gefragt und ein hohes Maß an Disziplin hinsichtlich der Vorbereitung.

Japaner lieben es, wenn man Unterlagen wie Zertifikate, Auszeichnungen, Studienergebnisse, Gutachten zur Verfügung stellen kann, die sie des Weiteren auch geduldig studieren. Sie dürfen auf keinen Fall erwarten, dass bei einem Meeting, bei dem Sie anwesend sind, auch gleich eine Entscheidung fällt. Dies ist ein komplizierter Prozess, der lange dauern kann und während dessen Sie mit Sicherheit noch einige Male Rede und Antwort stehen müssen. Aber wenn Sie einmal das Vertrauen gewonnen haben, dann ist der Japaner ein sehr treuer Kunde. Sie brauchen nicht zu befürchten, ihn an einen Mitbewerber zu verlieren, der ein ähnliches Produkt oder eine vergleichbare Dienstleistung billiger anbietet. Der andere Anbieter muss die gleiche Prozedur über sich ergehen lassen wie Sie, wenn es überhaupt dazu kommt. Für den Japaner ist der Preis ein Faktor, der in seinen Entscheidungskriterien relativ weit hinten steht.[91]

## 2.5 Der Unterschied zwischen japanischen und chinesischen Geschäftspraktiken

Als ich 1993 nach China ging, um dort ein Joint-Venture aufzubauen, war ich voller Enthusiasmus. Ich glaubte ernsthaft, mit unserem Know-how und persönlichem Engagement für das Reich der Mitte etwas tun zu können. Was ich von China wusste, waren alles Dinge, die mich faszinierten: Traditionelle Chinesische Medizin, bekannte Dichter, begnadete Künstler, eine faszinierende Schrift, eine reichhaltige Speisekarte und nicht zuletzt zahlreiche Kampfkünste, die dort ihren Ursprung hatten. Doch mein Sprachstudium hatte mir so gut wie keinen Einblick in die Geschäftspraktiken der Chinesen gegeben.

Vom einfachen Volk war ich positiv beeindruckt. Wenn ich mit meinem Fahrrad am Wochenende in ländliche Gegenden fuhr, um dort in den Teeplantagen herumzuspazieren, mit den Bauern deren Tee verkostete und mich mit ihnen austauschte, war die Welt in Ordnung. Meine Sprachkenntnisse wurden sehr geschätzt und wenn ich am Schluss auch noch ein paar Päckchen „Long Jing Cha" (sehr hochwertiger grüner Tee) zu einem Spottpreis kaufte, legten sie mir die Welt zu Füßen. Mit einem chinesischen Bambusbauern auf Bambussuche zu gehen, war ein unvergessliches Erlebnis. Mit Begeisterung bereiteten mir meine neuen chinesischen Freunde ein Festmahl zu, dessen Geschmack einzigartig war. Der Zusammenhalt innerhalb der (Groß-)Familie, hier zählen *alle* Verwandten dazu, ist in China, im Vergleich zu Japan, viel stärker.

**Der Japaner braucht seine Familie nicht zum Überleben, dafür sorgt sein Arbeitgeber. Der Chinese aber schon.**

Der Erfolgreichste in der Familie sorgt für alle und zieht schwächere Familienmitglieder mit hoch. Dass sich Kinder oftmals Monate von ihren Eltern getrennt bei einer Großmutter oder Tante aufhalten, ist in China etwas Selbstverständliches. Es wird dafür auch keine Gegenleistung oder Entschädigung erwartet. Das gehört einfach dazu. Jeder bemüht sich, einen möglichst großen Beitrag für seine Familie einzubringen.

Das Verhalten von Chinesen, die nicht miteinander verwandt sind, läuft dagegen wesentlich distanzierter ab. Man kann den alltäglichen Überlebenskampf, dem ein Volk mit 1,3 Milliarden Einwohnern täglich ausgesetzt ist, vielfach spüren. Bei einer Bushaltestelle wird gedrängelt, was das Zeug hält. In Geschäften, in denen sich Warteschlangen gebildet haben, zählt das Recht des Stärkeren und bei der Essensausgabe in den Firmen geht es darum, möglichst viel in seinen Topf zu bekommen. Dezente Zurückhaltung ist hier nicht gefragt. Nicht selten habe ich beobachtet, wie neureiche Chinesen Obdachlosen ihren Becher, mit dem sie bettelten, einfach aus der Hand getreten oder sie einfach zur Seite gestoßen haben.

Auch die Geschäftsleute und Geschäftspraktiken haben mich enttäuscht. Bei unserem Joint-Venture-Vertrag hatten wir beispielsweise vereinbart, dass unser Unternehmen in Cash oder in Equipment investieren kann. In unserem Fall entschieden wir uns für das Equipment in Form von Eismaschinen. Wir kauften die Maschinen vereinbarungsgemäß in Italien ein und schifften sie nach China, um sie dort zu installieren. Der Geschäftsgang war, dank eines ausgeklügelten Marketingkonzeptes, von Beginn an gut und wir schrieben bereits im zweiten Jahr Gewinne.

**⤏ Die chinesischen Geschäftspraktiken haben mich enttäuscht.**

Eines Tages erschien ein Beamter bei mir im Büro und sagte, er müsse unser Investment kontrollieren und dafür sei es nötig, ein Gutachten über den Wert unserer Eismaschinen zu erstellen. Dies überraschte mich, da wir bei der Unternehmensgründung die Originalrechnungen sämtlicher Maschinen vorgelegt und somit unser Investment bereits nachgewiesen hatten. Nach einigen Wochen bekam ich das Gutachten (von einem „Experten", der noch nie vorher eine Eismaschine gesehen hatte) mit dem Ergebnis, dass unser Equipment 30 Prozent weniger wert sei, als es zu Buche stand. Daran war eine Aufforderung geknüpft, diese fehlenden 30 Prozent innerhalb einer Frist von vier Wochen nachzuzahlen.

Ich berief ein Meeting mit unseren chinesischen Joint-Venture-Partnern ein, um dieses Missverständnis aufzuklären. Für unsere „Partner" war aber der Sachverhalt klar: Es gäbe ein gültiges Gutachten und an das müssten wir uns halten beziehungsweise die Nachzahlung fristgerecht durchführen. Als ich argumentierte, warum ich für etwas bezahlen sollte, wofür ich schon einmal bezahlt hatte, bekam ich zur Antwort, wenn ich mich weigern würde, werde uns dieser Betrag von unseren Geschäftsanteilen abgezogen. Da das aber für mich gleich gar nicht in Frage kam, gab es noch eine Alternative seitens unserer chinesischen „Partner": Die Gesellschaft wird liquidiert, weil das Stammkapital des österreichischen Joint-Venture-Partners nicht ordnungsgemäß einbezahlt wurde. Die netten „Kollegen" wiesen uns höflich darauf hin, es wäre sehr schwierig, auch nur einen Bruchteil unseres Investments aus China herauszubekommen.

Damals glaubte ich, wir hätten einfach Pech mit unseren Partnern. Als ich jedoch bei regelmäßigen Meetings im Club der regionalen Joint-Venture-Geschäftsführer hörte, was meinen „Leidensgenossen" alles passierte, war klar, dass dies kein Einzelfall war. Ich betrieb dann Schadensbegrenzung, indem ich mich mit unseren Joint-Venture-Partnern einigte, die Nachinvestition mit unseren offenen Franchisegebühren gegenzurechnen. Fakt war, wir hatten doppelt bezahlt. Ich könnte an dieser Stelle eine Fülle von ähnlichen Storys liefern, die mir oder meinen Geschäftskollegen passierten.

**Der chinesische Geschäftspartner denkt kurzfristig und ist an einem schnellen Gewinn interessiert.**

Die Generation, welche unmittelbar nach der „Öffnung" Chinas in den Führungspositionen saß oder noch sitzt, ist immer noch stark vom Kommunismus geprägt. Es zählt nur eines: Wie kann ich *heute* meine Lebenssituation verbessern? Was in zehn Jahren ist, schert niemanden, denn möglicherweise gibt es bis dahin eine Änderung der politischen Linie. Deshalb gehe ich davon aus, dass es noch ein bis zwei Generationen lang dauern wird, bis ein signifikantes Umdenken stattfindet.

Wenn man einem Chinesen eine Uhr zeigt und fragt: „Kannst du diese produzieren?", erhält man schnell eine Antwort, die lautet: „Kein Problem *(mei you wenti)*, ich mache sie dir billiger." Ein Japaner wird eher sagen: „Wir werden uns das anschauen und wenn wir diese Uhr produzieren, dann in einer besseren Qualität." Vieles, zu dem der Chinese sagt *mei you wenti*, stellt sich anschließend als massives Problem heraus und oft als unüberwindbares Hindernis. Das Dilemma ist jedoch, dass bereits Investitionen getätigt wurden, die man natürlich nicht in den Sand setzen möchte.

Japanische Unternehmen sind mit ihren Aussagen viel vorsichtiger und zurückhaltender. Sie sind ausschließlich an einer langfristigen Zusammenarbeit interessiert. Alles andere ergibt für sie gar keinen Sinn. Japanische Unternehmen sind wesentlich loyaler und weniger sprunghaft als chinesische. In Japan kann ich meine Geldbörse an der Bar liegen lassen, auf die Toilette gehen und sie ist samt Inhalt bei meiner Rückkehr noch da. In China wurden mir innerhalb von zwei Jahren insgesamt neun Fahrräder gestohlen. Dafür gab es einen Secondhand-Markt. Mit etwas Glück konnte man sich dort sein eigenes Fahrrad wieder zurückkaufen. Japanische Geschäftspartner mögen am Anfang kompliziert und träge wirken, wenn man aber verstanden hat, worum es ihnen geht, sind sie sehr angenehme und verlässliche Partner.

Allerdings muss man auch sagen, dass es in China in der Zwischenzeit sicher einige Joint-Ventures gibt, die von Erfolg gekrönt sind und bei denen auch eine faire Zusammenarbeit gelebt wird.

**⟵ Die grundsätzliche Mentalität und Denkweise ist zwischen Japanern und Chinesen jedoch unterschiedlicher, als die meisten Europäer glauben.**

Auch hierfür ein Beispiel: Ich wurde von vielen Unternehmern angesprochen und um Rat gefragt, ob sie in China investieren sollten. Unter anderem auch vom damaligen CEO eines großen österreichischen Baustoffunternehmens.

Wir hatten uns stundenlang in einer Hotellobby in Shanghai unterhalten. Ich erinnere mich an ein hochinteressantes und für mich auch sehr wertschätzendes Gespräch. Er fragte mich damals mit meinen noch nicht einmal dreißig Jahren, ob er für mehrere Milliarden in der Region Shanghai ein Werk bauen solle. Natürlich war ich mit dieser Frage überfordert. Doch mein Gesprächspartner hatte nicht viel Auswahl, wem er sonst diese Frage hätte stellen sollen. Schließlich war ich bereits am Markt tätig, beherrschte die Sprache, die chinesischen Geschäftspraktiken und war bereits einigermaßen erfolgreich. In den meisten Fällen habe ich von Investitionen in China abgeraten. Ich kenne eine Menge Firmen, die große Summen in der größten Volkswirtschaft der Welt investiert haben. Ich kenne aber nur wenige, die tatsächlich Gewinne gemacht haben, und noch viel weniger, die ihre Gewinne auch wieder aus dem Land transferieren konnten.

Die erzielten Gewinne in das Ursprungsland zurück zu überweisen, ist noch einmal ein ganz anderes Kapitel. Solange die Gewinne in China weiter investiert werden, sind die chinesischen Behörden wohlgestimmt. Möchte man jedoch die redlich verdienten Erträge nach Hause transferieren, muss man einen sehr komplexen bürokratischen Aufwand betreiben. Aufgrund der Tatsache, dass der Yuan (chinesische Währung) nicht konvertierbar ist, also in keine andere Währung der Welt gewechselt werden darf, benötigt man hierfür die Zustimmung der Behörden.

Dies wird bei den Joint-Venture-Verhandlungen stets vertraglich zugesichert, lässt sich aber in der Praxis, wie ich es in meinem Unternehmen erlebt habe, oft nur sehr schwer umsetzen. Die

Behörden werden nie den Geldtransfer an sich ablehnen. Aber es gibt immer einen Grund, warum gerade jetzt noch nicht zugestimmt werden kann: ein kleine Gesetzesänderung, ein Wechsel des zuständigen Finanzoberbeamten, ein kurzfristiger Liquiditätsengpass der Bank, und so weiter.

✂ **Ich habe mit Investoren gesprochen, bei denen der Geldtransfer bis zu 20 (!) Jahre verschleppt wurde.**

Ob sich das ein Kleinbetrieb oder mittelständische Unternehmen leisten können, ist eine andere Frage. Ich erinnere mich nur zu gut, wie wir von der österreichischen Bank, welche uns finanziert hatte, aufgefordert wurden, endlich die Gewinne zu überweisen, um damit unsere Kreditraten zu tilgen. Am Anfang ließen sich die netten Berater von den Bilanzen mit den ausgewiesenen Gewinnen noch vertrösten, als aber dann kein Geld floss, wurden sie nervös und ich auch. Nachdem wir nach zahlreichen Verhandlungen mit unseren Joint-Venture-Partnern und den Behörden immer wieder auf einen späteren Zeitpunkt vertröstet wurden, mussten wir die Notbremse ziehen. Unsere Partner hatten uns immer wieder angeboten, die Gewinne in Yuan auszuzahlen. Aber die Zustimmung der Behörden für die Konvertierung war ein sehr komplexes Verfahren.

Eines Tages stimmte ich diesem Procedere dann doch zu. Überraschte Gesichter starrten mich an und meinten, dass wir doch mit der chinesischen Währung nichts anfangen könnten. Ich erwiderte, dies sei unser Problem und bestand auf die Auszahlung in Yuan. So war es möglich, dass wir zumindest an einen Teil des uns zustehenden Geldes kommen konnten. Ich begab mich nun in eine gesetzliche Grauzone und reiste mit meinem österreichischen Geschäftspartner mit einem Rucksack voller kleiner Yuan-Scheine nach Hong Kong. Ich werde dieses Gefühl niemals vergessen, als wir durch die Pass- und Zollkontrolle mussten.

✂ **Ich habe Blut geschwitzt, aber wir hatten das Glück des Tüchtigen.**

In Hongkong war es nämlich möglich, in kleinen Tranchen den Yuan in Hongkong-Dollar zu wechseln, allerdings mit einem Wechselkursverlust von rund 20 Prozent. Wenn man bedenkt, dass wir in Europa jeden Valutatag bei Geldtransaktionen kalkulieren, um die Spesen möglichst gering zu halten, sind 20 Prozent auf einen Schlag wirklich viel Geld. Dennoch waren uns 80 Prozent von einem Teil unseres Gewinnes lieber als 100 Prozent von nichts. So machten wir uns auf den Weg von Bank zu Bank, um in möglichst große Tranchen zu wechseln, um den Kursverlust zu minimieren.

Unser Glück war, dass es in Hongkong ganze Straßenzüge voll mit Banken gab. Dennoch benötigten wir fast einen ganzen Tag, um das mitgebrachte Geld in den heiß ersehnten Hongkong-Dollar zu wechseln. Nachdem dies erledigt war, standen wir noch vor der Herausforderung, die Hongkong-Dollars sicher auf unser Konto in Österreich zu transferieren. Das Risiko, nochmals mit so viel Bargeld nach China einzureisen, wollten wir nicht eingehen. Also entschlossen wir uns, in Hongkong ein Konto zu eröffnen.

Wir wurden diesbezüglich von einem Banker höflich empfangen und er begann mit den Formalitäten. Als er jedoch sagte: „Ihren Meldezettel bitte", und wir sagen mussten: „Es tut uns leid, wir haben keinen, wir wohnen nicht in Hong Kong", hörten wir nur mehr ein überzeugendes und unmissverständliches „Sorry." So standen wir in Hongkong mit einem Flugticket von Shanghai nach Wien und hatten keinen Plan, wie wir das Geld sicher nach Hause bringen sollten. Mit einer größeren Menge Hongkong-Dollars wieder nach „Rotchina" einzureisen, wollten wir nicht riskieren.

Wir kannten in Hongkong eine Dolmetscherin, der wir vertrauen konnten. Die Option war, das Geld oder einen Teil davon auf ihr Konto einzuzahlen, mit der Bitte, sie möge es auf unser Konto in Österreich weiterleiten. Sie stimmte unserem Anliegen zu. Uns war bewusst, dass wir, wenn sie ihren Teil des Deals nicht erfüllen würde, keine Chance hätten, jemals wieder zu unserem hart verdienten Geld zu kommen. Wir entschlossen uns, einen Teil des Betrages einzuzahlen. Den Rest wollten wir beide untereinander aufteilen. Mein Geschäftspartner nahm einen Direktflug nach Wien über Zürich. Für ihn war das Abenteuer mehr oder weniger zu Ende, denn mit Hongkong-Dollars nach Zürich zu fliegen war kein Problem. Doch ich musste mit einem nicht unerheblichen Betrag an Hongkong-Dollars nochmals nach Shanghai zurück.

### ✂ Nochmals in die „Höhle des Löwen"

Ich hatte Glück. Von Shanghai aus hatte ich mehrere Möglichkeiten, westliche Währung in ein westliches Land zu überweisen, denn schließlich arbeitete ich im „Westen" und hatte auch eine „Residental Card". Doch das Schlimmste war noch nicht überstanden. Wir wussten nicht, ob die Übersetzerin tatsächlich den restlichen Betrag überweisen würde. Doch sie tat es. Daraufhin erhielt sie ein tolles Geschenk aus Österreich und wir sind bis heute Freunde. Das Leben in China selbst habe ich aber als sehr angenehm empfunden. Vor allem das Essen ist unbeschreiblich gut. Der Grund für den sensationellen Geschmack sind die Vielfalt des frischen Nahrungsmittelangebotes (es gibt kaum eine Kühlkette in klassischen Restaurants) und die aufwendige Zubereitung.

Vieles war im Alltag sehr einfach handzuhaben. Einen schweren Kühlschrank beispielsweise in den fünften Stock ohne Lift zu befördern, war kein Problem, denn an jeder Ecke standen Rikscha-Fahrer oder Tagelöhner, die gerne für einen Euro diesen Job übernahmen. Altpapier oder abgetragene Wäsche loszuwerden, war die einfachste Sache der Welt und man verdiente damit sogar noch Geld. Fast stündlich kamen Leute aus der ländlichen Gegend mit ihrer Rikscha oder einem ähnlichen Vehikel bei den Wohnblöcken vorbei und kauften Altpapier, Textilien, Plastikflaschen, Schildkrötenpanzer und alles Mögliche. Eine wunderbare Form der Mülltrennung, ich war begeistert. Aber für Europa nicht umsetzbar, denn bei uns tut sich niemand diese Arbeit für diesen Hungerlohn an.

Tai Chi[92] und Qi-gong[93] werden tatsächlich morgens noch häufig, insbesondere von älteren Menschen, in Parks geübt. Es ist relativ einfach, seinen persönlichen Meister zu finden. Es reicht, wenn man jeden Morgen am selben Ort erscheint und einen Übenden anspricht, ob man mitmachen darf. In der Regel wird man von den Chinesen herzlich aufgenommen und in deren Künste eingeführt. Das Leben in Japan hingegen ist stark geprägt von den Werten, allen voran Respekt und Disziplin. In den hoffnungslos überfüllten U-Bahnen versucht jeder Fahrgast, sein Bestes zu geben, um die Fahrt für die anderen so angenehm wie möglich machen. Natürlich ist das bei den Massen an Menschen, die zum Beispiel im Großraum von Tokio täglich unterwegs sind, nicht immer leicht.

**➤ Japaner sind es gewohnt, hart zu arbeiten.**

Das Land besteht aus tausenden Inseln mit insgesamt 20.000 Kilometern Küste. Der japanische Boden ist zu zwei Dritteln unfruchtbar und auch nicht bewohnbar. Das Leben ist seit jeher sehr karg und die Millionen Bauern können nur unter schwierigsten Bedingungen überleben. Dieses Leben hat auch die Spiritualität der ländlichen Bevölkerung tief geprägt. Die meisten von ihnen sind Schintoisten[94] oder Buddhisten.[95]

**➤ Die japanische Bevölkerung ist im Durchschnitt wesentlich gläubiger und spiritueller als die chinesische.**

Das hat auch einen Grund. Denn der Kommunismus hat in China viele alte religiöse Traditionen zurückgedrängt. Meine Schlussfolgerung aus dieser persönlich geprägten Gegenüberstellung ist, dass ich mit Japanern wesentlich lieber Geschäfte mache als mit den Chinesen. Es mag etwas länger dauern, es mag auch vieles sehr kompliziert sein, aber am Ende des Tages, wenn man die Menschen aus dem Land der aufgehenden Sonne überzeugt hat, kann man auf verlässliche Partner zählen. Der langfristige Erfolg steht über dem kurzfristigen Ertrag. Das ist eine Philosophie, die mir sehr entgegenkommt.

# TEIL 3

# Verhandeln mit den Prinzipien der Samurai

侍マネージャー

Sie verhandeln ständig, entweder mit sich selbst oder mit anderen. Es beginnt schon in der Früh, wenn der Wecker läutet, ob Sie sich noch fünf Minuten im warmen Nest gönnen oder nicht. Wenn Sie in einer Partnerschaft leben, stellen sich Fragen wie: Wer geht zuerst ins Badezimmer und wer macht den Kaffee? Auf dem Weg zur Arbeit: Wem lassen Sie die Vorfahrt und welche ist die schnellere Spur? Wir sind also ständig bewusst oder unbewusst einem Verhandlungsprozess ausgesetzt.

Unabhängig davon, ob Sie nun im Verkauf tätig sind, eine Führungsposition bekleiden oder keines von beidem, die nachstehenden Verhandlungstechniken werden Ihnen in vielen Situationen eine Hilfe sein. Es geht gar nicht so sehr darum, ob *Sie* diese Techniken anwenden, denn eine Vielzahl von diesen wird bei Verhandlungen von Ihrem Gegenüber bewusst oder unbewusst eingesetzt. Deshalb ist es gut, wenn Sie die Vorgehensweise kennen.

## 3.1 Erfolg haben ist wichtiger als Recht haben

Ein wesentlicher Grundsatz auf dem Weg zu einem guten Verhandler ist: „Erfolg haben ist wichtiger als Recht haben." Wie viele Millionen fließen in satte Anwaltshonorare, nur um letztendlich Recht zu haben? Wie oft haben Sie den Ausspruch „Mir geht's ja nur ums Prinzip" schon gehört? Wenn Sie nicht in der Lage sind, diesen Egotrip zu verlassen, werden Sie nie ein guter Verhandler. Denn zwei Dinge sind für eine erfolgreiche Verhandlung entscheidend: Empathie und das Beherrschen der wichtigsten Verhandlungsinstrumente.

Es ist entscheidend, wie gut Sie in der Lage sind, sich in die Situation des anderen hineinzuversetzen und ein Gespür dafür zu entwickeln, was seine Absicht ist. Daraus können Sie eine Strategie entwickeln, unter welchen Voraussetzungen Ihr Gegenüber Ihre Forderungen am besten akzeptieren kann. Dafür brauchen Sie einige sehr pragmatische Werkzeuge: In der Folge werde ich nun einige dieser Verhandlungsinstrumente aufzeigen und mit zahlreichen Beispielen aus meiner Praxis hinterlegen.

Die Samurai waren Pragmatiker. Alles, was nur in der Theorie funktionierte und nicht unmittelbar in die Praxis umgesetzt werden konnte, war für sie nutzlos. Das Gleiche gilt für Verhandlungstechniken.

➤ **Die Techniken sind das „Schwert" und die Verhandlung der „Kampf".**

Selbstverständlich soll auch mit den Instrumenten eines Samurai die viel zitierte „Win-win-Situation" angestrebt werden, sodass es letztendlich keinen Verlierer gibt. Einige der nun angeführten Verhandlungstechniken stammen von Roger Dawson, einem begnadeten Verhandlungsstrategen, von dem ich beim Studium seiner Bücher viel lernen durfte.

Nishiyama Sensei erzählte mir folgende Geschichte:

Ein Mann pflanzte auf seinem Grundstück einen Orangenbaum, unmittelbar an der Grenze zum Nachbargrundstück. Er hegte und pflegte ihn und achtete darauf, dass er sich zu einem prächtigen Baum entwickelte. Als die erste Frucht heranreifte und über Nacht der Wind die reife Orange herunterschüttelte, fiel diese auf den Grund des Nachbarn. Dieser war über seinen Fund sehr erfreut. Als ihn der Besitzer des Orangenbaums darauf aufmerksam machte, dass dies seine Orange sei, dass er es war, der den Baum gepflanzt und ihn gepflegt hatte, sah dies der Nachbar gar nicht so, denn schließlich und endlich lag die Frucht auf seinem Grundstück. Es entwickelte sich ein heftiger Streit, den sie allein nicht lösen konnten. Jeder der beiden Streithähne konsultierte einen Anwalt, denn schließlich ging es ja um sein Recht, das es durchzusetzen galt. Bewaffnet mit den besten Anwälten zogen sie vor Gericht. Beide Anwälte erklärten unter Verweis auf verschiedene Gesetzestexte, dass jeweils ihr Mandant der rechtmäßige Besitzer der Orange sei. In der Regel enden solche Streitigkeiten mit einem „fairen Kompromiss". Der Richter entscheidet meist, dass die Orange geteilt wird, die beiden Parteien haben nicht ganz das Gesicht verloren und die Anwälte können eine saftige Honorarnote schreiben. In unserer Geschichte verlief es doch etwas anders. Der Richter fragte die erste Partei: „Was war denn Ihre Absicht, was wollten Sie denn mit der Orange machen?" Da gab der Orangenbaumbesitzer zur Antwort, er wollte sich einen Orangensaft daraus pressen, da er einen akuten Vitamin-C-Mangel habe und die Orange ihm dabei dienlich wäre. Danach fragte der Richter die zweite Partei, was er mit der Orange vorgehabt hätte. Dieser erwiderte, er wolle sich die Schale auf die Heizung legen, denn diese verleihe dem ganzen Haus einen angenehmen Duft.

Dieses Beispiel signalisiert uns, wie wichtig es in einer Verhandlung ist, die Brille des anderen aufzusetzen. Dadurch ist man in der Lage, sich in die Situation des Gegenübers hineinzuversetzen und daraus eine Strategie zu entwickeln, um seine Ziele durchzusetzen. Oftmals wollen zwei Parteien in einer Verhandlung gar nicht das Gleiche, auch wenn es zunächst den Anschein hat. Wenn der Gedanke dominiert, sein Recht um jeden Preis durchsetzen zu wollen, gibt es keinen Platz für kreative Lösungen. Ideen kommen aus der Gelassenheit.

**✎ Aggressives rechthaberisches Denken versperrt den Weg zu intelligenter Lösungsfindung.**

## 3.2 Die Bedeutung der Emotion in einer Preis- verhandlung

Nehmen wir an, Sie möchten sich einen Gebrauchtwagen kau- fen. Sie haben sich auf den gängigen Internetplattformen über das Angebot informiert, wissen über die Preise Bescheid und ha- ben auch schon den einen oder anderen Gebrauchtwagenhändler besucht. Sie haben eine konkrete Vorstellung vom Wagen und ein Budget von 10.000 Euro, das Sie nicht überschreiten möchten. Sollten Sie einen geeigneten Wagen finden, sind Sie auch dazu bereit, den Betrag bar auf den Tisch zu legen.

Nach einem anstrengenden Arbeitstag sehen Sie auf Ihrem Nach- hauseweg exakt so einen Wagen stehen, wie Sie ihn suchen. Ein Schild in der Heckscheibe mit der Aufschrift „Zu verkaufen" und eine Telefonnummer verraten Ihnen, dass der Wagen zum Ver- kauf angeboten wird. Sie wählen die Nummer, um einen Termin für eine Probefahrt zu vereinbaren. Auch der Preis entspricht Ihrem Budgetrahmen. Sie fahren mit dem Auto Probe und sind vom ersten Moment an begeistert. Es ist offensichtlich, dass der Wagen gut gepflegt und auf alles geachtet wurde, was für den Er- halt eines guten Zustandes nötig war. Sogar einige Extras sind vorhanden, die Ihre Kaufentscheidung noch bestärken. Schon während der Probefahrt sind Sie sich sicher, dass Sie den Wagen kaufen wollen.

Allerdings wollen Sie nicht von Anfang an die 10.000 Euro bezah- len, sondern noch ein wenig verhandeln. Sie überlegen sich eine Verhandlungsstrategie und den Betrag, mit dem Sie beginnen wol- len. Sie denken sich zunächst: „Ich würde gerne mit 8.000 Euro in die Verhandlung einsteigen, doch um diesen Preis werde ich den

Wagen mit Sicherheit nicht bekommen. Ich beginne mit 9.000 Euro, das ist realistisch. Doch kurz bevor Sie den Wagen wieder zurückgeben, beschließen Sie, es doch mit 8.000 Euro zu probieren. Als Sie das Auto zurückbringen und die Besitzer Sie fragen, wie es Ihnen gefällt, sagen Sie, dass Sie es grundsätzlich in Ordnung finden, aber nicht bereit sind, mehr als 8.000 Euro zu bezahlen. Diese können Sie allerdings sofort in bar überreichen. Die Besitzer werfen sich gegenseitig einen zustimmenden Blick zu, worauf einer der beiden meint, sie hätten sich zwar 10.000 Euro vorgestellt, doch Sie seien so sympathisch, dass dies in Ordnung gehe.

Welche Gedanken schießen Ihnen in dem Moment durch den Kopf? Sie sind nun der neue Besitzer des Wagens. Aber was spielt sich in Ihrem Inneren ab?

Ich hatte dieses Beispiel bei einem Sales-Training mit 15 Verkaufsleitern erzählt und ließ die Teilnehmer ihre Gedanken auf einen Zettel notieren. Von den 15 Seminarteilnehmern hatten 14 die zwei gleichen Gedanken aufgeschrieben:

Warum habe ich nicht bei 7.000 Euro begonnen? Ich habe schlecht verhandelt, da wäre noch mehr gegangen.

Wo ist der Haken? Da ist was faul. Versteckte Mängel etc.?

Bei der Fragestellung „Hätten Sie den Wagen unter diesen Umständen jetzt gekauft?", war die Mehrheit der Teilnehmer skeptisch. Zumindest eine fachkundige Überprüfung wäre für eine endgültige Kaufzusage nötig.

Nehmen wir an, Sie hätten denselben Wagen woanders entdeckt und die Preisverhandlung hätte Sie richtig gefordert. Nach langem zähen Ringen und guten Argumenten auf beiden Seiten hätten Sie den Wagen für 9.500 Euro erstanden. Mit welchem Gefühl wären Sie aus der Verhandlung gegangen? Mit großer Wahrscheinlichkeit wären Sie stolz auf sich gewesen, welch guter Verhandler Sie doch sind. Möglicherweise hätten Sie Ihre Partnerin mit den hart erhandelten 500 Euro auf ein Wellnesswochenende eingeladen und sich über das tolle Auto gefreut. Sie sehen also, Preisverhandlung hat paradoxerweise wenig mit dem Preis zu tun, sondern vielmehr mit einer Emotion.

➤ **Es zählt nicht, wie viel Sie letztlich bezahlen, sondern mit welchem Gefühl Sie aus einer Verhandlung gehen.**

Wenn Sie zu Ihrem Bankberater gehen und finden, dass Ihre Sparbuchzinsen zu niedrig sind, und er gibt Ihnen ohne Weiteres sofort ein Prozent mehr, denken Sie doch bestimmt, dass auch eineinhalb Prozent möglich gewesen wären. Wenn Ihnen Ihr Berater nach intensivem Verhandeln ein Viertelprozent zugesteht, gehen Sie mit großer Wahrscheinlichkeit zufriedener aus diesem Gespräch heraus als im ersten Fall. Der Grund: Sie haben das Gefühl, gut verhandelt zu haben. Selbst unter schwierigen Umständen sind Sie hartnäckig geblieben und haben ein Zugeständnis erreicht. Sie sind sich sicher, dass mehr auch gar nicht möglich gewesen wäre. Interessanterweise erinnert man sich nach wenigen Monaten weniger an den Preis oder die Kondition, die man ausgehandelt hat, aber man weiß noch, ob man gut verhandelt hat und mit welchem Gefühl die Verhandlung beendet wurde.

➤ **Entscheidend ist letztendlich nicht der Preis, sondern primär das Gefühl, welches der Kunde nach dem Verhandlungsprozess hat.**

Deshalb ist es entscheidend, die Emotionen des Kunden zu berücksichtigen: „Vertrauen löst Preis als Kaufargument ab." Der Vertriebschef von *Procter & Gamble* in Deutschland, Franz Kallerhoff, formulierte es in einem Interview so: „Der Preis hat als Differenzierungsmerkmal ausgedient."[96] Eines der größten Konsumgüterunternehmen überlegt sich also, dass es plötzlich um etwas ganz anderes geht als nur um den Preis, nämlich um Werte wie Vertrauen.

## 3.3 Die wirkungsvollsten westlichen Verhandlungstechniken, umgelegt auf die Prinzipien der Samurai

Wenn ein Samurai seinem Gegner im Kampf gegenüberstand, achtete er darauf, ihn in seiner Gesamtheit zu betrachten. Dazu gehörte, jedes Körperteil und jeden Bewegungsansatz präzise zu beobachten, und zwar unabhängig von der Distanz. Je näher sie sich standen, umso mehr musste er danach trachten, das gesamte Bild des Gegners aus der Ferne wahrzunehmen („Enzan no metsuke"). Hatte er nur einen Teil des Gegners kontrolliert und einen anderen vernachlässigt, bedeutete dies meist seinen sicheren Tod. Das gleiche Prinzip gilt für einen guten Verhandler. *Enzan no metsuke* ist ein wichtiges Verhandlungstool. Als guter Verhandler muss ich immer wissen, wo ich gerade in der Verhandlung stehe, und die Gesamtheit des Verhandlungsprozesses berücksichtigen. In der Praxis ist es häufig so, dass der Verhandlungspartner eine Forderung stellt und wir aus Höflichkeit dazu neigen, die angesprochene Forderung zu thematisieren.

Ein Beispiel: Sie sind Firmenkundenbetreuer einer Bank. Es geht um einen Dreihunderttausend-Euro-Kredit und Sie befinden sich in einem Finalgespräch. Der Kunde stellt die Forderung, Sie mögen ihm bei der Bearbeitungsgebühr doch noch mit einem Viertelprozent entgegenkommen.
Wie reagieren Sie? Wir haben die ersten zwanzig Jahre unseres Lebens gelernt, auf Fragen zu antworten. Es ist ein Akt der Höflichkeit. Im Kindergarten, in der Schule, in der Berufsausbildung: Immer wenn wir etwas gefragt wurden, haben wir nach der

Antwort gerungen. Dieses Verhalten hat sich stark eingeprägt, erweist sich in einer Verhandlung aber oft nicht als klug.

Eine häufige Reaktion des Beraters ist nun, dass er dem Kunden entgegnet, er sei ihm bei der Bearbeitungsgebühr bereits weit entgegengekommen, denn normalerweise verrechne die Bank zwei Prozent und er liege bei 1,5 Prozent. Worauf der Kunde zu Recht erwidert, bei der Höhe des Kreditvolumens sei der absolute Betrag, den er zu bezahlen habe, doch sehr hoch. Der Aufwand für die Bank hingegen sei bei einer hohen Kreditsumme annähernd der Gleiche wie bei einer niedrigeren. Seine Forderung sei also gerechtfertigt.

Oft gesteht der Berater dem Kunden in dieser Situation noch ein weiteres Viertelprozent zu. Ab dem Zeitpunkt ist er verloren. Der Kunde weiß nun, wie schwach sein „Gegner" ist, und wird, von seinem Verhandlungserfolg beflügelt, eine weitere Forderung stellen, zum Beispiel einen niedrigeren Zinssatz oder eine andere Art von Besicherung. Das Problem des Beraters ist jetzt, dass er völlig die Orientierung in diesem Verhandlungsprozess verloren hat, nur noch reaktiv unterwegs ist und hofft, dass sich doch noch alles zum Guten wendet.

> **Der Berater wurde in eine Konditionenschlacht hineingezogen, und er konnte sich nicht dagegen wehren.**

Ein guter Berater jedoch muss in einer Verhandlung verifizieren, ob die Forderung des Kunden die einzige Bedingung ist, die ihn vom Abschluss trennt, oder ob es noch andere gibt. Nach dem Prinzip von *Enzan no metsuke* heißt das konkret, er muss dem Kunden auf seine Forderung antworten: „Natürlich ist die Bearbeitungsgebühr ein wichtiges Kriterium, wir können gerne darüber sprechen. Nun, abgesehen von der Bearbeitungsgebühr sind wir uns in allen anderen Punkten des Kreditvertrages einig?" Der Kunde hat nun zwei Möglichkeiten zu antworten: Entweder stimmt er zu oder er nennt weitere Forderungen. Wenn er das tut, hat der Berater den Vorteil, dass er den Überblick über den gesamten Verhandlungsprozess behält (den Berg als Ganzes betrachtet), und er kann sich darauf einstellen, auf welche Forderung er eingehen möchte.

Stimmt der Kunde aber zu, dass dies der einzige Punkt ist, der sie noch von der Unterschrift trennt, kann der Berater eine sogenannte Vorabschlussfrage stellen, die lautet: „Das heißt, wenn wir uns bei der Bearbeitungsgebühr einigen, werden Sie über uns finanzieren, ist das richtig?" In der Regel stimmt der Kunde jetzt zu. In Ausnahmefällen versucht er auszuweichen, etwa: „Sagen Sie mir zuerst, was Sie da noch machen können, und danach reden wir weiter." Ein guter Verhandler lässt sich diesen Stil jedoch nicht aufzwingen und bringt die Sache noch einmal auf den Punkt: „Ich gehe davon aus, dass wir hier ein Lösung finden, ich gehe aber dann auch davon aus, dass wir Sie bei der Finanzierung begleiten, ist das richtig?" Wichtig in so einer Situation ist es, den Überblick zu behalten und dem Kunden die Stirn zu bieten.

➤ **Der Kunde muss spüren, dass er einen würdigen und starken Partner hat.**

Eine häufige Situation, in der *Enzan no metsuke* vergessen wird, besteht darin, dass der Kunde eine Forderung stellt und der Verkäufer für die Forderung sofort eine Lösung parat hat. Beispielsweise verlangt der Kunde ein kürzeres Lieferintervall. Wenn dieses Thema für den Verkäufer kein Hindernis darstellt, stimmt er dieser Forderung gerne zu und merkt gar nicht, dass er dadurch seine Verhandlungsposition schwächt. Die Frage: „Gibt es außer dem verkürzten Lieferintervall Ihrerseits noch Anforderungen an uns, die wir zu berücksichtigen haben?", verschafft dem Verkäufer Klarheit und Überblick und er kann das Entgegenkommen des verkürzten Lieferintervalls als Überleitung zum Abschluss verwenden.

➤ **Vermeiden Sie „Kraft gegen Kraft"**

Die meisten Kampfkünste basieren darauf, die Kraft des Gegners zu nutzen. Im Judo und noch stärker im Aikido wird ausschließlich die Kraft des meist körperlich überlegenen Angreifers umgelenkt, um ihn dadurch zu besiegen. In Verhandlungen haben wir häufig ein ähnliches Szenario.

**⚔ Es gilt der Grundsatz: Eine gewonnene Diskussion ist ein verlorener Kunde.**

Hören Sie auf, Recht haben zu wollen. Hören Sie auch auf, der Stärkere oder Gescheitere sein zu müssen. Nützen Sie die Stärke und das (Halb-)Wissen des Kunden für Ihren Erfolg mit der Motivierungsfrage.

## Die Motivierungsfrage

Diese Technik ist hervorragend geeignet bei „Besserwissern" und kritischen Kunden. Kurz: Der Wind, der entgegenweht, soll sich drehen und zum Rückenwind werden. Die Grundidee, die dahintersteckt, ist, den Kunden mit seinen eigenen Waffen zu schlagen. Den Einwand des Kunden zu nutzen, um seine Kompetenz zu bestätigen und sich dann ein Argument zu suchen, welches der Kunde als Kenner der Materie bestätigen muss. Anschließend muss dieses Argument in eine Frage verpackt werden, welche für den weiteren Gesprächsverlauf hilfreich ist. Der Kunde wird den Kauf nun äußerst motiviert tätigen.

Lassen Sie mich diese komplex klingende Vorgangsweise anhand eines selbst erlebten Beispiels erörtern: Ich habe in einem Hi-Fi-Geschäft ein Verkaufsgespräch beobachtet. Ein Kunde interessierte sich für eine Hi-Fi-Anlage und ließ sich mehrere Geräte erklären. Bei einem Gerät, das ihm offensichtlich gefiel, brachte der Kunde plötzlich den Einwand, dieses Gerät sei minderwertig, denn es verfüge nicht einmal über ein Dolby C. Ich fand später heraus, dass ein „Dolby C" ein Höhenrauschunterdrücker ist und eher eine Alibifunktion darstellt.

Der Verkäufer reagierte sehr geschickt, indem er dem Kunden

sagte: „Ich sehe, dass Sie sich im Hi-Fi Bereich wirklich gut aus-kennen. Sie werden mir auch bestimmt Recht geben, dass für einen astreinen Klang die Boxen ganz entscheidend sind." Der Kunde antwortete: „Natürlich, am besten sind die Drei-Weg-Bassreflexboxen." Der Verkäufer machte ihm den Vorschlag, sich doch gemeinsam zuerst die Boxen anzusehen, denn er habe Drei-Weg-Bassreflexboxen lagernd und im Anschluss könnten sie die Anlage auf die Boxen abstimmen. Der Kunde fand den Vorschlag großartig. Der Verkäufer verkaufte ihm auch hochpreisige Boxen und demzufolge auch eine hochwertige Hi-Fi-Anlage.

Was war in diesem Gespräch passiert? Der Kunde brachte einen kritischen fachlichen Einwand zu einem Produkt. Das Ziel des Kunden war aber nicht, das Produkt abzuwerten, sondern zu sig-nalisieren, er sei ein Vollprofi. Und genau dies hatte der Verkäufer erkannt. Er ließ den Kunden samt seiner Kompetenz am Leben und nützte diese Kraft, um sich vom Kunden ein Argument bestä-tigen zu lassen, welches dem Verkäufer im weiteren Verkaufspro-zess half. Hätte der Verkäufer den Einwand mit dem „Dolby C" zu entkräften versucht, wäre die Situation Kraft gegen Kraft („Wer von uns beiden ist der Klügere?") entstanden. Aus solch einer Si-tuation kann nur der Kunde als „Sieger" hervorgehen.

➤ **Wir neigen sehr stark dazu, in einer Verhandlung unser Wissen und damit unsere Stärke auszuspielen. Doch darum geht es gar nicht.**

Vielmehr gilt es, den Kunden dort abzuholen, wo er steht. Das Problem herauszufinden, das er hat, und ihm dafür eine Lösung anzubieten. Aber niemals klüger sein als er oder Recht haben zu wollen.

➤ **Wenn Sie Recht haben wollen, dann werden sie Rechtsanwalt und kein Verkäufer!**

Ich hatte so eine Situation mit einem Rechtsanwalt erlebt, als ich mir ein Grundstück kaufen wollte. In meiner Heimatgemeinde wurden Grundstücke mit Waldrandlage erschlossen. Die Parzellen waren u-förmig angelegt: eine Wohnstraße zur Verkehrsberuhigung und in der Mitte ein Kinderspielplatz, so dass man vom Wohnzimmer die Kinder im Auge behalten konnte. Fünf Minuten entfernt von der Autobahn und dazwischen der Föhrenwald, der jegliche Lärmbelästigung schluckte. Dazu hohe Flexibilität hinsichtlich individueller Gestaltung des Wohnhauses und keinerlei gesonderte Bauvorschriften.

So gesehen der perfekte Platz für mich und meine zukünftige Familie. Die Gemeinde teilte mir mit, dass ein Rechtsanwalt mit dem Verkauf der Grundstücke beauftragt wurde und er diese auch treuhänderisch verwalte. Ich hatte eine grobe Preisvorstellung und konkrete Kaufabsichten. Zur Sicherheit las ich ein einschlägiges Wirtschaftsmagazin, in dem die Grundstückspreise sämtlicher Gemeinden aufgelistet waren. Die Preisgliederung richtete sich innerhalb einer Gemeinde nach der Lage. Kaufwillig vereinbarte ich einen Termin mit dem zuständigen Rechtsanwalt und ließ mir von ihm die Vorgangsweise für eine mögliche Kaufabwicklung erklären.

Als ich ihn nach dem Quadratmeterpreis für die Parzelle, die mir vorschwebte, fragte, war der Preis, den er mir nannte, doch etwas über dem, den ich recherchiert hatte. Als ich ihn höflich darauf ansprach, entflammte eine heftige Diskussion, bei der er signalisierte, von dem Preis nicht abweichen zu wollen. „Meine" Preise seien sowieso keine Gesprächsgrundlage.

>— Er versuchte mich zu besiegen, wie er es vor Gericht gewohnt war.

Der Rechtsanwalt hatte offenbar ganz vergessen, in welcher Rolle er eigentlich war. Er war der Verkäufer und ich ein potenzieller Kunde. Ich war über seine Vorgangsweise so betroffen, dass ich mir den Grundstückskauf nochmals überlegte und letztendlich auch nicht kaufte. Dies stellte sich später als ein Segen heraus. Darauf werde ich noch einmal zurückkommen. Ich bin auch heute noch zu 100 Prozent davon überzeugt, dass ich, wenn der An-

walt eine intelligente Motivierungsfrage gestellt hätte, den Kaufvertrag unterschrieben hätte.

Das richtige Wording hätte lauten müssen: „Ich sehe, dass Sie
sich mit den Immobilienpreisen schon intensiv beschäftigt haben, das heißt, Sie kennen den Markt. Dann werden Sie mir auch
bestimmt Recht geben, dass der Wert eines Grundstücks von
vielen Faktoren abhängt wie zum Beispiel der Bauordnung, der
Wahrscheinlichkeit der Verbauung, der Verkehrsanbindung, dem
Erholungswert, der Kinderfreundlichkeit, der Infrastruktur ...
In Ihrem Fall bleiben Sie in Ihrer Heimat, behalten Ihr soziales
Netzwerk und erwerben ein Grundstück mit Waldrandlage. Dies
kann nicht verbaut werden. Sie haben direkten Blick auf den Kinderspielplatz in einer verkehrsberuhigten Zone, mit einer perfekten Verkehrsanbindung, in absoluter Ruhelage und Sie können
Ihr Eigenheim auch noch flexibel gestalten. So gesehen ist der
Preis mehr als gerechtfertigt. Wann haben Sie denn geplant, mit
dem Hausbau zu beginnen?

Mit dieser Frage hätte er den Abschluss einleiten müssen. Ich
hätte mich ernst genommen gefühlt und wäre mit Sicherheit
bereit gewesen, für dieses erlesene Plätzchen etwas tiefer in die
Tasche zu greifen. Sie haben gelernt: Die Emotion spielt in einer
Verhandlung eine ganz entscheidende Rolle.

➤ **Gehen Sie nicht das Risiko ein, die Schlacht zu gewinnen und
den Krieg zu verlieren.**

## Die Angelhaken-Frage

Die Angelhakenfrage funktioniert nach dem Motto: „Der Fisch
muss den Wurm mehr wollen als wir den Fisch".

Lassen Sie uns folgendes praktische Beispiel analysieren: Ein
Kunde interessiert sich für einen Fotoapparat. Er geht zu einem
Elektronikmarkt und lässt sich über die verschiedenen Modelle
aufklären. Ein Gerät entspricht exakt seinen Vorstellungen und

er fragt den Verkäufer nach dem Preis. Dieser nennt ihm den Preis: 599 Euro. Der Kunde meint, dass dies ein stolzer Preis sei, und fragt: „Was können Sie denn bei diesem Preis noch machen?" Der Verkäufer argumentiert, es handle sich um das neueste Modell mit tollen Extras und so gesehen sei der Preis in Ordnung. Der Kunde lässt nicht locker und meint: „Wenn ich nur ein paar Monate warte, ist dieses Gerät sicher schon deutlich billiger, fünf Prozent Rabatt sind doch sicher noch drin?"

Der Verkäufer überlegt und sieht sich die Handelsspanne bei der Kamera genauer an und meint dann: „Gut. Ausnahmsweise kann ich Ihnen die fünf Prozent geben." Darauf sagt der Kunde: „Das ist o. k., aber eine Speicherkarte geben Sie mir doch sicherlich noch gratis dazu?"

Der Verkäufer ist entsetzt und meint, dass dies gar nicht in Frage komme, weil er doch schon einen Sonderpreis gemacht habe. Der Kunde ist rhetorisch gut beschlagen und entgegnet: „So eine Speicherkarte holen Sie sich doch leicht von ihrem Lieferanten zurück, das fällt doch unter Promotion." Widerwillig stimmt der Verkäufer doch zu und beide begeben sich zur Kasse. Plötzlich sagt der Kunde: „Übrigens, ich zahle mit Kreditkarte."

Dem Verkäufer fällt das Gesicht runter. Sein Gedankengang lautet: Einen Rabatt, dann noch ein Promotion-Geschenk und jetzt auch noch zwei Prozent an die Kreditkartenfirma abliefern, das ist unmöglich! Andererseits hat er bereits eine Menge Zeit in den Kunden investiert und wenn er nun gar nichts verkauft, hat er den doppelten Schaden. Als der Verkäufer mit der Zustimmung zögert, meint der Kunde: „Wissen Sie was? Das war zwar ein tolles Angebot, aber ich werde es mir noch einmal durch den Kopf gehen lassen."

Direkt vom Elektronikmarkt geht der Kunde zum Mitbewerber und lässt sich die gleiche Kamera zeigen. Selbstbewusst behauptet er, dasselbe Gerät bekäme er beim Konkurrenten um fünf Prozent günstiger, eine Speicherkarte gratis dazu und seine Kreditkarte würde akzeptiert. Der Verkäufer denkt: „Die beim anderen Elektronikmarkt müssen verrückt sein."

Vielleicht übertreibe ich mit diesem Beispiel ein wenig. Aber ich hatte ein Sales-Training mit 20 Geschäftsführern aus dem Handel und die haben mir bestätigt, dass dies übliche Geschäftsprakti- ken seien. In Zeiten, wo Geiz „geil" ist und wo Plattformen wie „Geizhals.at" boomen, darf uns eine solche Vorgangsweise nicht wundern.

Doch wie hätte sich der Verkäufer beim ersten Elektronikmarkt verhalten sollen? Man kann solche Situationen im Verkauf nie gänzlich ausschließen, aber man kann sie stark eindämmen. Falls der Verkäufer einen Rabatt gewähren kann, muss er die so- genannte „Angelhakenfrage" stellen. Die Formulierung lautet: „Wenn ich Ihnen ausnahmsweise mit fünf Prozent Rabatt entge- genkomme, nehmen Sie dann das Gerät bei Barzahlung gleich mit?" In diesem Fall muss der Kunde fast zustimmen, es gibt kei- ne zusätzlichen Forderungen mehr und eine Ablehnung des Kau- fes wäre fast peinlich. Weil der Verkäufer zu Recht sagen könnte: „Warum soll ich Ihnen auf ein Gerät, das Sie gar nicht kaufen, fünf Prozent Nachlass geben? Da habe ich jetzt etwas missver- standen, bitte helfen Sie mir."

➤ **Der Fisch muss den Wurm mehr wollen als wir den Fisch.**

Wer ist jetzt wer in diesem Spiel? Der „Fisch" ist der Kunde, der „Wurm" ist das Produkt und der Verkäufer ist der „Fischer". Das heißt: Sobald der Fisch am Wurm anbeißt, muss der Fischer den Fisch aus dem Wasser ziehen, sonst hat er nur einen Köder verschenkt und irgendwann hat er keine Köder mehr. Ein guter Verhandler hat ein Gespür, wann er einer Forderung des Kunden eine Gegenforderung gegenüberstellt.

Ich konnte meine Abschlussquote im Seminarverkauf durch die Angelhakenfrage entscheidend steigern. Ich merkte in der Pra- xis, dass es einen riesigen Unterschied machte, wenn ein Kunde nach zehn Prozent Preisnachlass auf meinen Tagessatz fragte und ich zustimmte: „Gut ausnahmsweise, aber mehr kann ich Ihnen wirklich nicht mehr entgegenkommen." Oft hörte ich an dieser

Stelle: „In Ordnung, jetzt sieht die Situation bereits deutlich besser aus. Geben Sie mir noch ein paar Tage Zeit und rufen Sie mich bitte Anfang nächster Woche an." Das Ergebnis war, ich hatte zehn Prozent Deckungsbeitrag verschleudert und hatte immer noch keinen Auftrag.

Wenn ich mein Wording nur leicht abänderte und wie folgt formulierte: „Wenn ich Ihnen ausnahmsweise nochmals mit zehn Prozent entgegenkomme, darf ich dann Ihren Wunschtermin gleich für Sie einbuchen?" So erhielt ich in den meisten Fällen sofort den Zuschlag.

Wie geht nun ein guter Verhandler im Beispiel des Elektronikmarkt-Verkäufers vor, wenn er keinen Rabatt geben kann? Hierfür gibt es zwei Strategien. Die eine lautet: „Den Kuchen größer backen." Das heißt in der Praxis: „Wenn Sie noch ein Stativ benötigen und wir die hochwertige Kamera in einer Fototasche sicher aufbewahren, kann ich Ihnen ein tollen Set-Preis machen."

### ✂ „Den Kuchen größer backen"

Ist dies für den Kunden keine Option, weil er kein Zubehör benötigt, gilt die zweite Strategie und die lautet: „Zurückweisung vermeiden." Es gibt drei Kardinalfehler in der Kundenorientierung:
1. die Nichtbeachtung (z. B. nicht grüßen)
2. die Zurückweisung
3. auf Fehler aufmerksam machen.

Wenn also ein Kunde nach einem Rabatt verlangt, der Verkäufer ihn mit den Worten: „Beim Preis kann ich gar nichts mehr machen", zurückweist und auch noch Stille einkehren lässt, reagiert der Kunde häufig emotional. Er hat verloren. Häufig sieht der Kunde dies als Gesichtsverlust und rächt sich, indem er nicht kauft. Er formuliert dies, indem er sagt: „Gut, dann muss ich mir das noch überlegen", oder: „Dann schau ich noch weiter, so dringend ist es ja noch nicht." Fakt ist: Der Großteil der Kunden, die nach einem Rabatt fragen, tut dies nicht, weil er sich den Vollpreis nicht leisten kann. Es geht eher um ein Spiel, sich vielleicht doch noch was rauszuholen. Schließlich und endlich ist man doch ein guter Verhandler. Wenn der Kunde jedoch sein Gesicht *nicht* verliert, auch wenn er keinen Nachlass bekommt, kauft er, weil er sich denkt: Ich habe es wenigstens probiert.

Wie kann ich jetzt einem Kunden *keinen* Rabatt geben, ohne ihn gleichzeitig nicht zurückzuweisen? Ich empfehle folgende Argumentation: „Natürlich ist der Preis und vor allem das Preis-Leistungs-Verhältnis ein wichtiges Kriterium, wobei dieses Gerät bereits über … (Leistung hervorheben) verfügt und somit ein tolles Preis-Leistungs-Verhältnis garantiert ist. Sie werden eine Freude damit haben." Jetzt heißt es den Abschluss einleiten. Die Leistung wurde nochmals hervorgehoben und der Preis gerechtfertigt. Der Kunde hat nicht das Gefühl, als Verlierer aus der Verhandlung zu gehen.

Ich habe im Coaching nur allzu oft erlebt, wie gestandene Verkäufer bei Rabattanfragen die Kunden zurückgewiesen haben und noch darauf stolz waren, „knallharte" Verhandler zu sein, die sich beim Preis nicht in die Knie zwingen lassen. Wenn ich sie daraufhin nach dem Ergebnis gefragt habe, ob der Kunde auch wirklich gekauft hat, waren sie meist überrascht und meinten, sie machten sich doch nicht den Preis kaputt.

Auf die Frage, was sie glauben, mit welchem Gefühl der Kunde, der nicht gekauft hat, aus dem Geschäft ging, konnten sie nichts Vernünftiges entgegnen. Der Kunde denkt nicht, er hat es mit einem Top-Verkäufer und einem exzellenten Verhandler zu tun gehabt, sondern bewertet das Verhalten des Verkäufers als arrogant oder inkompetent.

**Ein Verkaufsgespräch ist erst dann erfolgreich abgeschlossen, wenn der Kunde zu der Kondition kauft, die der Verkäufer vorschlägt, und zufrieden das Geschäft verlässt.**

Im besten Fall empfiehlt er das Unternehmen noch weiter. In der Praxis kommt es aber häufig vor, dass die Forderung des Kunden die Kompetenz des Verkäufers übersteigt und dieser mit seinem Vorgesetzten sprechen muss. Es kann auch sein, dass der Anbieter noch mit weiteren (Sub-)Lieferanten oder Partnerfirmen, die in das Geschäft involviert sind, Rücksprache halten muss. Auch in diesem Fall, und hier erst recht, empfehle ich die Angelhakenfrage.

Bei meinen Coachings im Bankwesen habe ich unzählige Male folgende Situation erlebt: Der Kunde möchte bei einem Kredit 0,25 Prozent weniger Zinsen bezahlen. Der Berater sagt: „Ich habe Ihnen bereits eine Top-Kondition angeboten. Ein noch geringerer Zinssatz verlangt die Zustimmung des Vorstandes. Ich werde mich mit meinen Vorgesetzten in Verbindung setzen und schauen, was ich für Sie tun kann. Ich gebe Ihnen dann Anfang nächster Woche Bescheid. Ist das in Ordnung?"
Der Kunde stimmt zu. Der Vorstand prüft den Fall. Wenn es sich um einen Kunden handelt, bei dem Folgegeschäfte zu erwarten sind, es sich um einen Referenzkunden oder einen Meinungsbildner handelt, wird die Kondition in der Regel gewährt. Der Berater erhält die Zustimmung und ruft den Kunden freudestrahlend an, um ihm die frohe Botschaft mitzuteilen. Der Kunde sagt: „Super, vielen Dank. Ich habe ja gewusst, warum ich mit meinen Anliegen zu Ihnen komme. Da es sich bei diesem hohen Kredit um eine Lebensentscheidung handelt, bitte ich um Verständnis, dass ich für eine endgültige Zusage noch ein paar Tage brauche. Rufen Sie mich bitte am Ende dieser Woche, am besten am Freitag im Büro an. Haben Sie meine Telefonnummer vom Büro?"
Der Berater trägt sich brav den Anruf im Kalender ein. Es folgt eine nette Verabschiedung und das Warten auf den genannten Freitag. Der Kunde hingegen geht jetzt bewaffnet mit einem Top-Angebot zum Mitbewerber und versucht, die Kondition nochmals zu drücken. Fakt ist, er findet immer jemanden, der nochmals um 0,125 Prozent billiger anbietet.

Das Telefonat am Freitag läuft erfahrungsgemäß meist so ab: „Nochmals vielen Dank für Ihren Anruf. Ich weiß gar nicht, wie ich es Ihnen sagen soll. Ich weiß, wie sehr Sie sich bei meinem Kredit bemüht haben, das schätze ich wirklich. Nun ist es so, dass ich mich für eine andere Bank entschieden habe, weil deren Angebot noch etwas günstiger war. Ich bitte Sie um Verständnis, dass ich Ihnen jetzt eine Absage erteilen muss, aber für mich geht es da um sehr viel Geld und bei so einer großen Investition muss ich jeden Euro dreimal umdrehen. Das heißt aber nicht, dass wir nicht in Zukunft vielleicht in einem anderen Bereich zusammenkommen werden. Ich war ja mit Ihrer Beratung sehr zufrieden."
Üblicherweise muss der Kunde jetzt gleich in ein Meeting und ist deshalb etwas kurz angebunden. Ehe der Berater sich eine Strategie überlegen kann, hat sich der Kunde bereits höflich verabschiedet. Der Berater hat jetzt den dreifachen Schaden:
1. Er hat das Geschäft nicht gemacht.
2. Er hat die Kondition verwässert.
3. Er bekommt ein Problem mit seinem Vorgesetzten.

Dieser fragt mit Sicherheit bei der nächsten Vertriebsbesprechung, wann denn nun der Kredit mit der Sonderkondition eingebucht werden kann. Bei dieser Frage wird dem Berater ganz mulmig und bei der zögerlichen Aussage, dass es sich der Kunde doch noch anders überlegt habe und beim Mitbewerber finanziert, versteht der Vorstand die Welt nicht mehr. Er bezeichnet den Berater als unfähig. Dies sind Situationen, wie sie täglich in der Praxis vorkommen.

Ich empfehle in diesem Fall folgende Vorgangsweise: Die Angelhakenfrage muss bereits bei der Forderung der Sonderkondition ins Spiel gebracht werden. In diesem Fall ist jedoch das Wording besonders wichtig.
„Das ist eine Kondition, die ist wirklich sensationell. Alles, was in meinem Kompetenzbereich liegt, hab ich Ihnen bereits zugestanden. Diese Ausnahmekondition ist vorstandspflichtig. Ich kann

Ihnen nicht versprechen, ob diese Kondition möglich ist. Was ich Ihnen jedoch schon versprechen kann, ist, dass ich mich wirklich dafür einsetzen werde, weil mir das Projekt gefällt. Ich war von der Idee von Anfang an begeistert. Der Plan hat mich von Beginn an fasziniert. Es würde mich freuen, wenn wir auch in diesem Bereich zusammenarbeiten und wir Sie bei so einer wichtigen Investition in die Zukunft begleiten dürfen (den Kunden emotional an sich binden)." Und weiter:

„Jetzt nur als Information für mich: Unter der Voraussetzung, dass ich die Kondition durchbringe, kann ich dann davon ausgehen, dass Sie uns das Vertrauen schenken und wir das Projekt finanzieren? Darf ich die Unterlagen/den Vertrag gleich so vorbereiten?"

Der Kunde hat an dieser Stelle zwei Möglichkeiten zu reagieren. Entweder er stimmt zu: „Ja, natürlich!" (Damit gibt es eine mündliche Zusage seitens des Kunden und Sie können ihn später auf sein Wort hinweisen.) Oder der Kunde versucht auszuweichen: „Schauen Sie einmal, ob die Kondition überhaupt möglich ist und reden wir danach weiter." Dies ist ein klares Signal, dass der Kunde Sie zum Laufburschen degradiert und nur eine Top-Kondition zugestanden haben möchte, um beim Mitbewerber eine bessere Verhandlungsposition zu generieren. Dies darf ein Samurai Manager auf keinen Fall zulassen!

Folgende Formulierung hat sich in der Praxis bewährt: „Entschuldigen Sie, aber dann hab ich jetzt irgendetwas falsch verstanden. Ich setze mich gerne für Sie ein." Wichtig an der Stelle ist, die Situation theatralisch auszuschmücken. Zum Beispiel: „Ich riskiere Kopf und Kragen; ich steige auch gerne in die Höhle des Löwen" etc. Dadurch wird eine emotionale und moralische Verpflichtung erzeugt. „Ich werde alles tun, dass wir Ihnen entgegenkommen können und Ihre Forderung erfüllen, aber nicht dafür, dass Sie danach nicht über uns finanzieren. Wie stehe ich dann vor dem Vorstand da? Ich würde in dem Fall mein Gesicht verlieren und das verstehen Sie schon, oder?"

➤ **Zeigen Sie dem Kunden, dass Sie ein starker Verhandler sind und damit auch in Zukunft ein starker Partner sein werden.**

## Der rote Hering

Der „rote Hering" ist für mich eine der faszinierenden und wirkungsvollsten Verhandlungstechniken. Aus der Sicht der Samurai drückt der „rote Hering" die Flexibilität in einer Schlacht oder Verhandlung aus. Er wird angewandt, wenn der Kunde eine Kondition verlangt, die zu geben der Verkäufer nicht bereit ist.

Eine von mir häufig erlebte Verhandlungssituation beim Verkauf eines Seminars läuft oft etwa wie folgt ab: Der Kunde möchte zehn Prozent Rabatt. Der Verkäufer kann ihm aber nur fünf Prozent geben. So steht der Kunde als Verlierer da, weil er seine Forderung nicht durchgebracht hat. Eine andere Verkaufsstrategie wäre gewesen, mit drei Prozent zu beginnen, danach vier Prozent und sich schließlich auf fünf Prozent zu einigen. Diese Bazar-ähnlichen Zustände sind aber in einer ernsten Verhandlung nicht angebracht.

Der „rote Hering" erlaubt es dem Kunden, die (schlechtere) Kondition zu akzeptieren, ohne dass er sein Gesicht verliert. Um dies zu erreichen, muss ein Nebenkriegsschauplatz eröffnet werden, auf dem der Kunde seinen Sieg verbucht. Das heißt, der Verkäufer nennt seine Kondition, die er gewähren kann, und stellt eine Zusatzbedingung, die zwar realistisch und sinnvoll ist, aber von der er annimmt, dass der Kunde nicht zustimmen wird. In meinem Beispiel heißt das, der Kunde möchte für ein bestimmtes Thema zwei Seminartage buchen und auf mein Angebot zehn Prozent Nachlass haben. Ich bin aber nur bereit, fünf Prozent zu gewähren.

➤ **Eröffnen Sie ein zweites „Schlachtfeld!"**

„Der Preis, den ich Ihnen bei meinem Angebot gegeben habe, ist in Ordnung und ich bin sicher, dass sich die Investition auch rechnen wird. Wenn das Angebot jedoch Ihr Budget übersteigt, kann ich mir vorstellen, Ihnen nochmals mit fünf Prozent entgegenzukommen, aber nur dann, wenn Sie im Laufe eines bestimmten Zeitraumes auf zehn Schulungstage kommen."

In der Regel sagt jetzt der Kunde: „Wir benötigen aber nur zwei Schulungstage. Wir haben im Moment keinen Bedarf für zehn Tage." Meine Reaktion ist darauf folgende: „Ich verstehe das. Sie werden aber auch verstehen, dass ich mir bei einem größeren Volumen mit dem Rabatt leichter tue und dies daher auch bei meinen Geschäftsführerkollegen besser argumentieren kann."

Meist entgegnet darauf der Kunde, dass er dies durchaus verstehe, aber zehn Tage kämen im Moment sicher nicht in Frage, denn dies würde das Ausbildungsbudget noch mehr belasten. Ich biete dem Kunden zudem die Möglichkeit, das Abrufen der Leistung über einen längeren Zeitraum ausdehnen zu können. Oft will er sich aber auch darauf nicht einlassen.

Fakt ist, dass wir bereits die ganze Zeit hindurch nicht über fünf Prozent oder zehn Prozent Rabatt diskutieren, sondern über die Anzahl der Schulungstage (neues Schlachtfeld). Je länger wir uns auf diesem Nebenkriegsschauplatz bewegen, umso größer ist sein Sieg, wenn er auf diese Nebenbedingung eingeht. Umso leichter wird er aber auch meine Konditionen akzeptieren. Wenn ich jetzt die Nebenbedingung fallen lasse und Verständnis für seine Situation zeige und die Frage stelle: „Wenn ich Ihnen ausnahmsweise fünf Prozent Rabatt bereits bei zwei Schulungstagen gewähre, die sonst erst ab zehn Tagen üblich sind, darf ich dann Ihren Wunschtermin für Sie einbuchen?" Dadurch ist die Wahrscheinlichkeit, dass der Kunde zustimmt, um ein Vielfaches höher als vorher. Der Grund dafür ist ganz einfach: Ein Kunde, der sich eine Schulung für 5.000 Euro leisten kann, kann sie sich auch für 5.500 Euro leisten. Es ist daher nicht eine finanzielle Frage, sondern eine Frage des Verhandlungserfolges.

➤ **Es geht bei der Preisverhandlung nicht um den Preis, sondern um die Bestätigung, ein begnadeter Verhandler zu sein.**

Wie ich mir mit dem „roten Hering" beim Grundstückskauf
50.000 Schilling (3.600 Euro) erspart habe

Nachdem mich der Rechtsanwalt bei meinem Grundstückskauf
so abserviert hatte (siehe Kapitel „Die Motivierungsfrage"), begab ich mich auf die Suche nach einem anderen Grundstück.
Es dauerte nicht lange und ich fand eines in unmittelbarer Nähe
eines Naturschutzgebiets. Es waren zwei angrenzende Baupar-
zellen zu verkaufen, wobei über das eine Grundstück ein Servi-
tut verhängt war, um die Zufahrt auf die andere Parzelle zu er-
möglichen. Dadurch waren beide Grundstücke trotz exzellenter
Lage und hervorragendem Ausblick etwas entwertet. Der Makler
empfahl mir bereits beim ersten Gespräch, ich solle doch gleich
beide Parzellen nehmen, somit erledige sich das Problem mit
dem Zufahrtsrecht von selbst. Für beide könne er mir dann einen
sensationellen Preis machen. Er bot mir beide Grundstücke im
Jahr 2001 um 700.000 Schilling (rund 50.000 Euro) an. Er fügte
hinzu, dass die vordere Parzelle bereits erschlossen sei und wenn
die beiden Parzellen zusammengelegt würden, es ein großes
Grundstück sei. Er könne sich vorstellen, dass in diesem Fall an
die Gemeinde gar keine Erschließungskosten mehr zu entrichten
wären. Der Bürgermeister sei sehr umgänglich und ohnehin an
Zuzug interessiert. Er kenne ihn persönlich.
Ich sagte dem Makler, dass ich das Angebot noch einmal über-
schlafen möchte und ihm innerhalb der nächsten beiden Tage
Bescheid geben würde. Das tat ich dann auch. Ich teilte ihm mit,
dass ich am Grundstück interessiert sei, und machte ihm folgendes Angebot: „Ich wollte nie mehr als eine halbe Million für das
Grundstück ausgeben. Aber für diesen Preis werden Sie es nicht
verkaufen, das ist mir bewusst. Ich biete Ihnen 600.000 Schilling,
aber auch nur dann, wenn Sie mir zusichern können, dass ich
keine zusätzlichen Erschließungskosten an die Gemeinde entrichten muss." Er gab mir darauf zur Antwort, er selbst könne mir
dies natürlich nicht zusichern, denn dies sei Sache des Bürgermeisters. Ich fragte ihn, ob er sich mit ihm in Verbindung setzen

könne, da er ihn ja auch persönlich kenne, und ein gutes Wort für mich einlegen möge. Er gab mir zu Antwort, er werde es probieren, er könne mir aber nichts garantieren.

Merken Sie es? Alles drehte sich jetzt um diese Erschließungskosten (Nebenkriegsschauplatz, „roter Hering"). Kein einziges Wort verloren wir über den Kaufpreis. Der Makler sicherte mir zu, sich sehr schnell bei mir wieder zu melden. Wir verabschiedeten uns und ich wartete auf seinen Anruf. Gleich am nächsten Abend läutete das Telefon und er teilte mir mit, er habe mit dem Bürgermeister gesprochen. Aber das mit den Erschließungskosten wäre doch nicht so einfach. Für eine Ausnahmeregelung bräuchte er einen Gemeinderatsbeschluss und es gab keinen offensichtlichen Grund, warum die Gemeinde auf dieses Geld verzichten sollte. Er sagte mir, dass noch ein Teil der Erschließungskosten, nämlich für das kleinere der beiden Grundstücke, zu entrichten wäre. Ich bedankte mich für seine Bemühungen und sagte: „Ich stehe dennoch zu meinem Wort, ich zahle die versprochenen 600.000 Schilling. Wann können wir den Kaufvertrag unterschreiben?" Er meinte, jederzeit. Wir trafen uns am nächsten Tag und der Kaufpreis, der ursprünglich bei 700.000 Schilling gelegen hatte, war kein Thema mehr.
Ich bin zu 100 Prozent davon überzeugt, dass wir uns, wenn ich kein neues Schlachtfeld eröffnet hätte, auf dem ich ihm seinen Sieg gönnte, beim Kaufpreis letztendlich bei 650.000 Schilling geeinigt hätten. Ich möchte ja nicht behaupten, dass der „rote Hering" immer funktioniert, aber er macht es dem Verhandlungspartner ungleich leichter, Ihre Forderung zu akzeptieren. Ich empfehle Ihnen dringend, sich vor jeder Verhandlung zu überlegen, was Ihr „roter Hering" sein könnte. Wenn Sie ihn nicht brauchen, umso besser.
Sunzi hat in seinem Buch *Die Kunst des Krieges* immer wieder auf die Wichtigkeit von Nebenkriegsschauplätzen hingewiesen. Die Aufmerksamkeit des Gegners auf etwas Nebensächliches zu lenken, um dann mit ganzer Kraft und mit Hilfe des Überraschungsmomentes zuzuschlagen. Diese Verhandlungstechniken klingen sehr kriegerisch und zerstörerisch. Wir wollen uns doch nicht

mit unseren Kunden bekriegen! Natürlich ist es wichtig, auch in einer Verhandlung mit dem Gegenüber respektvoll und fair umzugehen.

**Zerstören Sie aber auf keinen Fall eine gute Kundenbeziehung, denn sie ist die Basis für langfristigen Erfolg.**

In diesem Kapitel geht es einfach darum, die verschiedenen Werkzeuge und „Waffen" kennenzulernen, die ein guter Verhandler beherrschen muss. Oft genug werden diese nämlich gegen Sie eingesetzt. An dieser Stelle werde ich von Seminarteilnehmern häufig gefragt: „Das sind ja faszinierende Werkzeuge. Was mache ich aber, wenn mein Gegenüber diese ebenfalls kennt? Dann bringt mir das alles doch gar nichts?"
Ich stelle meist folgende Gegenfrage: „Mit wem spielen Sie am liebsten Tennis?" Die Antwort ist klar. Am liebsten spielt man Tennis mit jemandem, der mindestens gleich gut oder vielleicht sogar ein bisschen besser ist. Also macht es Spaß, mit einem gleichwertigen Partner zu verhandeln. Wenn der Verhandlungspartner mit allen Wässerchen gewaschen ist, ist es umso wichtiger, dass Sie Ihre Toolbox ordentlich gefüllt haben, sonst brauchen Sie erst gar nicht ins Rennen zu gehen.

*In welchem Zusammenhang steht der „rote Hering" mit den Strategien eines Samurai?*

Der rote Hering ist ein Instrument, mit dem in einer Verhandlung Flexibilität ausgedrückt wird. Nicht stures Festhalten an einem Prinzip und sinnloses Kräftemessen sind gefragt, sondern, gewitzt einen neuen Weg einschlagen, der letztendlich auch zum Ziel führt. Wenn ein Samurai mit einer Technik im Kampf nicht punkten konnte, musste er ebenso flexibel sein. Die Flexibilität im Kampf drückt sich nicht nur durch verschiedene Kampftechniken aus, sondern vor allem durch ein variantenreiches Timing. Timing ist etwas, mit dem wir uns im nächsten Kapitel intensiv beschäftigen.

Das Callgirl-Prinzip

Das Callgirl-Prinzip basiert auf folgender Tatsache: „Eine Leistung verliert sofort an Wert, sobald sie erbracht wurde." Deshalb habe ich mir sagen lassen, dass in diversen Etablissements immer vorher kassiert wird.

Nehmen wir folgende Situation an: Sie sind Geschäftsführer eines Produktionsbetriebes. Sie haben eine hervorragende Auftragslage und Ihre Bücher sind über einen längeren Zeitraum voll. Sie rechnen sich bereits aus, welchen Gewinn Sie im laufenden Quartal erzielen werden. Plötzlich hören Sie von Ihrem Werksleiter, dass die Produktion stillsteht. Nichts geht mehr, ausgelöst durch ein schwerwiegendes EDV-Problem. Der interne EDV-Techniker hat alles probiert, um den Fehler zu beheben, doch er ist mit seinem Latein am Ende. Sie holen den Werksleiter und den EDV-Techniker zu einer Krisensitzung zu sich ins Büro. Sie lassen sich die Situation genau erklären, denn ein längerfristiger Produktionsausfall hätte schlimme Folgen für das Unternehmen und Ihren Ruf als verlässlicher Partner. Ihr EDV-Techniker erwähnt, er kenne einen Spezialisten, dem er zutraut, dieses Problem beheben zu können.

Sie rufen den Fachmann selbst an und beschreiben ihm das Problem. Er fragt nach dem Hersteller der Maschine und dem Typ. Er meint, er könne sich schon vorstellen, wo das Problem liege, es komme zwar bei diesem Hersteller sehr selten vor, aber er habe so einen ähnlichen Fall schon vereinzelt gehabt. Sie bitten den Spezialisten, sofort vorbeizukommen. Dieser stimmt bereitwillig zu und teilt Ihnen mit, dass die Behebung des Schadens 1.000 Euro ausmachen würde. Aber das ist kein Problem für Sie.

Der EDV-Spezialist erscheint nach zwanzig Minuten am Betriebsstandort und beginnt mit seiner Arbeit. Er erkennt sofort, dass es sich um den Fehler handelt, den er vermutet hat. Nach einer halben Stunde ist das Problem gelöst. Die Produktion fährt wieder hoch und alles läuft wie gewohnt. Er bleibt noch eine kurze Weile und beobachtet das System, ob eventuell Schwankungen auftreten. Nachdem alles rund läuft, verabschiedet er sich. Sie sind erleichtert. Nach wenigen Tagen erhalten Sie die Rechnung über 1.000 Euro. Nachdem dieser Betrag schon vorher vereinbart wurde, begleichen Sie die Rechnung umgehend.

Nehmen wir an, wir haben die gleiche Situation. Die Produktion steht still. Sie rufen den Spezialisten an und teilen ihm das Problem mit. Er fragt nach dem Hersteller und versichert Ihnen, so schnell wie möglich zu kommen. Doch dieses Mal teilt er Ihnen nicht schon im Voraus mit, welche Kosten zu erwarten sind. Als der EDV-Spezialist da ist, begrüßen Sie ihn freundlich und erwartungsvoll. Der Techniker macht sich an die Arbeit und löst das Problem wie im ersten Fall innerhalb einer halben Stunde. Zur Sicherheit überwacht er noch einige Zeit die reibungslose Produktion und teilt Ihnen danach mit, der Schaden sei behoben. Ihnen fällt ein Stein vom Herzen.

Sie fragen ihn, was Sie ihm schulden und wie Sie das begleichen können. Er gibt Ihnen zur Antwort: „Ich bekomme 1.000 Euro und Sie erhalten eine Rechnung zugestellt." In dem Moment wird Ihre Freude etwas getrübt, denn mit so einem hohen Betrag hatten Sie auf keinen Fall gerechnet. Vorsichtig fragen Sie nach, wie er auf diese Summe komme. Denn 1.000 Euro für weniger als eine Stunde können Sie nicht nachvollziehen. Jetzt beginnt eine Preisdiskussion und der Grund dieser Auseinandersetzung ist nicht nur der hohe Stundensatz, sondern dass Ihr Maschinenstillstand bereits gelöst ist. Der Wert der Leistung des EDV-Spezialisten ist jetzt, nachdem die Produktion wieder läuft, für Sie nicht mehr so hoch. Nehmen wir an, er hätte sich das Problem angesehen und Ihnen daraufhin mitgeteilt, dass es sich doch um ein komplexeres Problem handle. Die Behebung könne auch 2.000 Euro kosten. Sie hätten sicher geantwortet, dass es nicht um den Preis gehe, sondern darum, keinen Produktionsausfall zu haben. In diesem Fall wurde die Leistung noch *nicht* erbracht, also ist sie viel wert.

**⟵ Eine Leistung verliert sofort an Wert, sobald sie erbracht wurde.**

Sie sehen also: Es ist in einer Verhandlung nicht nur entscheidend, welche Forderungen Sie oder der Partner stellen, sondern vor allem, zu welchem Zeitpunkt, sprich das „Timing". Bei einer in einem Verkaufsgespräch zu früh gestellte Abschlussfrage fühlt sich der Kunde über den Tisch gezogen. Wenn das Kaufsignal allerdings übersehen wird und die Abschlussfrage zu spät kommt, beginnt bereits der sogenannte „Überverkauf". Alles wird zerredet und der Kunde wird es sich noch einmal überlegen wollen. Das richtige Timing zu erwischen, ist eine Frage des Gespürs, eine Frage der Intuition. Es ist ein Faktor, den man nicht hoch genug bewerten kann.

Ich habe Mitte der 1990er-Jahre als selbstständiger Kooperationspartner begonnen, für eine Seminarorganisation mit Managementinstitut zu arbeiten. Der Geschäftsführer des Unternehmens war ein wahrer Meister des „Callgirl-Prinzips". Er hatte Vorgespräche bei der Österreich-Niederlassung eines internationalen Elektronikkonzerns geführt. Es ging um eine Schulungsmaßnahme für das Callcenter im Kundendienst. Er beauftragte mich, mit dem Geschäftsführer ein Gespräch zu führen und den Auftrag zu generieren. Wir vereinbarten einen nicht ganz unbescheidenen Tagessatz, den es zu erzielen galt. Motiviert machte ich mich auf den Weg zu dem Termin. Ich hatte mich gut auf das Verkaufsgespräch vorbereitet. Offensichtlich war ich sehr überzeugend, denn ich bekam den Auftrag. Was mich besonders stolz machte, war die Tatsache, dass die Firma bereit war, den gewünschten Tagessatz zu bezahlen.
Freudestrahlend rief ich den Geschäftsführer des Institutes an. Ich überbrachte ihm die freudige Botschaft, dass der Auftrag „uns" gehöre und der Kunde sogar bereit sei, den gewünschten Preis zu bezahlen. Der Geschäftsführer gratulierte mir und wir besprachen, wie wir am besten diesen Auftrag ableisten könnten. Wir vereinbarten die Termine für die Seminare und bespra-

chen die Inhalte im Detail. Als ich im Anschluss nachfragte, wie es denn mit meiner Provision für den Auftrag aussehe, war der Institutsleiter völlig überrascht und fragte: „Welche Provision?" Er habe das Geschäft eingefädelt, den Kunden durch Vorgespräche aufbereitet und so wäre es ganz klar, dass dies auch sein Kunde sei und ich keinerlei Provisionsansprüche hätte. Er wüsste gar nicht, wovon ich rede. In diesem Moment war mir klar, dass ich einen großen Fehler gemacht hatte. Meine Leistung war auf einmal nichts mehr wert, nachdem wir den Auftrag bereits in der Tasche hatten. Ich bin davon überzeugt: Hätte ich das Provisionsthema schon *vor* dem Abschluss angesprochen, hätte er mir mein Salär zugestanden.

> ✏ **Es ist viel leichter, zehn Prozent von etwas herzugeben, das man noch nicht hat, als fünf Prozent von etwas, das man schon hat.**

Ob die Strategie des Institutsleiters langfristig sinnvoll und zielführend war, sei einmal dahingestellt, zumal er damit einen guten Mitarbeiter demotiviert hatte. In diesem Kapitel geht es aber nicht um sinnvoll oder nicht, um gut oder schlecht, es geht um das Aufzeigen westlicher Verhandlungsstrategien und dies völlig wertneutral. Machen Sie es Ihrem Verhandlungspartner leicht, Ihnen ein Zugeständnis zu machen. Achten Sie auf den Zeitpunkt, wann Ihre Leistung für ihn am meisten wert ist und er diese am meisten schätzt.

Auch im Budo dreht sich fast alles nur um das Timing. Sie erinnern sich: Die Effektivität in der Kampfkunst basiert auf drei Prinzipien: maximale Energie mit einem perfekten Timing auf den schwächsten Punkt des Gegners.

Die stärkste Technik auf den schwächsten Punkt des Angreifers nützt gar nichts, wenn der Zeitpunkt nicht passt, wenn der Gegner wachsam ist. In der Kampfkunst unterscheiden wir zwischen verschiedenen Timing-Formen: „*Sen*" bedeutet, einen starken mentalen Druck aufzubauen und den Gegner zu einer Offensive zu zwingen. In dem Moment, wo er die Sicherheitsdistanz durchbricht, ist der perfekte Zeitpunkt, um ihm zuvorzukommen. *Sazoe waza* wiederum verleitet den Gegner zu einer Aktion, mit der man rechnet und den Zeitpunkt dann für den entscheidenden Angriff nützt. In der Neukundengewinnung verwende ich sehr gerne *sazoe waza*. Ich lade meinen Gesprächspartner ein, meiner Vorgangsweise zu folgen, oder überrasche ihn, indem ich eine Aussage tätige, mit der er nicht rechnet. Ich stelle gerne eine Behauptung in den Raum, die ein Verkäufer in der Regel tunlichst versucht zu vermeiden. Beispielsweise: „Ich nehme an, Sie sind mit dem Schulungsinstitut, mit dem Sie zusammenarbeiten, sehr zufrieden, stimmt´s?" Fast immer wird dies vom Kunden bestätigt. Falls der Kunde hier mit seiner Antwort zögert oder gar seine Unzufriedenheit zum Ausdruck bringt, ist es ein leichtes Spiel.

Wenn der Kunde bestätigt, dass er zufrieden ist, erwidere ich: „Das freut mich für Sie. Das heißt für mich, ich muss mich ganz schön anstrengen, um Ihr Vertrauen zu gewinnen, sehe ich das richtig?" Auch diese Aussage wird vom Kunden fast immer bestätigt. Der Grund hierfür ist einfach: Der Kunde fühlt sich wertgeschätzt. Er fühlt sich geschmeichelt, wenn jemand sein ganzes Engagement einbringt, um sein Vertrauen zu gewinnen. Was der Kunde an der Stelle noch nicht registriert hat: Mit seiner Antwort hat er seine eigene Aussage revidiert. Denn zuvor war er im Glauben, dass er nichts braucht und mit seinem Schulungsinstitut zufrieden ist. Jetzt aber bestätigt er, wenn ich mich anstrenge, könne er sich durchaus vorstellen, mir sein Vertrauen zu schenken. Dies eröffnet in der Verhandlung eine völlig neue Perspektive.

✎ **Dieser eine Satz hat bei der Neukundengewinnung oft Wunder gewirkt.**

Ich hatte vor einigen Jahren bei einer Bank ein Projekt zur Neukundengewinnung begleitet. In einem neu gebauten Universitätsgelände eröffnete eine Filiale einer namhaften Großbank.

Ein Busbahnhof in unmittelbarer Nähe sorgte für zusätzliche Kundenfrequenz. Zwei junge, engagierte Mitarbeiter hatten die Aufgabe, mit meiner externen Unterstützung die Bankstelle aufzubauen und vor allem Neukunden zu gewinnen.

Ein Tag kann ziemlich lange dauern, wenn keine Kunden in die Bank kommen, denn es gibt nicht nur nichts zu beraten, sondern auch nichts zu administrieren. Das war die bittere Erfahrung, die das junge Team bereits nach wenigen Tagen gemacht hatte. Ziel war es also, Kunden in die Bank zu bekommen, Beratungstermine zu vereinbaren und Konten zu eröffnen. Natürlich war der Aufbau von Marketingaktivitäten begleitet. Aber um die persönliche Kundenansprache kamen die Mitarbeiter nicht herum.

Ein wichtiges Instrument, das wir in diesem Zusammenhang einsetzten, war *sazoe waza*. Als „Kunden" den Bankomaten im Foyer benützten und somit bereits einige Schritte in die Bank wagten, witterten die erfolgshungrigen Jungbanker ihre Chance. Abwechselnd gingen sie in die Offensive, stellten sich beim Kunden vor und erklärten ihm, dass sie für die Kundenbetreuung in der neuen Bankstelle verantwortlich seien. Sie teilten den Kunden außerdem mit, dass es in der Bank noch eine Reihe anderer Servicegeräte (Münzzähler, Überweisungsterminals etc.) gäbe, die sie gerne in Anspruch nehmen dürften. Die Kundenansprache endete in der Frage, ob sie die Vorteile und die Handhabung der SB-Geräte dem Kunden kurz erklären dürften.

Viele der Kunden lehnten dies erwartungsgemäß aus „Zeitgründen" ab. In diesem Fall verabschiedete sich der Berater höflich und fügte hinzu: „Vielleicht passt es Ihnen zeitlich das nächste Mal besser?"

Der Erstkontakt war somit hergestellt und die nächste Ansprache war schon leichter. Stimmte der Kunde einer genaueren Erläuterung der Geräte zu, schilderte der Mitarbeiter dem Kunden, wo er sich auf welche Weise auch bei seiner Hausbank im Zahlungsverkehr Gebühren einsparen konnte, und vermittelte ihm so einen Nutzen. Der Kunde bedankte sich meist recht freundlich. Doch davon hatte der Berater nicht viel.

Jetzt kam die entscheidende Phase, denn er wollte ihn ja als Kunden gewinnen und nicht nur eine Hausbesichtigung durchführen. In dem Moment, als sich der Kunde für die tollen Tipps bedankte, antwortete der Berater: „Das freut mich, wenn ich Ihnen helfen konnte. Ich würde mich auch freuen, wenn ich Sie als meinen Kunden betreuen dürfte, denn ich bin überzeugt, wir haben noch einige zusätzliche Vorteile, die Sie nutzen können." An dieser Stelle kam vom Kunden: „Das ist recht nett, aber ich habe ohnehin meine Bank." Wie aus der Pistole geschossen sagte der Berater: „Davon gehe ich aus. Ich nehme sogar an, dass Sie mit Ihrer Hausbank sehr zufrieden sind, stimmt's?"
Mit dieser Frage rechnete der Kunde nicht.

### ⤙ Überraschen Sie den Kunden mit ungewöhnlichen Fragen!

In einem Kundengespräch einen Kunden positiv zu überraschen, kann nur von Vorteil sein. Viele Kunden wussten in dem Moment gar nicht, was sie sagen sollten. Oft antworteten sie, dass sie im Großen und Ganzen ganz zufrieden seien. Darauf hatte der Berater nur gewartet: „Das freut mich für Sie. Wenn Sie mit Ihrer Hausbank zufrieden sind, heißt das für mich, dass ich mich ganz schön anstrengen muss, um Ihr Vertrauen zu gewinnen. Sehe ich das richtig?"
Ein Großteil der Kunden bestätigte dies aufgrund der wertschätzenden Aussage. Diese Chance nützte der Berater und fügte hinzu: „Das werde ich natürlich tun, ich habe sogar schon ein paar Ideen. Haben Sie jetzt einen Moment Zeit, dass wir darüber reden, oder ist es ihnen lieber, wenn wir uns in Ruhe einen Termin ausmachen?" Überraschenderweise stimmten viele Kunden dem Gesprächsangebot zu. Das Ziel, ein qualifiziertes Beratungsgespräch führen zu können, war also erreicht. Ich habe ein eigenes Konzept entwickelt, damit der Verkäufer nicht innerhalb der ersten drei Minuten gleich in eine Konditionsschlacht gerät. Mein Konzept trägt den Namen „TSP" (Top Selling Professional) und ist für die Bankenbranche gedacht. Es würde den

Rahmen dieses Buches sprengen, dieses genauer zu erklären. Interessierte finden nähere Informationen auf meiner Website www. reinhardlindner.com.

Der Satz: „Ich nehme an, dass Sie mit Ihrer Hausbank sehr zufrieden sind", nimmt dem Kunden seine Waffe aus der Hand. Seine einzige Waffe zu diesem Zeitpunkt ist nämlich die Entgegnung: „Was wollen Sie von mir? Ich bin versorgt und mit meiner Bank sehr zufrieden."

> **„Entwaffnen" Sie den Kunden.**

Der Banker ist dem Kunden also zuvorgekommen (besseres Timing durch *sazoe waza*) und hat ihn entwaffnet. Ein weiterer Vorteil: Durch diese Vorgangsweise nimmt der Kunde eine reaktive Position ein. Der Berater hingegen lebt die Proaktivität. Dadurch, dass jetzt der Banker die Gesprächsführung übernommen hat, gleicht die Verhandlung nun einem Schachspiel, in dem er seinem Gegenüber immer einen Zug voraus ist. Der Berater ist somit der Dirigent und die Kunden sein Orchester. Wir erinnern uns an den Spruch von Sunzi in *Die Kunst des Krieges*, wo er sinngemäß schreibt: „Wenn du dich selbst kennst und deinen Gegner und die Waffen deines Gegners, wirst du in hundert Schlachten keine verlieren."[97]

Fakt ist: Diese beiden jungen Bankmitarbeiter sind durch eine wirklich harte Schule gegangen. Heute sind sie bereits im mittleren Management dieser Großbank und machen Karriere.

Natürlich können jetzt kritische Stimmen behaupten, diese Vorgangsweise sei nicht unbedenklich, sondern sogar hart an der Grenze zum „progressiven Verkauf". Wo bleiben jetzt unsere tollen Werte der Samurai? Und wenn man sich den Gesprächsverlauf etwas genauer ansieht, grenzt dies doch an Manipulation, oder?

Lassen Sie mich diese beiden Fragen so beantworten: Es handelt sich in diesem Fallbeispiel um einen ganz normalen Wettbewerb.

Da es kaum noch Wachstumsmärkte gibt, herrscht Verdrängung. So ist das Business. Zahlreiche Studien und auch meine eigene Erfahrung zeigen, dass mehr als die Hälfte der Kunden mit ihrer Hausbank nicht wirklich zufrieden sind. Sie sind aber gleichzeitig auch zu bequem, sie zu wechseln. Sie wollen den Aufwand nicht auf sich nehmen, weil sie glauben, es seien doch ohnehin alle Banken gleich. Ich bin der Überzeugung, es gibt gravierende Unterschiede in der Serviceleistung und der Kundenorientierung der verschiedenen Häuser. Wenn Akquise mit Stil und Wertschätzung praktiziert wird, wird dies vom Kunden auch akzeptiert.

> ✄ **Leider gibt es viel zu wenige Verkäufer, die den schmalen Grat zwischen ehrlichem Engagement für den Kunden und aufdringlich und lästig sein unterscheiden können.**

Was das Thema „Manipulation" betrifft, muss ich Ihnen hingegen völlig Recht geben. Was in dem oben angeführten Beispiel passiert, ist Manipulation. Doch wir manipulieren ständig. So wie wir „nicht – nicht kommunizieren können" (Paul Watzlawick),[98] können wir auch „nicht – nicht manipulieren". Allein durch Ihre Anwesenheit manipulieren Sie schon andere. Sie brauchen nicht einmal etwas zu sagen.

Nehmen wir das Beispiel „Fahrstuhl": Meist sind diese mit einem Spiegel ausgestattet und so manche Dame nützt diese Gelegenheit – vorausgesetzt, sie befindet sich allein im Lift –, um ihren Lippenstift nachzuziehen, an der Kleidung herumzuzupfen usw. Kaum betritt ein weiterer Fahrgast den Lift, werden die Aktivitäten gestoppt und es herrscht peinliche Stille.

Manipulieren heißt, jemand anderen zu einer Handlung (oder Unterlassung) anzustiften oder zu beeinflussen. Genau dies hat der zugestiegene Fahrgast getan, und das, ohne dass er auch nur ein Wort von sich gegeben hat. Die Frage ist jetzt nicht, ob wir manipulieren oder nicht, sondern ob dies gut oder schlecht ist.

> ✄ **Tatsache ist, wir können uns der Manipulation nicht entziehen.**

Was zählt, ist lediglich die Absicht, die dahintersteckt. Wenn ich es schaffe, einen Kettenraucher, bei dem die ganze Familie darunter leidet, dahingehend zu manipulieren (beeinflussen), dass er sich von dieser Geißel befreit, kann das doch nicht schlecht sein? Oder wenn ich einen manisch-depressiven Menschen dazu bewegen kann, die Malerei für sich zu entdecken und darin wieder einen Sinn im Leben zu finden, ist dies doch etwas äußerst Positives.

Das Wort „Manipulation" hat aber für uns einen negativen Touch, von dem wir uns erst einmal lösen müssen. Es ist immer eine Frage des Nutzens. In meinen Sales-Trainings vermittle ich: Solange der Kunde einen Nutzen aus dem Verkauf zieht, können Sie ihm alles verkaufen. Wenn dies nicht der Fall ist und nur der Verkäufer profitiert, dann Hände weg! Denn damit würden Sie Ihr wertvollstes Gut zerstören: Vertrauen.

## Die Bedeutung von „sen" in einer Verhandlung

Ich habe über einige Jahre hinweg Verkaufstrainings bei einem großen deutschen Automobilkonzern gemacht. Als ein neues Transportermodell herausgebracht wurde, waren die Pedale ungewöhnlich nahe beisammen. Doch die Kunden waren die Großzügigkeit der Marke in ihrer Bauweise gewohnt und kritisierten daher diese „Fehlkonstruktion".

Ein Praxisbeispiel: Als der Verkäufer den Kunden für den neuen Transporter und seine vielen Vorzügen begeisterte, ging es zur Probefahrt. Der Verkäufer wusste genau, dass der Knackpunkt die etwas zu nahe zusammenstehenden Pedale waren. Immer wenn ein Kunde von der Probefahrt zurückkam, entflammte eine Diskussion über diesen Schwachpunkt. Viele Verkäufer wussten schon gar nicht mehr, wie sie argumentieren sollten, denn sie verstärkten dieses Problem auch noch durch ihre selektive Wahrnehmung.

Ich riet den Verkäufern, dieses Problem *vor* der Probefahrt bereits anzusprechen – und zwar mit folgender Formulierung: „Wenn Sie jetzt den Wagen das erste Mal fahren, werden Sie merken, dass die Pedale eine Spur enger zusammenliegen, als dies bei dieser Automarke üblich ist. Dies ist aber nur eine Frage der Gewohnheit. Wenn Sie ein paarmal gefahren sind, haben Sie sich darauf eingestellt und empfinden diese Bauweise als gleichwertig. Das wurde uns von vielen Kunden bereits bestätigt."

Als der Kunde nun von der Probefahrt zurückkam, fühlte er sich in der Aussage des Verkäufers bestätigt und die Kritik war, wenn überhaupt, nur mehr in sehr abgeschwächter Form vorhanden. In den seltensten Fällen war es jetzt ein K.-o.-Kriterium. Was war passiert? Der Verkäufer sprach ein mögliches Problem gleich selbst an, anstatt es zu vertuschen. Der Kunde konnte sich darauf einstellen, fühlte sich bestätigt und die Glaubwürdigkeit des Verkäufers stieg.

➤ **Wir lernen: Wann immer Sie wissen, dass ein Einwand des Kunden ohnehin kommen wird, nehmen Sie ihn vorweg.**

Sie nehmen ihm damit die Waffe aus der Hand und praktizieren „sen" (= zuvorkommen).

Im Verkauf meiner Dienstleistungen hatte ich immer wieder die Situation, dass ein Kunde meinen Preis kritisierte. Wenn ich dies spürte, machte ich gerne „sen", indem ich sagte: „Der Preis von XY Euro für das Qualifizierungsprogramm mag im ersten Moment etwas hoch erscheinen. Wenn man jedoch bedenkt, dass ... (Leistung nochmals hervorheben) ist diese Summe gerechtfertigt, und wenn wir bei der Umsetzung auf ... achten, wird sich die Investition auch rechnen." Meiner Erfahrung nach fielen daraufhin die Preisdiskussionen wesentlich weniger heftig aus, denn die Waffe „Warum ist das so teuer?" war deutlich entschärft.

Die „Heiße-Kartoffel-Technik"

Die „Heiße-Kartoffel-Technik" basiert auf der Taktik, dass der Verhandlungspartner sein Problem zu unserem Problem macht und von uns eine Lösung erwartet. Wir können in dieser Situation meist nur sehr schwer eine passende Lösung finden, was die Verhandlungsposition unseres Gegenübers stärkt.

Einer meiner Freunde ist im Immobiliengeschäft tätig. Er hat immer wieder Klienten, welche eine klare Vorstellung von ihrer „Traumimmobilie" haben. Sie beschreiben mit Begeisterung, welche Lage sie sich vorstellen, die Größe und Raumaufteilung, wie der Garten aussehen soll und der Baumbestand, die Größe des Pools … Doch wenn sie anschließend ihr Budget nennen, das sie zur Verfügung haben, ist die Umsetzung all dieser Wünsche oft ein Ding der Unmöglichkeit. Gibt der Immobilienmakler nun gleich zu Beginn der Verhandlung zu bedenken, dass die Vorstellung „unrealistisch" ist, zerstört er den Traum des potenziellen Kunden. Macht er sich jedoch auf die Suche nach so einem Objekt, hat er die heiße Kartoffel in der Hand. Sein Problem ist nämlich: Der Kunde hat zu wenig Geld für seinen Wunsch.

Diese heiße Kartoffel gibt er nun an den Makler weiter, denn schließlich ist dieser ja der Spezialist. Der Makler ist nun, wenn er die heiße Kartoffel annimmt, in einer denkbar schlechten Verhandlungsposition. Zeigt er dem Kunden ein Objekt, welches genau seinen Vorstellungen entspricht, jedoch um einiges teurer ist, kritisiert der Kunde den Preis. Besichtigt der Makler ein Objekt, das innerhalb des budgetären Rahmens ist, jedoch nicht den Anforderungen entspricht, fragt der Kunde, ob ihm der Makler nicht richtig zugehört hätte. Die entscheidende Frage ist: Wie kommt der Makler aus diesem Dilemma heraus beziehungsweise wie kann er vermeiden, dass er überhaupt hineingerät?

Der erste Schritt ist, zunächst einmal zu verstehen, dass man eine „heiße Kartoffel" in den Händen hält. Weiters empfehle ich folgendes Wording des Maklers: „Ich werde mich selbstverständlich bemühen, ein geeignetes Objekt zu finden, auch wenn es schwierig werden wird, dieses Preis-Leistungs-Verhältnis zu realisieren. Ich werde mein ganzes Netzwerk einbringen und vielleicht haben wir auch das nötige Glück. Sollte ich jedoch eine Immobilie finden, die exakt Ihren Vorstellungen entspricht, wir im Preis aber höher liegen, würden Sie meinen, eine solches Objekt brauche ich Ihnen gar nicht erst zu zeigen, oder würden Sie es sich zumindest einmal ansehen?"

In neun von zehn Fällen sagt jetzt der Kunde: „Anschauen kann man sich es schon. Das kostet ja nichts." Der Kunde hat sein Budget plötzlich erhöht und der Makler die Chance, ein geeignetes Objekt zu finden, deutlich verbessert. Die Kartoffel ist jetzt nicht mehr so heiß. Ein guter Verhandler, ein Samurai Manager, lässt sich nicht einfach eine heiße Kartoffel geben.

> ✎ **Entwickeln Sie eine Sensibilität in einer Verhandlung und achten Sie auf die Waffen des Gegners.**

## Die richtigen Fragen stellen

Verhandeln heißt, achtsam sein. Und das wiederum setzt gutes Zuhören voraus. Im Wesentlichen reduzieren sich das Verhandeln und der gesamte Verkauf auf zwei Dinge:
1. Zuhören können,
2. die richtigen Fragen stellen.

Das Thema „Zuhören" haben wir ausführlich behandelt. Aber welches sind nun die richtigen Fragen? In der Verkaufsliteratur gibt es unzählige Fragetechniken. Von der offenen zur geschlossenen Frage, von der Suggestivfrage zur Alternativfrage, die Bestätigungsfrage, die Liz-Taylor-Frage, die Gegenfrage, die Unterstellungsfrage und die Provokationsfrage. Nicht zu vergessen die Isolationsfrage und hypothetische Frage, die Gierfrage, die Abschlussfrage und viele mehr.

> ✎ **Für mich gibt es nur zwei Arten von Fragen: die richtigen und die falschen.**

Wie kann man die beiden voneinander unterscheiden? Ganz

einfach: Eine richtige Frage bringt mich meinem Ziel näher und eine falsche Frage bringt mich von meinem Ziel weg.

Zunächst einmal muss ich also wissen, was mein Ziel überhaupt ist. Im Coaching unterstütze ich oft Mitarbeiter im Telefonverkauf. Bevor der Coachee den Telefonhörer in die Hand nimmt, frage ich immer, was das Ziel des Telefonates ist. Sehr oft höre ich hierauf: „Ich rufe den Kunden einmal an und alles Weitere ergibt sich dann aus dem Gespräch." Das ist absoluter Nonsens, vergleichbar mit einem Fahrgast, der am Bahnhof zum Schalter geht und ein Ticket kaufen möchte. Wenn ihn der Bahnbedienstete nach dem Ziel der Reise fragt, antwortet er, das sei ganz egal. Er wolle nur eine Fahrkarte, alles andere ergebe sich schon.

Es ist ein großer Unterschied, ob das Ziel des Telefonates darin besteht, mehr Informationen über den Kunden einzuholen, einen Termin oder einen Verkaufsabschluss zu machen. Dementsprechend muss auch die Fragestellung ausgerichtet sein.

Häufig bekommen Telefonverkäufer bei der Akquise zu hören: „Ihr Unternehmen kommt für uns nicht infrage." Es ist naheliegend und für viele auch logisch, jetzt zu fragen: „Warum?" Doch was wird daraufhin passieren? Der Kunde wird seinen Standpunkt begründen, oft auch mit Vorwürfen und schlechten Erfahrungen argumentieren. Der Verkäufer versucht diese oft am Telefon zu entkräften und wird sein Unternehmen verteidigen. Das Ergebnis ist: Es entstehen zwei verschiedene Standpunkte, welche oft in einem Streitgespräch enden. Die Frage „Warum?" hat also den Verkäufer seinem Ziel keinen Schritt näher gebracht. Sein Ziel war es, einen Termin zu vereinbaren oder etwas zu verkaufen. Aber davon ist er jetzt meilenweit entfernt. Was ist also die „richtige" Frage?

Ich habe wesentlich bessere Erfahrungen gemacht, wenn der Verkäufer auf den oben genannten Einwand so reagiert: „Das tut mir leid. Bestimmt haben Sie auch einen triftigen Grund. Ich muss mich jetzt wohl ganz schön anstrengen, um Ihr Vertrauen in unsere Marke/in unser Unternehmen wieder zurückzugewinnen, stimmt's?" Die Praxis zeigt, dass in mehr als 80 Prozent der Fälle der Kunde jetzt mit „Ja" antwortet. Der Grund ist ganz einfach: Das Zauberwort heißt „Wertschätzung".

**➤ „Ich werde mich anstrengen, um Ihr Vertrauen zu gewinnen", ist Wertschätzung auf hohem Niveau.**

Indirekt hat der Kunde bereits zugestimmt, dem Verkäufer eine Chance zu geben, wenn er sich anstrengt. Idealerweise antwortet der Verkäufer an dieser Stelle: „Das werde ich selbstverständlich tun. Ich habe bereits einige Ideen". Jetzt macht er den Kunden neugierig und die Wahrscheinlichkeit, dass der Verkäufer jetzt einen Termin bekommt, ist um ein Vielfaches höher.

**➤ Erfolg im Verkauf wird in Zukunft stark über das Thema Wertschätzung definiert.**

Damit sind wir wieder bei den Werten. Welche Frage bringt mich meinem Ziel näher? Dafür eine Sensibilität zu entwickeln, ist der Zauber im Verkauf. Natürlich nicht der ganze Zauber, aber mit Sicherheit ein großer Schritt in die richtige Richtung.
Vermeiden Sie Standpunkte. Vermeiden Sie Kraft gegen Kraft. Auch hier gelten die Budo-Prinzipien.

# TEIL 4

# Führen wie ein Samurai

侍マネージャー

Das Kapitel „Führen wie ein Samurai" zeigt einen sehr pragmatischen Zugang zum Thema. Weder die verschiedenen Führungstheorien noch die diversen Führungsstile stehen dabei im Mittelpunkt, sondern vielmehr, was eine charismatische und vor allem integre Führungspersönlichkeit ausmacht. Wie erreicht man diese Fähigkeit und welche Tools sind hierfür notwendig? Wenige, aber sehr genau beschriebene Führungsinstrumente, angelehnt an konkrete Führungssituationen, verleihen diesem Kapitel einen sehr praxisorientierten Ansatz.

Es gibt zu dieser außerordentlich wichtigen Thematik hervorragende Literatur. Eines der besten Bücher, die dazu veröffentlicht wurden, ist *Lead – Mythos Führungskraft* von Werner Katzengruber. Der Autor ist Dozent an der renommierten Steinbeis-Hochschule in Berlin. Uns verbindet eine langjährige Freundschaft und Geschäftsbeziehung. Ich werde mir erlauben, in diesem Kapitel mehrmals auf Ausführungen in seinem Buch hinzuweisen.

## 4.1 Kein Meister fällt vom Himmel

„Kein Meister fällt vom Himmel." Dieser Spruch gilt insbesondere für Führungskräfte. „Nichts ist alleine auf die Gene reduzierbar",[99] schreibt Univ.-Prof. Dr. Markus Hengstschläger in seinem Bestseller *Die Durchschnittsfalle*. Die Umgebung und die Rahmenbedingungen, aber vor allem das persönliche Engagement, das tägliche Üben, der Wille, jeden Tag ein wenig besser zu werden: Dies sind die Katalysatoren, die Führungskräfte heranreifen lassen.

**Zehn Prozent sind Inspiration und 90 Prozent sind Transpiration. Das gilt im Management genauso wie in der Kunst und im Sport.**

Wenn wir uns jedoch den klassischen Weg ansehen, wie man zur Führungskraft wird, ist dies sehr ernüchternd. Hauptsächlich sind es die Verweildauer im Unternehmen und Fachkompetenz, die für eine Qualifikation zur Führungskraft zählen. Beides sind nahezu irrelevante Kriterien für einen guten Manager. In meiner langjährigen Tätigkeit als Berater in der Personalentwicklung bin ich immer wieder auf Führungskräfte gestoßen, die nie Führungskraft sein wollten. Aufgrund der oft jahrzehntelangen Unternehmenszugehörigkeit und des Fachwissens, welches sich ganz natürlich durch die Erfahrung von Jahr zu Jahr steigert, wurden Mitarbeiter mit einer Führungsrolle belohnt. Aus Loyalität zum Unternehmen nahmen diese Mitarbeiter diese Wertschätzung dankbar an und gaben ihr Bestes.
Der Klassiker unter den Führungskräften sind die Verkaufsleiter. Ehemals exzellente Vollblutverkäufer, wurden sie in die Füh-

rungsebene befördert. Dort müssen sie sich jetzt mit Excel-Tabellen, Businessplänen, Reisekostenabrechnungen und Urlaubsanträgen beschäftigen. In Wirklichkeit wären sie viel lieber beim Kunden, wo sie ihre empathischen Fähigkeiten bei ganz besonders herausfordernden Klienten unter Beweis stellen könnten. So werden aus hervorragenden Verkäufern schlechte Führungskräfte, und das Unternehmen und die Mitarbeiter leiden darunter.

Doch was ist die Ursache einer so häufigen Fehlentwicklung? Meines Erachtens ist es die Tatsache, dass das Thema „Führung und Führungskräfteentwicklung" nicht die nötige Gewichtung in den Unternehmen bekommt. Ich habe zahlreiche Führungskräfte befragt, wie viel Zeit sie sich für klassische Führungsaufgaben nehmen. Viele waren allein schon mit der Definition von „Führungsaufgaben" überfordert. Hatten wir diese Hürde genommen, betrug der Zeitaufwand in der Regel nicht mehr als zwei bis fünf Prozent der gesamten Arbeitsleistung. Der Grund liegt meist darin, dass Führungskräfte so stark in den operativen Prozess und in das Alltagsgeschäft eingebunden sind, dass zur Mitarbeiterführung schlicht und ergreifend keine Zeit bleibt. Aber das ist falsch, denn:

**➤― Jeder Mitarbeiter hat das „Recht" auf Führung!**

Es gibt im Berufsleben nur zwei Typen von Menschen: Jene, die führen, und jene, die geführt werden wollen. Wenn keine Führung „gelebt" wird, ernennt sich ein Mitarbeiter selbst zur „stillen" Führungskraft oder das Team sucht sich einen informellen Führer aus.

„Führen" heißt in erster Linie Mitarbeiter entwickeln, das heißt, die vorhandenen Potenziale, die in ihnen schlummern, entdecken und entfalten: Mitarbeiter werden optimal „performen", wenn die Fähigkeiten, über die sie verfügen, mit den Anforderungen, die ihnen abverlangt werden, übereinstimmen oder nur geringfügig zugunsten der Anforderung differieren.

Eine leicht erhöhte Anforderung in Relation zu den Fähigkeiten kann den Mitarbeiter anspornen und über sich hinauswachsen lassen. Dies ist nichts Neues. Interessant in diesem Zusammenhang ist aber, wie die Fähigkeiten von Mitarbeitern gemessen werden. Was machen wir mit Kollegen, die zwar exzellente Fähigkeiten haben, aber nicht wollen? Oder jenen, die unbedingt wollen, aber die nötigen Voraussetzungen nicht mitbringen?

Ich habe in den letzten knapp 20 Jahren rund 3.000 Seminare, Workshops, und Coachings abgehalten. Ich wage zu behaupten, mindestens die Hälfte der Leute, die zu mir in die Ausbildung geschickt wurden, war fehl am Platz. Zu oft wollte man einen „Einbeinigen" auf das Fußballfeld schicken und einen Stürmer aus ihm machen, anstatt ihm eine Geige in die Hand zu geben oder ihn vielleicht ans Klavier zu setzen. Es gibt Fähigkeiten, die sind erlern- und weiter qualifizierbar, und es gibt Fähigkeiten, bei denen dies nicht möglich ist. Deshalb beschäftige ich mich seit Jahren mit „Personaldiagnostik", um frühzeitig zu erkennen, bei welchen Mitarbeitern welches Qualifizierungsprogramm wirklich Sinn ergibt.

Viele große Betriebe haben eine eigene HR-Abteilung. Manche sogar interne Ausbildungsakademien, die für die Personalentwicklung verantwortlich sind oder sein sollten. In erschreckend hoher Anzahl handelt es sich bei diesen Abteilungen um Personalverwalter und Ersteller von Personalbildungsplänen. Hier werden Seminarkataloge erstellt und eine Vorauswahl getroffen, welches Seminar für welche Zielgruppe hilfreich sein könnte. Wenn es um die fachliche Fortbildung geht, ist diese Vorgangsweise durchaus zielführend. Wenn es jedoch um Persönlichkeitsentwicklung geht, bei der der Fokus auf der Verbesserung der *Soft Skills* liegt, führt diese Vorgangsweise nicht zum Ziel. Zudem dürfen sich die Mitarbeiter aus dem diversen Seminarangebot häufig selbst das eine oder andere Seminar aussuchen. Das ist zwar eine nette Geste des Arbeitgebers, möglicherweise auch eine Wertschätzung dem Mitarbeiter gegenüber, hat jedoch mit Personalentwicklung nichts zu tun.

**➤ Achtzig Prozent aller Seminare bringen dem Unternehmen keinen Mehrwert und dem Mitarbeiter bestenfalls einen Unterhaltungswert.**

Die Gründe hierfür sind einfach: Erstens wird meist keine saubere Personaldiagnostik durchgeführt, um eine valide Abbildung der Fähigkeiten zu haben. Deshalb können oft keine Rückschlüsse gezogen werden, wo eine Unterstützung Sinn hat. Zudem werden die direkten Vorgesetzten viel zu wenig in das Ausbildungsprogramm integriert. Der Gruppenleiter nimmt die Abwesenheit seines Mitarbeiters wahr und ist meist noch verärgert, weil damit seine Abteilung wieder unterbesetzt ist. Erfolgskontrollen und nachhaltige Maßnahmen gibt es selten.

Im Seminar selbst werden brav Feedbackbögen ausgefüllt. Hiermit soll die Qualität der Schulungsmaßnahme überprüft und ein Einblick geschaffen werden, ob die Investition sich denn auch für das Unternehmen tatsächlich gelohnt hat. Bei den Feedbackbögen werden größtenteils die Sympathie des Vortragenden und der Praxisbezug der Inhalte abgefragt – Parameter, die sich auf die Entwicklung der Teilnehmer kaum auswirken.

**➤ Ein Großteil der Belegschaft hat nicht zu wenige, sondern zu viele Seminare besucht.**

Ich stelle bei bestimmten Themen bereits eine „Überschulung" fest. Daraus resultiert bei Mitarbeitern ein Mangel an Bereitschaft, sich weiterzubilden. Es ist eine Frage der Qualität. In Zeiten von Wikipedia geht es nicht mehr um Wissensvermittlung. Es geht vielmehr um aussagekräftige Antworten auf konkrete Fragen. Diese Fragen mit hoher Kompetenz zu beantworten, reicht jedoch nicht aus. Wenn Teilnehmer begeistert ein Seminar verlassen, bringt dies gar nichts. So schnell, wie man sie begeistert hat, ist die Begeisterung auch wieder dahin, wenn ihnen der kalte Wind des Tagesgeschäfts wieder entgegenweht.

Wenn das Wissen oder die neuen Verhaltensweisen nicht in die sogenannte „unbewusste Kompetenz" gebracht werden, geraten selbst die besten Tipps schnell in Vergessenheit. Die Folge: Der Mitarbeiter greift wieder auf sein altes Muster zurück. Die Aussage: „Bei jedem Seminar ist immer irgendetwas Brauchbares dabei", ist nicht mehr zeitgemäß. Wir können nicht mehr 95 Prozent unserer Zeit im Rahmen eines Ausbildungsprogrammes in den Sand setzen. Dafür sind die Unternehmen personell viel zu schlank aufgestellt und die Budgets viel zu knapp kalkuliert.

✎ **Wissen in die unbewusste Kompetenz zu bringen, heißt, es in hoher Qualität auch in einer Stresssituation authentisch abrufen zu können.**

Damit dies möglich ist, müssen die Teilnehmer üben, üben und wieder üben. Etwas gehört zu haben, heißt noch lange nicht, es verstanden zu haben. Dies wiederum bedeutet, es nicht wiedergeben zu können, und schon gar nicht unter schwierigen Umständen und noch dazu authentisch. Meine Erfahrung ist, die Leute wollen gar nicht üben. Sie wollen konsumieren und nicht trainieren, alles gleich können und die Abkürzung gehen. Wenn sich auf diesem Weg der Erfolg nicht gleich einstellt, war der Trainer schlecht.

✎ **Üben ist oft unangenehm und hart.**

Es ist aber notwendig, sich Kritik auszusetzen, sich aus der Komfortzone herauszubewegen und hoch konzentriert zu sein: Trainieren, bis es weh tut. Ich erinnere mich an die Zeit, in der ich noch als Athlet aktiv war. Am meisten haben mir jene Trainingseinheiten gebracht, bei denen ich meine Grenzen (die Komfortzone) überschritten habe. Ein Samurai Manager zeigt stets die Bereitschaft, an sich zu arbeiten.
Für die Japaner ist das Üben etwas Selbstverständliches. *Everything needs training!* Selbst das Zusammenlegen des Tomono[100] braucht gründliches Training. Bei der Eröffnung des „Dojos Neue Welt" hatte ich mir von einer Japanerin originale Seidentomonos für die Empfangsdamen ausgeborgt. Die Japanerin fragte mich,

wann denn die Damen zum Training kämen. Ich war völlig überrascht und fragte: „Welches Training?" Sie antwortete: „Wie man
einen Tomono richtig trägt, muss trainiert werden."

Wenn Sie als Führungskraft möchten, dass Ihre Leute trainieren,
gilt das Motto „Go first"; wenn Sie möchten, dass Ihre Leute loyal
sind: „Go first"; wenn Sie von Ihren Leuten erwarten, dass ihnen
ihr Job Spaß macht: „Go first". Beweisen Sie Ihrem Team, dass
auch Ihnen Ihr Job richtig Spaß macht.

⟨ Es ist die Begeisterung, die zählt und Großes bewegt.

## 4.2 Personaldiagnostik als Schlüssel in der Personalentwicklung

**FLOW-MODELL VON MIHALY CSIKSZENTMIHALYI**

Anforderungen

FLOW

Angst

Langeweile

Fähigkeiten

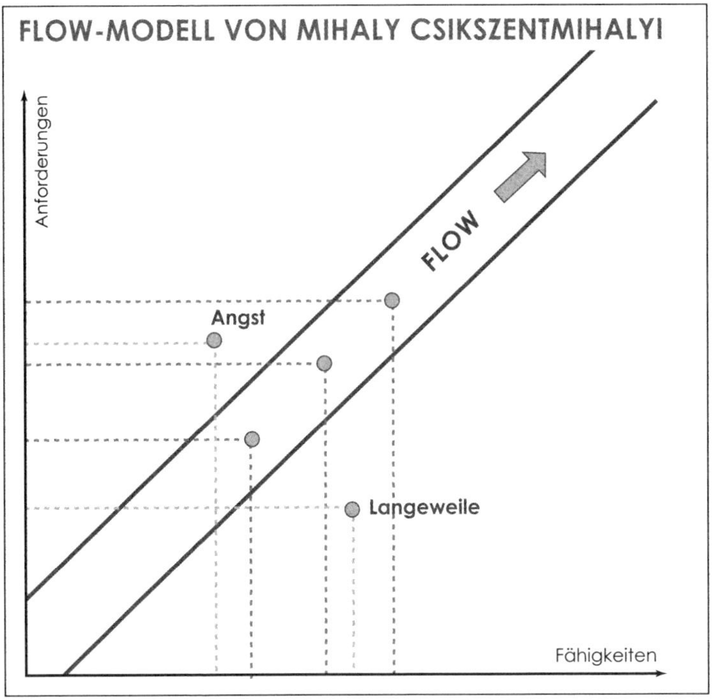

Grafik: Reinhard Lindner

Das Flow-Modell von Mihalyi Csikszentmihalyi[101] zeigt auf, wie wichtig es ist, die Anforderungen an die Mitarbeiter auf deren Fähigkeiten abzustimmen. Bei der Definition der Anforderungen unterscheiden wir in der Personalentwicklung grundsätzlich zwischen sogenannten *Hard Facts* und *Soft Skills*. Unter *Hard Facts* verstehen wir weitgehend die fachliche Kompetenz, Erfahrung und eventuell das Einbringen von Netzwerken, also alles, was man aus dem Lebenslauf herauslesen kann. Bei den *Soft Skills* tut sich der Personaler schon wesentlich schwerer, diese abzubilden oder nachzuweisen.

**⤣ Zahlreiche Studien belegen, dass eine Führungskraft in den seltensten Fällen an der Fachkompetenz scheitert.**

Es sind vielmehr die Soft Skills wie Empathie, soziale Kompetenz, Integrität usw., bei denen Manager Probleme haben. Die Fähigkeiten von Mitarbeitern im Bereich der Soft Skills valide abzubilden, ist natürlich eine Herausforderung. Für alle zusätzlichen Anforderungen, die ein Arbeitgeber an den Mitarbeiter hat, muss er Rahmenbedingungen schaffen, damit sich dessen Fähigkeiten in die gewünschte Richtung entwickeln können. Achtet die Führungsebene nicht darauf, kann ein Mitarbeiter schnell überfordert werden und gerät unter Stress. Mindestens genauso wichtig ist es, Mitarbeiter nicht zu unterfordern. Denn dann schlittern sie schnell in eine Frustrationsphase und bleiben so unter ihren Möglichkeiten. Sie suchen sich daraufhin gerne eine neue Herausforderung und verlassen das Unternehmen. Interessanterweise bringen aber gestresste und frustrierte Mitarbeiter für das Unternehmen die gleich schlechten Ergebnisse. Der Gestresste macht alle verrückt und der frustrierte Kollege bleibt in seiner Komfortzone.

**⤣ Professionelle Personalentwicklung setzt eine qualifizierte Personaldiagnostik voraus.**

In meinem Beratungsunternehmen machen wir keine Qualifizierungsprogramme ohne fundierte Analyse der Fähigkeiten der Mitarbeiter. Diese wird mittels des psychometrischen Verfahrens „profilingvalues" erstellt. Wir finden so frühzeitig heraus, wo die Fähigkeiten und Potenziale der Mitarbeiter liegen, und liefern ein Ergebnis, ob und in welchem Bereich eine Weiterbildung zielführend ist.

Es werden nämlich nicht nur die Fähigkeiten valide abgebildet, sondern vor allem auch das so entscheidende „Wollen". Aus diesem Grund funktioniert das Verfahren auch auf einer Wertebasis. Es geht darum, vorgegebene Begriffe zu bewerten und ihnen Bedeutung zu geben. Daraus ergibt sich ein Einblick in das Wertesystem der Testperson und daraus wiederum können wissenschaftlich valide Fähigkeiten abgeleitet werden.

> ✂ **Die Werte und die Identität sind die stabilsten Parameter, die Rückschlüsse auf die Fähigkeiten von Menschen ziehen lassen.**

Dies ist vergleichbar mit sportlichem Talent und dem eisernen Willen zu trainieren. Ich bin in meiner sportlichen Karriere zahlreichen Talenten begegnet: Jene, die es wirklich zu etwas gebracht haben, waren die fleißigen „Trainierer". Jene, die stets bereit waren, die Extrameile zu gehen, jene, die – auch wenn es wehtat – noch die Motivation aufbrachten, „eins daraufzulegen".

An dieser Stelle sei erwähnt, dass es zahlreiche andere gute Verfahren im Bereich der Personaldiagnostik gibt. Zur Schnellerkennung von Menschentypen eignet sich beispielsweise „DISG" sehr gut. „Profiling International" ist hervorragend in der Lage, das Zahlenverständnis, aber auch die Eloquenz eines Probanden abzubilden. „Profilingvalues" hat in meinem Unternehmen nicht nur deshalb einen hohen Stellenwert, weil meine Kunden davon überzeugt sind, sondern weil die Grundlage des Verfahrens Werte sind. Und damit ist der Bogen zu meinem Thema gespannt: Werte im Management, gemessen auf einer Wertebasis.

## 4.3 Aufgaben einer Führungskraft

Im Budo sind die Aufgabe und das Ziel des Meisters, dass seine Schüler eines Tages besser sind als der Meister selbst. Dieser soll es den Schülern aber nicht zu leicht machen. Das kann man natürlich nur bedingt auf das Thema Management übertragen. Natürlich ist es lobenswert, wenn die Mitarbeiter sich zu integren Persönlichkeiten entwickeln und die Führungskraft den Weg dorthin vorgibt. Aber was die Fachkompetenz betrifft, hat ein Vergleich zwischen Mitarbeiter und Führungskraft wenig Sinn, zumal ein Manager nicht unbedingt die beste Fachkraft sein muss, es meist auch nicht sein soll.

**⚔ Ein Manager ist nicht die beste Fachkraft.**

Die primäre Aufgabe einer Führungskraft, abgesehen von strategischen Themen, sehe ich darin, die Fähigkeiten der Mitarbeiter zu erkennen, diese zu entwickeln und die Personen im Unternehmen so zu positionieren, dass sie für das Unternehmen am produktivsten eingesetzt sind und größtmögliche Freude an der Arbeit haben. Eine Führungskraft braucht hohe empathische Fähigkeiten und sie muss sich vor allem für Menschen interessieren.

**⚔ Viele Manager interessieren sich nicht für ihre Mitarbeiter, sie interessieren sich nur für die Ergebnisse der Mitarbeiter.**

Der Mitarbeiter wird als Mensch gar nicht wahrgenommen. Nur seine Leistung und Produktivität wird in die verschiedensten Tabellen eingetragen, nach denen er anschließend bewertet wird. Natürlich ist der Output oder die Wertschöpfung einer Abteilung ein wichtiger Indikator, denn davon hängt die Performance des Unternehmens ab. Wenn die Führungskraft aber keinen Zugang zu ihren Mitarbeitern findet, weil die menschliche Komponente und das ehrliche Interesse am Menschen fehlt, wird der Vorgesetzte niemals in der Lage sein, das Beste aus seinem Team herauszuholen.

## 4.4 Hören Sie auf, Ihre Leute zu motivieren

In Führungskräfte-Trainings ist eine der meistgestellten Fragen: „Wie kann ich meine Leute nachhaltig motivieren?" Meine Antwort ist immer die gleiche: „Gar nicht. Es ist auch nicht Ihr Job, die Leute zu motivieren. Vermeiden Sie Demotivation und schaffen Sie einen Nährboden für Lob und Anerkennung."

➤ **Sie müssen von einer bestimmten Grundmotivation Ihrer Mitarbeiter ausgehen.**

Wenn diese nicht vorhanden ist, haben Sie oder Ihr Vorgänger bei der Einstellung etwas falsch gemacht. Wir können also voraussetzen, dass die Mitarbeiter grundsätzlich motiviert sind. Dies beweisen auch zahlreiche Studien. Der Frust ist meist eine Summe von Kleinigkeiten, eine Vielzahl von Ereignissen und Erlebnissen, welche demotivierend sind. Wie wirkungsvoll Demotivation vermieden werden kann, hängt vom gesamten Führungsverhalten ab. Ich werde anschließend noch einige Führungsinstrumente beschreiben.

➤ **Japanische Unternehmen motivieren ihre Mitarbeiter in erster Linie durch Wertschätzung.**

Wertschätzung in diesem Sinn definiert sich dadurch, dass der Erfolg des Unternehmens niemals auf die Leistung eines Managers zurückzuführen ist, sondern immer nur auf das Engagement der gesamten Mannschaft. Wertschätzung erfolgt auch durch die Einbindung in Entscheidungsprozesse. Letztendlich kann der gewöhnliche Mitarbeiter selbstverständlich keine strategischen Entscheidungen mitverantworten, aber er wird bei Erneuerungen um die Auswirkung der Veränderung auf seine Arbeitsbedingungen genauestens befragt. Dadurch werden die Unternehmenszugehörigkeit und die Identifikation mit dem Unternehmen subtil gestärkt. Ich habe oft die klassische Situation in Unternehmen erlebt, in der die Mitarbeiter sich beschwerten, dass es sich nicht lohne, eine besondere Leistung zu erbringen. Lob sei außerdem ein Fremdwort. Die Führungskräfte hingegen argumentierten, warum sollten sie ihre Mitarbeiter loben, wenn diese nur durchschnittliche Leistungen erbringen würden?

**Ein ehrliches Lob, eine glaubwürdige Anerkennung bereitet jedem Menschen Freude.**

Merken Sie sich diesen Satz gut. Denn er gilt weit mehr, als sich die meisten Manager vorstellen können. Viele schrecken jedoch vor Anerkennung zurück. Auch hierfür gibt es Gründe: Angst davor, dass ein Lob für ihr Team Forderungen zur Folge haben könnte, die sie nicht erfüllen könnten. Doch diese Angst ist in den meisten Fällen unbegründet. Meine Erfahrung zeigt ohne Wenn und Aber: Ein Lob tut der Seele gut und unsere Seele braucht Nahrung!
Aber wie schaffen wir nun diesen Nährboden für Lob und Anerkennung? Die Voraussetzung dafür ist Vertrauen in die eigenen Mitarbeiter. Ihnen Aufgaben anvertrauen, die sie selbstständig durchführen können, sowie an sie Aufgaben zu delegieren, in die sie ihre Ideen und ihre Kreativität einbringen. Hikmet Ersek (ein Österreicher türkischer Abstammung), CEO von *Western Union* und Chef von rund einer Million Mitarbeitern, hat in diesem Zusammenhang den Begriff „Empowerment" benutzt. Er verwendete ihn in einem Interview mit Claudia Stöckl in ihrer Radiosendung „Frühstück bei mir": „Vertrauen Sie Ihren Leuten und Sie werden staunen, was die Ihnen liefern."[102]

Doch warum vertrauen viel zu wenige Manager ihren Mitarbeitern? Häufig aus Angst. Angst davor, dass die Mitarbeiter ihre Aufgabe zu *gut* machen könnten. Daraus resultiert die Angst der Manager, sie könnten ihre Macht aus der Hand geben und dadurch an Einfluss verlieren. Dies gilt es zu verhindern. Diese Angst wiederum rührt von einem Mangel an Selbstvertrauen her. Geringes Selbstvertrauen spiegelt wenig Bereitschaft, an sich hart zu arbeiten, sowie eine bescheidene Selbstreflexion wider.

## 4.5 Das Delegierungsgespräch als Führungsinstrument

Sie haben als Führungskraft schon unzählige Delegierungsgespräche geführt und werden sich vielleicht jetzt die Frage stellen, warum ich diesem Thema so hohe Aufmerksamkeit schenke? Dies hat mehrere Gründe: Zum einen ist das Delegieren ein ganz entscheidendes Führungsinstrument und zum anderen habe ich selten eine Führungskraft in meinen Führungskräftetrainings erlebt, die dieses Instrument wirklich beherrscht hätte. Unter Beherrschen verstehe ich, mit diesem Tool auch in schwierigen Situationen professionell umgehen zu können, so wie der Samurai mit seinem Schwert.

**✎ Die meisten Führungskräfte können nicht delegieren.**

Sie werden gleich an einem Fallbeispiel sehen, wie viele Stolpersteine es in einem Delegierungsgespräch geben kann. Es sind die Feinheiten, auf die es letztendlich ankommt, das Einsetzen der Soft Skills. Es sind immer nur Nuancen, die zwischen Erfolg und Niederlage entscheiden. Das gilt sowohl im Wirtschaftsleben als auch beim Sport. Ich hatte vor einigen Jahren das Hahnenkammrennen[103] in Kitzbühel live erlebt. Der Hahnenkamm-Sieger und derjenige, der den elften Platz belegte, lagen gerade einmal 72 Hundertstelsekunden auseinander. Wer von Ihnen schon einmal den Hahnenkamm heruntergefahren ist, der weiß, wie viel 72 Hundertstel auf dieser Strecke sind: Es ist nicht einmal ein Wimpernschlag. Dennoch: Der Sieger ist der Superstar und der Elfte hat total versagt. In Wirklichkeit waren beide nahezu gleich gut. Die ungewöhnlich detaillierte Ausformulierung eines Delegierungsgesprächs auf den folgenden Seiten wird Sie vielleicht überraschen, aber ich möchte aufzeigen, wo Sie bei einer Delegierung Ihre 72 Hundertstel liegen lassen.

Zunächst gilt es, ganz klar zu differenzieren zwischen den Szenarien, einen Mitarbeiter um ein Gefallen zu bitten, ihm einen Auftrag zu erteilen, oder ihm eine Aufgabe zu delegieren. Dies sind drei völlig verschiedene Ansätze und ich habe nur allzu oft erlebt, dass Führungskräfte dies nicht klar genug abgrenzen.

Um einen Gefallen bitte ich meine Sekretärin, wenn sie in der Mittagspause einkaufen geht und ich sie frage, ob sie mir ein Joghurt oder Weintrauben mitbringen kann. Wenn ich zu ihr sage, sie möge die Seminarunterlagen für nächste Woche vorbereiten, hat sie einen Auftrag zu erfüllen, dies hat alles nichts mit Delegieren zu tun.

## Was soll man delegieren?

Die Kriterien für Aufgaben, die eine Führungskraft delegieren sollte, sind folgende: Der Mitarbeiter kann diese Aufgabe besser oder billiger erledigen. Dadurch spielt sich die Führungskraft frei und diese Ressource kann produktiver für das Unternehmen eingesetzt werden.

*Delegieren als Vertrauensbeweis:* Mehr Verantwortung motiviert keineswegs, denn mehr Verantwortung bedeutet für den Mitarbeiter nur mehr Arbeit und vor allem mehr Angriffsfläche für Kritik. Die selbstständige Arbeitsweise ist es, was den Mitarbeiter motiviert (auch innerhalb eines vorgegebenen Rahmens), und das Umsetzen von eigenen Ideen.

*Das Ziel der Delegation auf den Punkt gebracht:* Mitarbeiter entwickeln und fördern. Schaffen Sie einen Nährboden für Lob und Anerkennung und entlasten Sie sich als Vorgesetzten.

## Die Struktur des Delegationsgespräches

*Ein Fallbeispiel:*
Sie sind Gebietsleiter von einer Coffeeshop-Kette und im Zuge der Expansion soll ein weiterer Shop eröffnet werden. Sie haben in Ihrem Team in der unmittelbaren Umgebung des neu zu eröffnenden Shops einen Storeleiter, der sich im Aufbau und in der Führung eines bestehenden Shops bereits bewährt hat. Dieser soll die Einschulung der Mitarbeiter im neuen Shop übernehmen. Die Einschulungsdauer wird sechs Wochen betragen. Es ist mit Widerstand seitens des Storeleiters zu rechnen, zumal durch seine lange Abwesenheit die Gefahr besteht, dass sein eigener Shop darunter leidet und der geplante Umsatz nicht erreicht wird. Die Ablehnung könnte noch stärker werden, da der neue Shop im Einzugsgebiet des bestehenden Stores liegt und auch bestehende Kunden abziehen wird. Die Zielerreichung im eigenen Shop könnte sich so in Zukunft für ihn noch schwieriger gestalten.

### 1. Übergeordnetes Ziel definieren
Die Wichtigkeit und Sinnhaftigkeit der Aufgabe müssen dem Mitarbeiter so früh wie möglich klar gemacht und sein persönlicher Nutzen herausgestrichen werden. Nach einer angemessenen Begrüßung und dem üblichen Small-Talk könnte der Einstieg wie folgt lauten: „Unsere Firma hat sich in den letzten Jahren zu einem Big Player unter den Coffeeshops entwickelt und wir wollen diese Position stärken und noch zusätzlich ausbauen. Mit jedem neuen Shop, der sich in unserer Region gut etabliert, stärken wir unsere Marke und können somit den entscheidenden Werbedruck erzeugen, sodass jeder Kaffeegenießer das Gefühl hat, wir sind so stark, da kommt man einfach nicht daran vorbei. Mit mehr Shops erzielen wir bessere Einkaufspreise und sind flexibler in der Personalplanung. Letztendlich profitiert die ganze Gruppe vom Wachstum und dadurch sichern wir uns den Markt für die Zukunft ab."
An dieser Stelle muss bereits klar sein, dass jeder einzelne Mit-

arbeiter von dieser Expansion und den damit verbundenen Aktivitäten einen direkten oder zumindest indirekten Nutzen hat. Mit dieser Erklärung wird bereits sehr viel Wind aus den Segeln genommen und möglichen Widerständen des Mitarbeiters vorgebeugt. Wenn eine Veränderung ansteht, fragen sich Mitarbeiter verständlicherweise als Erstes: „Was habe ich davon?" Diese Frage muss so früh wie möglich klar beantwortet werden.

### 2. Kurzbeschreibung der Aufgabe

„Damit der neue Shop von Anfang an optimal läuft, ist es sinnvoll, dass das neue Mitarbeiterteam auf unsere Erfahrungen zurückgreifen kann und wir beim Start die Kollegen durch eine professionelle Einschulung unterstützen. Wir denken hier an einen Zeitraum von sechs Wochen."

### 3. Benchmark

„Für diese Aufgabe benötigen wir jemanden, der nicht nur ausreichend Erfahrung und fachliche Kompetenz hat, sondern auch die Fähigkeiten besitzt, Leute zu motivieren, zu begeistern und dies auch in der Vergangenheit eindrucksvoll bewiesen hat. Und da, Herr Moser, habe ich als Erstes an Sie gedacht!" ... *(Schweigen)*

An dieser Stelle des Gespräches gilt es, dem Mitarbeiter Wertschätzung zu vermitteln. Die größte Wirkung wird erzielt, wenn die Aufwertung indirekt erfolgt, sonst läuft man Gefahr, dass das Lob „schleimig" herüberkommt. Indirekt heißt, einen Qualitätsstandard (Benchmark) vorgeben und den Mitarbeiter sich selbst diesem Standard zuordnen lassen. Das heißt, man formuliert statt: „Sie sind fachlich kompetent und noch dazu können Sie Menschen begeistern", besser: „Wir brauchen jemanden, der fachlich kompetent ist und die Fähigkeit besitzt, Menschen zu begeistern, und da sind Sie meine erste Wahl." In dieser Phase des Gespräches kann mit einer „indirekten Aufwertung" eine wesentlich höhere Wirkung erzeugt werden. Was bedeutet es, jemanden indirekt aufzuwerten?

Nehmen wir an, Sie sind ein guter Tennisspieler und haben schon einige Turniere gewonnen. Ein Tennisschlägerhersteller hat einen neuen Schläger entwickelt und möchte, dass Sie diesen für ihn testen.

- *Erste Art der Formulierung (direkte Aufwertung):*
  „Sie sind ja so ein toller Tennisspieler und haben auch schon einige Turniere gewonnen, wir haben einen neuen Schläger entwickelt, würden Sie den für uns testen?"
- *Zweite Art der Formulierung (indirekte Art der Aufwertung):*
  „Wir haben für erfolgreiche Turnierspieler einen neuen, sehr speziellen Tennisschläger entwickelt, würden Sie diesen für uns testen?"

Automatisch ordnet sich der Angesprochene in die Liga der erfolgreichen Turnierspieler ein und fühlt sich dadurch „aufgewertet". In der ersten Variante klingt dies eher nach Honig ums Maul schmieren und hat bei Weitem nicht die gewünschte Wirkung.

✎ **„Benchmarken", kombiniert mit einer indirekten Aufwertung, ist ein wichtiges Detail in einem Delegationsgespräch.**

*4. Schweigen*
Der nächste Punkt ist noch entscheidender: das Schweigen. Nachdem die Aufwertung kommuniziert wurde, ist der Mitarbeiter damit beschäftigt, sich mit der Benchmark zu identifizieren. Während dieser Zeit sagen Sie einfach nichts. Das fernöstliche Sprichwort „In der Ruhe liegt die Kraft" findet hier seine Anwendung in Perfektion. Lassen Sie das Gesagte nachschwingen und vor allem wirken. Warten Sie ab, wie Ihr Mitarbeiter reagiert. Sie werden sehen, in den meisten Fällen fühlt er sich geehrt oder geschmeichelt.

*5. Identifikation des Mitarbeiters mit der Benchmark und Bereitschaft des Mitarbeiters, die Aufgabe durchzuführen (Zustimmung einholen).*

Der Mitarbeiter kann jetzt auf zwei Arten reagieren: Er kann sich mit der Aufgabe identifizieren und stimmt zu; er hat Bedenken und ziert sich.

Wenn der Mitarbeiter seine Bereitschaft, die Aufgabe zu übernehmen, zusichert, kann über die Umsetzung gesprochen werden (siehe unten). Häufig ziert sich der Mitarbeiter an dieser Stelle jedoch. Der Grund ist ganz einfach. Würde er sofort bereit sein, eine zusätzliche Aufgabe zu übernehmen, gäbe er damit indirekt zu, nicht ausgelastet zu sein. Ein weiterer Grund ist, dass er Bedenken hat, seine andere Arbeit könnte darunter leiden, wenn er sich einer neuen Aufgabe widmet.

Jetzt befinden wir uns in einer hochsensiblen Phase des Gespräches. Der Mitarbeiter hat noch nicht wirklich zugestimmt und der Vorgesetzte will ihm klarmachen, dass seine Bedenken lösbar sind. Der Vorgesetzte kann natürlich eine Lösung präsentieren, aber zum richtigen Zeitpunkt. Und solange der Mitarbeiter seine grundsätzliche Bereitschaft, die Aufgabe zu übernehmen, nicht kommuniziert hat, ist bestimmt noch nicht der richtige Zeitpunkt, Lösungen für Bedenken des Mitarbeiters anzusprechen, und schon gar nicht, über die Umsetzung der Aufgabe zu reden.

Für die Bedenken des Mitarbeiters muss der Vorgesetzte jetzt in erster Linie Verständnis zeigen und darf nicht mit Lösungen vorpreschen und dem Mitarbeiter erklären, dass er sich schon alles gründlich überlegt hätte. In diesem Fall würden wir nicht mehr von einer Delegierung sprechen, sondern von einer Anweisung, einem Befehl. Damit ist der ganze Gesprächsaufbau ad absurdum geführt.

> **✎ Eine Delegierung in hoher Qualität durchzuführen, erfordert gute empathische Fähigkeiten.**

Gelingt es uns jedoch, Qualität in dieses Gespräch zu bringen, wird der Mitarbeiter mit vollem Engagement an die Sache herangehen und diese zum Erfolg führen.

*Der Mitarbeiter ziert sich:*
Er merkt an, dass er lange gebraucht habe, seinen Shop so zu managen und sein Team zu führen. Wenn er jetzt für sechs Wochen seine Mannschaft alleine ließe, könne er wieder von vorne beginnen.

Die Bedenken des Mitarbeiters mögen berechtigt sein, umso wichtiger ist es, ihn richtig abzuholen und Kongruenz zu erzeugen: „Ich kann natürlich Ihre Gedanken gut nachvollziehen und wir müssen dafür sorgen, dass Ihr Shop durch Ihre Abwesenheit nicht leidet, denn Ihre hervorragende Aufbauarbeit soll weiterhin Früchte tragen. Gesetzt den Fall, wir finden hierfür gemeinsam eine Lösung, würden Sie sich diese neue Herausforderung zutrauen?"

Wir brauchen hier ein klares Commitment des Mitarbeiters. Damit er an dieser Stelle eine verbindliche Zusage geben kann, ist es wichtig, die Aufgabe beim Einstieg bereits sauber zu definieren, jedoch bedarf es keiner Details, was die Umsetzung betrifft.

*6. Den Rahmen für die Umsetzung abstecken:*
Der Vorgesetzte klärt mit dem Mitarbeiter, welche Unterstützung er bei der Umsetzung benötigt. Der Mitarbeiter darf jetzt seine Ideen, Vorschläge, aber auch Bedingungen einbringen, um die Voraussetzungen für eine erfolgreiche Umsetzung zu schaffen. In der Praxis ist es meist so, dass die Vorschläge des Mitarbeiters sich im Wesentlichen mit den Möglichkeiten decken, die ihm der Vorgesetzte ohnehin eingeräumt hätte. Jedoch macht es in der Wirkung einen riesen Unterschied, ob der Chef die Mittel präsentiert oder der Mitarbeiter seine Wünsche äußern darf, die dann berücksichtigt werden.

*7. Die Umsetzung besprechen und Grauzonen vermeiden:*
Bei der Besprechung der Umsetzung gilt es vor allem, „Grauzonen" zu vermeiden. Damit meine ich, Sie sollten die Umsetzungsschritte mit dem Mitarbeiter so präzise wie möglich

durcharbeiten, wobei der Mitarbeiter hier seine Ideen einbringen kann. In dieser Phase des Gesprächs kann es vorkommen, dass Mitarbeiter Forderungen für eine erfolgreiche Umsetzung stellen, die seitens des Vorgesetzten nicht erfüllbar sind. Beispielsweise fordert er ein Budget von 20.000 Euro, die Planung gibt aber nur 12.000 Euro her. Er fordert drei zusätzliche Mitarbeiter, der Vorgesetzte kann ihm aber maximal zwei zur Verfügung stellen.

Dies ist die nächste hochsensible Phase. Hier kommt oft die „Amtsautorität" des Chefs durch, mit der er den Mitarbeiter in die Schranken weist. An dieser Stelle kippt häufig das Gespräch. Es beginnt jetzt ein Kräftemessen nach dem Motto: „Wer bringt seine Forderung durch?" Natürlich ist der Vorgesetzte der Stärkere, weil er dem Mitarbeiter die Anweisung geben kann, dass er mit diesen Ressourcen auskommen muss. Und schon sind wir wieder weit weg von einer Delegation, abgerutscht in eine Anweisung. Die Problematik, die jetzt entsteht, ist häufig jene, dass nicht mehr der Erfolg des Projektes im Vordergrund steht, sondern wer Recht hat, was die Mittel betrifft. Das Fatale, das jetzt passieren kann, ist, dass der Mitarbeiter bei der Umsetzung versucht, dem Chef zu beweisen, dass er mit der Ressourcenplanung Recht gehabt hat: Er hätte dies ja auch von Anfang an gewusst und auch so kommuniziert. Wenn wir jetzt den Budo-Gedanken in dieses Gespräch transferieren, gilt im Budo niemals „Kraft gegen Kraft".

✎ **Ein sinnloses Kräftemessen ist Vergeudung wertvoller Energie.**

Natürlich kann und soll der Vorgesetzte nicht ohne Weiteres die Forderungen seines Mitarbeiters erfüllen, aber er darf auch nicht sein Ziel aus den Augen verlieren. Und das Ziel lautet, dass der Mitarbeiter mit hohem, persönlichem Engagement einen guten Job macht und am Ende des Tages ein Erfolg dabei herauskommt. Nicht zuletzt auch deswegen, weil wir ja damit den Nährboden für Lob und Anerkennung schaffen wollen.

Um bei dem obigen Beispiel mit der Forderung von 20.000 Euro zu bleiben, empfehle ich folgende Formulierung: „Wenn ich 20.000 Euro hätte, würde ich Ihnen diese gerne zur Verfügung stellen, wenn es mir möglich wäre, sogar 25.000 Euro, weil mir der Erfolg des Projektes auch am Herzen liegt. Ich muss mich jedoch, was das Budget betrifft, nach der Decke strecken und habe 12.000 Euro zur Verfügung. Aber ich bin überzeugt, wenn wir gemeinsam den Bleistift spitzen und scharf kalkulieren, ist es mit Ihrer Erfahrung und Kreativität zu schaffen. Aus Ihrer Sicht: Wie können wir die vorhandenen Mittel am effektivsten einsetzen?" Der Mitarbeiter ist jetzt wieder im Boot, weil ein Kräftemessen verhindert wurde.

Ich möchte nochmals auf das Thema „Grauzonen vermeiden" zurückkommen. Ich habe häufig bei Delegationen erlebt, dass die Umsetzung der Aufgabe nur vage angerissen wurde und der Vorgesetzte dem Mitarbeiter mitgeteilt hat, er solle einmal anfangen und wenn er Fragen hätte, könne er sich ja jederzeit melden. Der Vorgesetzte war froh, eine Zustimmung des Mitarbeiters in der Tasche zu haben, und konzentrierte sich schon auf die nächste Sache. Bei so einer Vorgangsweise sind Frust und Misserfolg bereits programmiert. Natürlich können Sie oft zu dieser Zeit dem Mitarbeiter noch nicht alle relevanten Informationen geben, aber zumindest müssen Sie ihm sagen, wann oder von wem er diese bekommt.
Eine Delegation ist dann perfekt durchgeführt, wenn der Mitarbeiter im Anschluss keine Fragen mehr hat, sich an die Arbeit macht und das Projekt selbstständig zum Erfolg führt. Deshalb ist die Zeit für einen ausführlichen Informationsaustausch an dieser Stelle gut investiert. Einmal ehrlich: Wie oft haben Sie sich als Führungskraft schon gedacht, nachdem Sie eine Aufgabe delegiert hatten: „Wenn ich es selbst gemacht hätte, wäre es besser gewesen!" Häufig liegt es daran, dass Sie einen der neun Punkte aus unserer Struktur überhaupt nicht oder zu wenig beachtet haben. Wenn in einem meiner Delegationsgespräche die Frage auf-

kommt, ob ich während der Umsetzung für Fragen zur Verfügung stehe, lehne ich dies in der Regel ab.

➤ **Das Ziel einer Delegation ist nicht, dass mich der Mitarbeiter bei der Durchführung mit Fragen bombardiert, sondern dass ich die Aufgabe vom Tisch habe, der Mitarbeiter eine Chance sieht, sich zu beweisen, und sich persönlich weiterentwickelt.**

Natürlich gibt es komplexere Aufgaben, bei denen Updates wirklich notwendig sind. Aber grundsätzlich schenke ich dem Mitarbeiter durch die Delegation mein Vertrauen und lasse ihn selbstständig arbeiten. Sobald der Vorgesetzte zu viel Hilfestellung leistet, entzieht er den Nährboden für Lob und Anerkennung und damit verfehlt er ein wesentliches Ziel dieses Instrumentes.

### 8. Motivierender Ausstieg
Formulierung: „Wenn Sie das alles so umsetzen, wie wir das jetzt besprochen haben, wird das bestimmt ein toller Erfolg. Ich freue mich jetzt schon auf ein super Ergebnis."

### 9. Ergebnis oder Teilergebnisse kontrollieren
Wichtig ist jetzt, das Ergebnis beziehungsweise die Zwischenergebnisse zu kontrollieren, aber auf keinen Fall die Durchführung! Ein Eingriff in die Umsetzung ist nur dann notwendig, wenn sich der Mitarbeiter verrennt oder etwas missverstanden hat.

## 4.6 Das Kritikgespräch als Führungsinstrument

Wie kritikfähig sind Mitarbeiter und sind sie bereit, aus ihren Fehlern zu lernen? Dazu fällt mir eine Situation ein, die mir der Geschäftsführer einer sehr erfolgreichen M&A-Firma in Mannheim im Rahmen eines Verhandlungs- und Führungskräfteseminars geschildert hat:

*Als Junge mit 7 Jahren ging ich in den Keller des Wohnhauses, in dem ich mit meiner Familie und noch mehreren anderen Parteien wohnte. An der Kellertür steckte der Schlüssel, und der sollte auch immer steckenbleiben. Ich zog ihn ab, steckte ihn in die Hosentasche und wollte ihn später auch wieder ins Schloss stecken. Ich ging dann hinauf in die Wohnung und hatte beim Spielen den Schlüssel vergessen. Da läutete jemand an der Tür und fragte meine Mutter, ob ihr Sohn vielleicht den Schlüssel mitgenommen hätte? Mutter verneinte dies selbstbewusst, denn ihr Sohn täte so etwas nicht. Als sie abends die Hose ausschüttelte, fiel der Schlüssel raus. Ich musste hinunter zum Nachbarn, mich entschuldigen und zugeben, dass ich den Schlüssel abgezogen hatte. Es war ein Canossa-Gang, ich war geheilt und habe nie mehr irgendetwas unerlaubt genommen.*

Anschließend erläuterte er mir noch eine Situation mit seiner Sekretärin: „Sie machte bei ihrer Arbeit einen gravierenden Fehler und ich sagte: ‚Das kann passieren, rufen Sie beim Kunden an, entschuldigen Sie sich dafür.‘ Die Sekretärin tat dies und ich glaubte, die Sekretärin sei, so wie ich nach meiner Schlüsselgeschichte, für immer geheilt. Eine Woche später machte sie den gleichen Fehler wieder und sagte: „Kein Problem, ich rufe den Kunden an und entschuldige mich einfach." Daraufhin stellte er mir die Frage: „Herr Lindner, wo ist da der Lerneffekt?"

Ich tröstete ihn und sagte, manche Mitarbeiter brauchten ein bisschen länger. Doch zumindest hat seine Sekretärin den Vorteil, dass sie nicht an ihren Fehlern zerbrechen würde, weil sie sich alles zu sehr zu Herzen nimmt. Bei erwachsenen Menschen eine Verhaltensänderung herbeizuführen, ist ein Prozess, der sehr viel Geduld erfordert, und funktioniert meist nur auf Basis des Vorlebens gelingt. Ähnlich komplex wie das Delegationsgespräch verläuft das Kritikgespräch, wobei dieses Gespräch noch schwieriger ist.

> **Es gibt wenige erwachsene Menschen, die sehr offen mit Kritik umgehen können.**

Konstruktive Kritik ist eine wesentliche Maßnahme, Mitarbeiter weiterzuentwickeln. Einen Mitarbeiter zu kritisieren, zeigt, dass dem Vorgesetzten etwas an der Person liegt.

> **„Das Gegenteil von Liebe ist nicht Hass sondern Gleichgültigkeit."**

Mitarbeiter erwarten von ihren Vorgesetzten, fair und konstruktiv kritisiert zu werden. Aber warum scheuen sich viele Chefs, genau das zu tun?

Es ist meist die Angst, das gute Betriebsklima zu zerstören und das fehlende Wissen, Kritik auch wirklich konstruktiv umzusetzen. Denn die Problematik, die bei Kritik entsteht, ist die unterschiedliche Denkweise zwischen Mitarbeiter und Vorgesetztem. Der Vorgesetzte will die Zukunft verändern und der Mitarbeiter die Vergangenheit retten.

Wir unterscheiden demnach drei Stufen der Kritik:

## Sanfte Formulierungen

Die erste Stufe ist ein sehr sanfter Hinweis auf ein Fehlverhalten. Dabei kann die Wirkung durch eine positive Formulierung erhöht werden. Beispielsweise einem Mitarbeiter zu sagen, was er tun soll, und nicht, was er nicht tun soll: „Seien Sie pünktlich" anstatt „Kommen Sie nicht dauernd zu spät".

✎— **Unser Verhalten ist das Produkt und das Ergebnis unserer Gedanken und unseres Unterbewusstseins.**

Unser Unterbewusstsein kennt nur Begriffe und kann Verneinungen von Begriffen nicht verarbeiten. Unser Unterbewusstsein kann zwischen der Aufforderung „Denken Sie jetzt bitte an eine Zigarette" und „Denken sie jetzt bitte nicht an eine Zigarette" nicht unterscheiden. In beiden Fällen hören wir den Begriff „Zigarette". Hierfür ist in unserem Gehirn ein Bild abgespeichert und dieses Bild löst in uns ein Gefühl aus, je nachdem wie dieser Begriff gemäß unserer Erfahrung besetzt ist.

In der Hypnose lässt sich dieses Phänomen noch besser verdeutlichen. Wenn jemand, der sich im Zustand der Hypnose befindet, die Aufforderung bekommt: „Nehmen Sie bitte das Glas in die Hand", wird er dies tun. Erhält er die Aufforderung: „Nehmen Sie bitte das Glas nicht in die Hand", wird er das Glas ebenso in die Hand nehmen. Das Unterbewusstsein kann mit der Anweisung „nicht in die Hand nehmen" nichts anfangen. Wir kennen alle das Beispiel, wenn wir zu einem Kind sagen: „Mach dich nicht schmutzig!" – und schon ist es von unten bis oben voll.

Es gab in Deutschland einen interessanten Versuch mit zwei Gruppen von jeweils zwanzig Schulkindern. Die erste Gruppe erhielt die Aufgabe, mit einem Fahrrad durch den Park zu radeln, unter der Bedingung, nicht durch die Pfützen zu fahren. Die zweite Gruppe erhielt dieselbe Aufgabe, jedoch mit der Formulierung, „Schauen wir einmal, wer es von euch schafft, mit dem Fahrrad um die Pfützen herumzufahren." Das Testergebnis war erstaunlich. Bei der ersten Gruppe waren fast alle Kinder nass. Bei der zweiten Gruppe gab es nur wenige Ausreißer, die sich nicht zurückhalten konnten, eine Wasserschlacht zu veranstalten.

## „Ich-Botschaften" statt „Sie-Botschaften"

Die nächste Stufe der Kritik sind sogenannte „Ich-Botschaften". Diese beschreiben die Wahrnehmung des Verhaltens und vermeiden den Angriff. Sie enthalten:

- Beschreibung des Verhaltens,
- die Folgen/Konsequenzen daraus,
- Gefühlsausdrücke.

Es ist zu beachten, dass bei einer Kritik immer die Folgen des Verhaltens kritisiert werden sollen und nicht nur das Verhalten selbst.

- Beispiel „Sie-Botschaft": *„Sie kommen dauernd zu spät, Sie sind unmöglich!"*
- Beispiel „Ich-Botschaft": *„Dadurch, dass Sie zu spät kommen, müssen alle anderen warten. Die Zeit könnten wir wesentlich besser investieren und das ärgert mich."*

Ziel ist es, den Mitarbeiter zum Nachdenken zu bringen und dass er sein Fehlverhalten einsieht und ändert.

- Beispiel „Sie-Botschaft": *„Sie sind aggressiv!"*
- Beispiel „Ich-Botschaft": *„Sie wirken auf mich aggressiv!"*

Die Wahrscheinlichkeit, dass der Mitarbeiter hinterfragt, warum er auf andere so wirkt, ist wesentlich höher als bei einer Sie-Botschaft. Diese wird häufig als Vorwurf oder Angriff verstanden.

## Das Kritikgespräch

Was ich von den Japanern gelernt habe, ist präzise zu sein. Einen Mitarbeiter zu kritisieren, ist an sich keine große Sache. Entscheidend ist jedoch die Wirkung, die ich mit meiner Kritik erziele, und vor allem, ob ich mein Ziel erreiche. Es geht um Verhaltensänderung. Das Verhalten eines erwachsenen Menschen, welches sich über Jahrzehnte geformt und gefestigt hat, zu verändern, ist alles andere als einfach. Umso wichtiger ist es, das „Instrument Kritikgespräch" präzise zu durchleuchten.

Das Kritikgespräch ist die dritte Stufe der Kritik und wird dann notwendig, wenn ein Mitarbeiter zum wiederholten Male ein Fehlverhalten zeigt beziehungsweise wenn es sich um ein schwerwiegendes Vergehen handelt.

Regeln für das Kritikgespräch:
- unter vier Augen,
- in einem geschlossenen Raum,
- Telefon ausschalten und für eine ungestörte Atmosphäre sorgen,
- einen konkreten Termin vereinbaren.

Struktur des Kritikgespräches

Grafik: Reinhard Lindner

- neutraler, aber fairer, wertschätzender Einstieg (die Brücke muss tragen),
- das Problem ansprechen,
- Zahlen, Fakten und Daten liefern,
- Betroffenheit und Enttäuschung zum Ausdruck bringen,
- Schweigen,
- Zustimmung für das Fehlverhalten vom Mitarbeiter einholen,
- Verbesserungsvorschläge und Maßnahmen vom Mitarbeiter präsentieren lassen, wie in Zukunft dieses Fehlverhalten vermieden werden kann. (Wenn Lösungen vom Mitarbeiter nicht erkannt werden, macht der Vorgesetzte Vorschläge.)
- auf das Einhalten und die Umsetzung der Maßnahmen beharren,
- eventuell Vereinbarung von Konsequenzen bei Nichteinhaltung (auf die Wortwahl achten, „drohen", ohne zu „drohen"),
- Verabschiedung/neutraler Ausstieg.

*Ein Fallbeispiel*
Herr Huber ist Mitarbeiter der Firmenkundenabteilung und seit fünf Jahren in der Kommerzkundenbetreuung tätig. Seine Performance ist überdurchschnittlich gut. Herr Huber kommt jedoch bei Besprechungen immer wieder zu spät und hat wichtige Unterlagen oftmals schlecht aufbereitet. Er wurde bereits auf diese problematische Vorgehensweise hingewiesen, jedoch ohne nachhaltigen Erfolg. Sie wollen dieses Problem ein für alle Mal aus der Welt schaffen.

*Neutraler, aber fairer und wertschätzender Einstieg:*
„Herr Huber, Sie sind nun seit fünf Jahren Mitarbeiter in meiner Abteilung, bringen unserer Bank gute Vertriebszahlen und sind somit eine wertvolle Säule unseres Teams, was die Umsätze betrifft." Der Einstieg läuft nach dem Motto: Die Brücke muss tragen. Der Mitarbeiter muss das Gefühl haben, dass der Vorgesetzte sehr wohl auch seine Stärken kennt und schätzt. Bei der Gesprächseröffnung eine positive Eigenschaft des Mitarbeiters anzusprechen,

hat zusätzlich den Vorteil, dass der Mitarbeiter diese Stärke im Laufe des Kritikgespräches nicht mehr ausspielen kann, weil dies der Vorgesetzte bereits getan hat. Wir nehmen ihm damit eine wichtige Waffe aus der Hand.

*Problem ansprechen:*
„Der Grund, warum ich Sie zu diesem Gespräch eingeladen habe, ist jedoch ein anderer. Es gibt eine Sache, die mir sehr am Herzen liegt, und zwar geht es um Ihre Pünktlichkeit bei Besprechungen und die Art und Weise, wie Sie Ihre Unterlagen aufbereiten."
An dieser Stelle wird das Fehlverhalten des Mitarbeiters angesprochen und die Wichtigkeit durch eine Emotion noch verstärkt.

*Zahlen, Fakten und Daten liefern/Betroffenheit und Enttäuschung:*
„Wir hatten am 24. März eine Besprechung, bei der Sie 15 Minuten zu spät waren und die Verpfändungsurkunde fehlte, sodass (Folgen erklären …) Am 29. waren Sie zwar pünktlich, aber wir benötigten für die Sitzung doppelt so lange, weil der Kreditantrag der Firma XY so schlecht aufbereitet war, dass … Gestern bei der Abteilungsbesprechung haben wir wieder 10 Minuten auf Sie waren müssen, und auf die Bestätigung der Vinkulierung haben Sie einfach vergessen. Herr Huber, ich hätte Sie nicht als so unprofessionell eingeschätzt und ich muss Ihnen ganz ehrlich sagen, ich bin von Ihnen enttäuscht."
Wenn Sie an dieser Stelle das Fehlverhalten des Mitarbeiters nicht mit Fakten und Daten belegen können, entsteht sofort eine Diskussion. Der Mitarbeiter wird das Vergehen abschwächen und oft glaubwürdige Ausreden parat haben. Wenn in dieser Phase des Gespräches eine Diskussion entsteht, ist dies ein Indikator dafür, dass Sie etwas falsch gemacht haben.
Es kann auch sein, dass der Mitarbeiter Sie bei der Aufzählung der Vorkommnisse unterbricht und ein Argument einwirft. Dies dürfen Sie auf keinen Fall zulassen. Sie müssen die Kritik in einem Schwung loswerden. Es muss den Mitarbeiter treffen wie eine Lawine. Einem Schneeball kann man ausweichen, einer Lawine

nicht. Falls der Mitarbeiter Sie unterbricht, weisen Sie ihn darauf hin, dass er im Anschluss Gelegenheit hat, seinen Standpunkt darzustellen. Fahren Sie jedoch konsequent mit Fakten fort.

Um an dieser Stelle die Brücke zu Budo herzustellen: Es gibt in den Kampfkünsten den Begriff „todome". Todome bedeutet: „alles geben, mit einer Technik die Offensive des Gegners zerstören". Bei einem Kritikgespräch muss der Vorgesetzte so gut vorbereitet sein, dass er aufgrund der Fakten dem Mitarbeiter keine Möglichkeit gibt, sich herauszureden.

Wenn Sie nicht genügend Fakten gesammelt haben und Ihre Vorwürfe auf Vermutungen aufgebaut sind, wird der Mitarbeiter kämpfen wie ein Löwe und Ihnen Ihre Behauptungen vom Tisch wischen, denn er möchte seine Haut retten. Meist liegt es an der mangelhaften Vorbereitung. Wenn Sie sich nicht ganz sicher sind, warten Sie lieber mit einem ernsthaften Kritikgespräch ab, bis Sie sich ein klares Bild von der Situation gemacht haben, und dann handeln Sie, aber dafür umso entschlossener.

Ein Kritikgespräch in der Form und Intensität, wie ich es hier beschreibe, kommt in der Praxis (hoffentlich) sehr selten vor. Sollten Sie jedoch das Gefühl haben, es sei nötig, zögern Sie nicht, es zu führen. Es stärkt Ihre Führungsposition und fördert den Respekt.

*Schweigen:*
Nachdem Sie dem Mitarbeiter die Fakten unzweifelhaft dargestellt haben und Sie ihn Ihre Enttäuschung spüren haben lassen, sehen Sie ihm in die Augen und verleihen Sie durch Ihr Schweigen dem noch Nachdruck.

➤ **Sie können durch nichts mehr Druck erzeugen als durch Schweigen.**

Das kann durchaus einige Sekunden dauern. Aber diese sind extrem unangenehm für den Beschuldigten, zumal er weiß, dass Sie Recht haben. Falls der Mitarbeiter auch schweigt und die Stille zu lange dauert, können Sie auch nachfragen, ob er einsieht, dass sein Verhalten keine Basis für eine erfolgreiche Zusammenarbeit ist.

*Zustimmung des Mitarbeiters einholen:*
Sie brauchen an dieser Stelle eine Zustimmung, ein „Schuldein-
geständnis" des Mitarbeiters. Wenn er sein Fehlverhalten einsieht, ist dies bereits ein Verhandlungserfolg. Das Eingeständnis
können Sie ohne Weiteres positiv quittieren, etwa so: „Das freut
mich, dass Sie einsehen, dass wir so nicht weiterarbeiten können.
Damit wäre der erste Schritt schon getan."

*Verbesserungsvorschläge/Maßnahmen erarbeiten:*
„Was können Sie jetzt tun, damit dies in Zukunft nicht mehr vor-
kommt?"
Entscheidend ist in dieser Phase, dass nicht der Vorgesetzte dem
Mitarbeiter verdeutlicht, wie er sich künftig zu verhalten hat,
sondern dass dies vom Mitarbeiter selbst kommt. Sollte der Mitarbeiter keine konstruktiven Lösungsvorschläge einbringen, können Sie ihm dabei helfen. Zum Beispiel: „Was halten Sie davon,
wenn Sie künftig …?"

*Auf Verbindlichkeit pochen:*
„Ich gehe davon aus, dass die Maßnahmen, die Sie ergreifen wollen,
konsequent eingehalten werden. Ich verlasse mich auf Ihr Wort."
Mit dieser Formulierung bringen Sie den Mitarbeiter in eine moralische Verpflichtung und verstärken somit die Wahrscheinlichkeit der Verhaltensänderung.

*Ansprechen von Konsequenzen (optional):*
„Sie werden verstehen, dass ich mir die Situation in der nächsten
Zeit genauer anschauen werde. Ich möchte nicht, dass ich Konsequenzen (Konsequenzen nennen) einleiten muss, die wir beide
nicht wollen. Da ich davon ausgehe, dass Sie sich an unsere jet-
zige Vereinbarung halten, wird dies auch nicht notwendig sein,
oder?" Jetzt nochmals Zustimmung abholen.

*Verabschiedung:*
„Gut, wenn das alles so eintritt, wie wir das jetzt besprochen

haben, werden wir auch in Zukunft wieder gut zusammenarbeiten."

Achtung! Jetzt auf keinen Fall noch ein anderes Thema behandeln. Das Kritikgespräch darf nicht mit anderen Themen gemischt werden, sonst wird es abgeschwächt und die Wirkung geht verloren. Auch wenn der Mitarbeiter selbst ein anderes Thema einbringt, vertrösten Sie ihn auf einen anderen Termin.

### Reaktion der Führungskraft bei starrem Verhalten des Mitarbeiters

*Ein Fallbeispiel*

In einer Großbäckerei sollen vorbildliche Hygienestandards eingeführt werden. Unter anderem sollten alle Bäcker ab sofort Hauben in der Backstube tragen. Die neuen Hygienestandards werden medial ausgeschlachtet. Aber einer der besten und langgedienten Mitarbeiter verhält sich stur und weigert sich, die Haube aufzusetzen. Es handelt sich um einen echten Leistungsträger in der Backstube, den der Produktionsleiter nicht verlieren möchte. Wenn er jedoch bei diesem einen Mitarbeiter eine Ausnahme macht, ist das kontraproduktiv für alle anderen und die neuen Hygienevorschriften sind Geschichte. Wie soll sich der Vorgesetzte verhalten? In Vorgesprächen wurden bereits der Grund und die Sinnhaftigkeit dieser Maßnahme erklärt. Der Mitarbeiter weigert sich jedoch und bleibt stur.

Hier gilt wieder das Samurai-Prinzip „Niemals Kraft gegen Kraft", zumindest noch nicht an dieser Stelle des Konfliktes. Ich empfehle eine elegante Lösung. Bringen Sie das Thema auf die nächsthöhere Ebene: „Wir haben deswegen in unserem Unternehmen in der Vergangenheit so großen Erfolg gehabt, weil wir uns an bestimmte Spielregeln gehalten haben. Mit der Vorreiterrolle bei den Hygienestandards heben wir uns von unseren Mitbewerbern ab, was wir auch medial verwerten werden, und damit sichern wir unsere Marktposition und unseren Standort ab. Deshalb gehe ich davon aus, dass auch Sie sich daran halten und ab morgen die Haube aufsetzen, einverstanden?" Das Gespräch dreht sich jetzt nicht mehr um eine neue Regelung, die der Mitarbeiter für unnütz erachtet, sondern um den zukünftigen Erfolg, der auf gemeinsame Spielregeln zurückzuführen ist. In der Regel lenkt jetzt der Mitarbeiter ein und das Problem ist gelöst.

Der Mitarbeiter bleibt in unserem Fall jedoch stur und will diese Regelung nicht akzeptieren: „Das ist ja schön und gut. Nur ich glaube nicht, dass die Haube einen so großen Einfluss auf unseren zukünftigen Erfolg hat und deswegen werde ich sie nicht aufsetzen."
Damit die Situation nicht eskaliert, hat der Vorgesetzte nur noch die Möglichkeit, das Thema eine Stufe höher zu verlagern. Andernfalls würde er sich wiederholen oder er müsste zu Autoritätsmitteln greifen und dadurch die Beziehungsebene zerstören.
Vorgesetzter: „Die Haube ist nur eine von vielen Maßnahmen, auf denen unser Erfolg beruht, und ich bin dafür verantwortlich, dass diese Maßnahmen umgesetzt werden. Wenn Sie sich jetzt nicht daran halten, heißt das, dass Sie vorsätzlich gegen mich arbeiten, und Sie werden verstehen, dass ich es nicht akzeptieren kann, dass ein Mitarbeiter in meiner Abteilung bewusst gegen mich arbeitet, sehen Sie das ein?" Der Mitarbeiter lenkt meist insofern ein, als er ja nichts gegen seinen Vorgesetzten persönlich hat. Dies legitimiert den Vorgesetzten zu sagen: „Also Sie werden ab morgen die Haube aufsetzen, ist das klar?"
Wenn sich der Mitarbeiter jetzt immer noch weigert, dann legt er es auf einen direkten Konflikt mit dem Vorgesetzten an. In so einem Fall geht es aber nicht mehr um eine Neuregelung, sondern die Gründe sind weit tiefgreifender. Selbstverständlich muss der Vorgesetzte jetzt Konsequenzen aus diesem Fehlverhalten ziehen. Der Mitarbeiter soll jetzt spüren, wer stärker ist und wer am längeren Hebel sitzt. So gut kann die Leistung eines einzelnen Mitarbeiters gar nicht sein, dass es ein Vorgesetzter

tolerieren kann, einen Mitarbeiter vorsätzlich gegen sich arbeiten zu lassen.

*Ein weiteres Fallbeispiel*
Ich hatte einmal bei einem großen japanischen Kopiergerätehersteller folgende Situation: Ein Vertriebsmitarbeiter, der einer der stärksten Umsatzträger war, nahm sich unverhältnismäßig viele Freiheiten heraus und begründete dies stets durch seine außergewöhnliche Leistung. Er tanzte sprichwörtlich seinem Verkaufsleiter auf der Nase herum, gestärkt im Glauben, dieser könne keinesfalls auf ihn verzichten. Die Situation spitzte sich so zu, dass ein „Führen" des Mitarbeiters kaum mehr möglich war, die Autorität des Vorgesetzten darunter litt und der Rest des Teams rebellisch wurde.
Im Seminar fragte mich der Verkaufsleiter, wie er sich verhalten solle. Ich gab ihm ohne eine Sekunde zu zögern den Rat, den Quertreiber zu entlassen. Darauf erwiderte mir der Verkaufsleiter, dass er die besten Kunden betreue und einen erheblichen Anteil des Jahresumsatzes generiere.
Ich aber verstärkte meine Aussage, er solle ihn kündigen. Das Ergebnis würde sein, dass die Umsätze vorübergehend etwas zurückgehen würden, jedoch mit dieser mutigen Entscheidung eine Signalwirkung gesetzt werde. Was viel wichtiger war, war die Tatsache, dass unter den restlichen Verkäufern ein Rennen entstehen würde, wer die neue Nummer 1 wird. Dies kann wie ein Katalysator wirken und dem ganzen Verkaufsteam eine enorme Dynamik verleihen. Der Verkaufsleiter befolgte meinen Rat und bestätigte mir, dass er bereits nach einem halben Jahr mit dem Rest des Teams und einem neuen Mitarbeiter den Gesamtumsatz steigern konnte.

➤ „you feel. you go!" Tun Sie, was Sie tun müssen,
um die Konsequenzen wird sich Buddha kümmern.

## 4.7 Die Fähigkeiten integrer Führungskräfte

Führungskräfte werden nicht geboren. „Die Komplexität, Menschen in Organisationen zu führen, ist vergleichbar mit der Fähigkeit, ein Flugzeug zu fliegen, eine schwierige Operation durchzuführen oder ein Musikstück zu komponieren", schreibt Werner Katzengruber in seinem Buch *Lead – Mythos Führungskraft*.[104] Welch eine elementare Rolle Führungskräfte in Schlüsselpositionen in einem Unternehmen spielen, sieht man häufig erst, wenn sie nicht mehr da sind. Natürlich gibt es eine Vielzahl von Fähigkeiten, welche eine Führungskraft besitzen sollte. Ich möchte mich in diesem Kapitel auf zwei dieser Fähigkeiten konzentrieren:
1. Mut haben
2. ein Visionär sein.

**Mut ist eine der wichtigsten Tugenden, die eine Top-Führungskraft mitbringen sollte.**

Der weit verbreiteten Meinung, Mut sei ein Karrierekiller, kann ich nichts abgewinnen. Ich habe im Kapitel „Mut" bereits einiges dazu geschrieben. Dennoch erscheint mir diese Fähigkeit als eine Kernkompetenz im Management. Mutlose Führungskräfte lassen sich zu „Ja-Sagern" degradieren und enttäuschen lieber ihre Mitarbeiter. Mutige Manager sind aber keine Rebellen. Sie wollen nicht eine Revolution vom Zaun brechen, sondern vielmehr eine Evolution vorantreiben. Mutige Führungskräfte stehen zu ihrer Meinung und sind entschlossen, diese auch umzusetzen.

**Starke Führungskräfte haben starke Mitarbeiter.**

Exzellente Manager suchen sich Top-Leute für ihr Team, um etwas zu bewegen, um Themen voranzutreiben. Sie konzentrieren sich auf die Sache und nicht auf ihre Position. Sie sind mit ihren Aufgaben, Zielen und Visionen beschäftigt und weniger mit sich selbst. Sie schaffen Rahmenbedingungen für die Bestleistungen ihrer Mitarbeiter, weil sie selbst Bestleistungen erbringen. Sie sind selbst im Flow und lassen diese Begeisterung auf ihre Mannschaft überspringen. So entsteht ein kollektiver Flow. In diesem Zustand ist ein Team fähig, das Unmögliche möglich zu machen. Jeder wächst mit der Aufgabe und das Schöne daran ist, es macht auch noch Spaß. Doch das setzt Mut und oft mutige Entscheidungen voraus. Wer wirklich Mut und Rückgrat besitzt, das zeigt sich oft erst in Extremsituationen.

Václav Havel[105] hat beispielsweise in der Zeit, in der er im Gefängnis saß, Deutsch und Englisch gelernt und sich nebenbei durch einen strengen Trainingsplan körperlich unglaublich fit gehalten. Hinter Gittern hat er die Václav-Havel-Universität gegründet und so regen Kontakt zu seinem Netzwerk nach draußen halten können. In einem Interview hat er erzählt, wie vielen sogenannten Topmanagern er im Gefängnis begegnet ist, die dort zu alten Waschweibern wurden und in Selbstmitleid verfallen sind. *Sai sen* hat Nishiyama Sensei immer gesagt: Jeder Moment kommt nur einmal, mache das Beste daraus.

➤ **Voraussetzungen, um Mut zu entwickeln, sind Selbstvertrauen und Fehlertoleranz.**

Wenn ein Mitarbeiter sofort Sanktionen zu erwarten hat, wenn er auch nur das Geringste falsch macht, wird er immer den sicheren Weg wählen und unter seinen Möglichkeiten bleiben. Solange ein Mitarbeiter nicht absichtlich oder vorsätzlich etwas falsch macht, gestehen Sie ihm eine gewisse Fehlertoleranz zu. Dadurch stärken Sie sein Selbstvertrauen und Sie bringen den Entwicklungsprozess in Gang. „Fehler sind dein Lehrer", hat Nishiyama Sensei in seinen Trainings immer propagiert. „Fehler sind willkommen, aber zögere nicht beim Handeln", hat er meist noch ergänzt.

Im Karatetraining, und noch stärker im Karatewettkampf, bedanken wir uns beim Gegner, wenn dieser bei uns einen Treffer landet. Einen Treffer einstecken zu müssen, bedeutet „Kyo", und Kyo ist eine Schwachstelle. Eine Schwachstelle wurde aufgezeigt, also hat man einen Fehler gemacht und diesen hat der Gegner sofort ausgenützt.

### ✎← Der Sieger ist in Wirklichkeit der Verlierer!

Die japanische Denkweise drückt aus, dass der Sieger eines Turniers in Wirklichkeit der Verlierer ist, da ihm am wenigsten Fehler aufgezeigt wurden und er im täglichen darauffolgenden Training die wenigsten Ansatzpunkte zur Verbesserung seiner Kunst findet. Das ist eine für uns ungewohnte Sichtweise. Wenn man jedoch davon ausgeht, dass es im Leben ausschließlich darum geht, sich weiterzuentwickeln, ist dieser Gedankengang durchaus nachvollziehbar.

Unseren Wohlstand, wahrscheinlich sogar unser Überleben, verdanken wir nicht den Realisten und vernunftbetonten Menschen, sondern vielmehr den Exoten und Visionären. Visionen zu haben, bedeutet, die Fähigkeit zu besitzen vorauszuschauen. So gesehen ist eine Vision der Intuition sehr ähnlich. Bei Visionen geht es nicht darum, die Zukunft kurz- oder mittelfristig zu planen. Es geht auch nicht um langfristige Ziele.

### ✎← Ziele sind planbar, Visionen nicht.

Menschen brauchen Orientierung, heute mehr denn je. Eine visionäre Führungskraft, welche es schafft, die Mitarbeiter für ihre Visionen zu begeistern, kann unglaublich viel Energie freisetzen. Alexander Graham Bell[106] machte das Telefon in den USA marktfähig. Zu diesem Zeitpunkt hatte er die Vision, dass eines Tages alle amerikanischen Haushalte ein Telefon besitzen würden. Mit

Sicherheit damals eine gewagte Vorstellung, die aber heute bei weitem übertroffen wurde. Der Unternehmenschef von *DEC*, Ken Olsen, sagte 1977 in einem Interview für ein Fachmagazin, er sehe keinen Grund, warum eine Privatperson einen Computer besitzen sollte. Er sei viel zu teuer und im Verhältnis zum Nutzen unwirtschaftlich.[107] Steve Jobs von *Apple* war da schon anderer Meinung. Er war besessen von der Idee, ein Computer müsse auf jeden Schreibtisch. Wir sehen, welch enorme Potenziale eine Vision freisetzen kann. Wir brauchen natürlich nicht immer so hochgesteckte Ziele als Benchmark nehmen, dürfen uns aber auch nicht zu sehr eingrenzen.

Wie attraktiv Ihr Unternehmen als Arbeitgeber ist, hängt stark von den Visionen ab, welche das Unternehmen nach außen trägt. Dies beweisen zahlreiche Studien, wenn es um das Thema „great place to work" geht.

Ich hatte das Glück, in meinem Leben einigen Visionären zu begegnen. Ich habe aber auch sehr schnell ein Gespür dafür entwickelt, Visionäre von Träumern oder gar Schwätzern zu unterscheiden. Visionäre können nicht nur groß denken, sondern verfolgen ihre Vision mit Ernsthaftigkeit, haben eine Strategie und sind vor allem fleißig. Ich werde den Anruf von meinem Freund Dr. Włodzimierz Kwiecinski niemals vergessen, als er zu mir sagte: „Ich habe eine Vision: Es tut sich die Gelegenheit auf, 64 Hektar Land zu kaufen und unserer Kunst, dem Traditionellen Karate, ein Zuhause zu geben, was meinst du?" Ich konnte die Energie spüren, die sich durch das Telefon zu mir übertrug. Ich konnte Leidenschaft und Entschlossenheit in seiner Stimme erkennen, und ich ermutigte ihn, diesen Schritt zu gehen.

Als zehn Jahre später Lech Wałęsa das Zentrum „Dojo Stara Wieś" (siehe auch Seite 121) offiziell eröffnete, ging ein Traum in Erfüllung. In diesem Moment spürte ich, dass ich lebe und welche Glücksgefühle Visionen auslösen können.

## Epilog

### Mein größter Sieg

Dieses Buch endet mit einem für Managementbücher unüblichen Epilog ...

Ich habe sehr lange überlegt, ob die folgenden Seiten ein Teil des Buches werden sollten, gewähren sie doch einen tiefen Einblick in mein privates Leben. Aber der *Samurai Manager* spiegelt mein Leben wider; er ist geprägt von meinen Erfahrungen, meinem Lernen und meiner persönlichen Entwicklung. Die folgende Episode soll auch verdeutlichen, dass es eine enorme Hilfe in den verschiedensten Lebenssituationen sein kann, die Werte der Samurai ins tägliche Leben zu integrieren, nicht nur im Business und bei Verhandlungen.

Nishiyama Sensei hat am Beispiel des japanischen Schwertschmiedes erklärt, dass das Streben nach Perfektion und die vollkommene Hingabe an eine Sache ein Weg sind, seinen Charakter zu formen und weiterzuentwickeln. Das folgende Beispiel aus meinem Privatleben zeigt, wie die Prinzipien aus dem Budo mich persönlich geformt und mein Verhalten geprägt haben.

Ich war in einer schwierigen Ehe, aus der unser gemeinsamer Sohn Kim hervorging. Die Beziehung endete in einer unschönen Scheidung und meine Ex-Frau zog dreihundertfünfzig Kilometer weg, sodass das regelmäßige Ausüben des Besuchsrechtes aufgrund der großen Entfernung für mich schwierig wurde. Dennoch war für mich klar, dass mein Sohn wegen einer gescheiterten Ehe nicht als „Halbwaise" aufwachsen sollte. Mir war bewusst, dass ein zweijähriges Kind auch seinen Vater braucht, und ich wollte ihm so viel wie möglich auf seinen Weg mitgeben. Die österreichische Gesetzgebung ist oft nicht sehr „väterfreundlich", wenn es um das Besuchsrecht oder gar das Sorgerecht für ein Kind geht. Die Tatsache, dass ich mich von den Behörden größtenteils im Stich gelassen fühlte, verschärfte die Situation noch zusätzlich.

Die Mutter meines Sohnes verhielt sich zwar rechtlich korrekt, versuchte jedoch konsequent, den Kontakt zwischen mir und Kim zu unterbinden. So kam es, dass ich insgesamt 28 Mal innerhalb von acht Jahren den Weg, um mein Besuchsrecht auszuüben, „umsonst" antrat. Ich weiß nicht, welche Emotionen Sie verspüren würden, wenn Sie sich jeden zweiten Freitag im Monat – oftmals unter schwierigen beruflichen Umständen – frei nehmen, um dann nach vier Stunden Autofahrt vor verschlossenen Türen zu stehen ... Die weiteren vier Stunden Heimfahrt waren meist von einer Mischung aus Wut, Machtlosigkeit und Verzweiflung geprägt.

*Anytime keep stable emotion* – „Niemals die Kontrolle verlieren", hatte doch Nishiyama Sensei immer gepredigt. In dieser Situation fiel es mir wahrlich schwer, mich daran zu halten. *Focus the target,* hatte er auch immer gesagt, mein Ziel war ganz klar und ich verlor es niemals aus den Augen. Ich wollte zur Entwicklung meines Sohnes aktiv etwas beitragen und ihm Werte auf seinen Weg mitgeben. So entwickelte ich eine Strategie, wie ich doch noch mein Ziel realisieren konnte.

Ich bekam beispielsweise von der Leiterin des Kindergartens, den Kim besuchte, die Erlaubnis, meinen Sohn dort zu treffen und mit ihm zu spielen. Dies tat ich so regelmäßig, dass es mir auf diesem Weg gelang, den Kontakt zu meinem Sohn zu intensivieren. Als er in die Schule kam, setzte ich beim Landesschulinspektor durch, dass ich am Turnunterricht (aufgrund meiner sportlichen Ausbildung) teilnehme und bei schulischen Veranstaltungen wie Wander-, Schi- oder Schwimmtagen und auch bei Exkursionen mitfahren durfte. Mehr und mehr machte sich Kim so sein eigenes Bild und begann mir zu vertrauen. Schließlich war er alt genug, selber entscheiden zu können, sodass er bereit war, die Wochenenden mit mir zu verbringen. Es entwickelte sich eine tiefe und unglaublich wertvolle Beziehung zu meinem Sohn, die ich um nichts auf der Welt missen möchte.

Eines Tages diskutierten wir über Geschenke und ich fragte ihn, was das schönste Geschenk sei, das er bisher von mir erhalten hatte. Ich erwartete mir jetzt Aufzählungen wie „das coole Mountainbike", „das Handy" oder die „Play Station". Als er jedoch sagte: „Weißt du, das schönste Geschenk von dir ist die viele wunderbare Zeit, die wir schon gemeinsam miteinander verbracht haben", schossen mir die Tränen in die Augen. Ich spürte, dass ich es geschafft hatte. Das war mein größter Sieg. Es war nicht mein Europacup-Titel im Traditionellen Karate, nicht mein Lektorat an Universitäten in China und in Tokio oder der erfolgreiche Aufbau eines Joint Ventures, was mich stolz gemacht hat. Ich hatte meinen Sohn wieder! Ich drückte ihn ganz fest an mich und sagte ihm: „Das war jetzt das schönste Geschenk, das du mir hast machen können."

Den Kontakt zu meinem Sohn nicht zu verlieren und es möglich zu machen, dass ich einen wichtigen und wertvollen Beitrag zu seiner Entwicklung leisten durfte und darf, war die härteste Lektion meines Lebens.

Alle Werte, die ich mir in meinem jahrelangen Karatetraining angeeignet hatte, und die Weisheiten, die mich Meister Nishiyama gelehrt hatte, fanden in dieser privaten Krisensituation ihre Anwendung.

- **ZIELFOKUSSIERUNG UND ENTSCHLOSSENHEIT:** Ich hatte ein ganz klares Ziel vor Augen: wertvolle Zeit mit meinem Sohn zu verbringen und zu seiner Entwicklung etwas beizutragen.
- **GELASSENHEIT** war jene Fähigkeit, die ich am öftesten benötigte, denn mir war klar, wenn ich meine Mitte verlieren, die Emotionen mit mir durchgehen würden, wäre alles umsonst.

- **RESPEKT:** Obwohl ich mich von den Behörden im Stich gelassen fühlte, musste ich Respekt und Höflichkeit ihnen gegenüber zeigen. Ich hätte es sonst nicht geschafft, die Erlaubnis zu bekommen, an schulischen Veranstaltungen teilzunehmen. Ich hatte auch in dieser ganzen schwierigen Phase Kim gegenüber nie ein schlechtes Wort über seine Mutter verloren. Ich zollte ihr Respekt, denn schließlich und endlich hatte sie mir einen wunderbaren Sohn geboren. Dafür bin ich auch heute noch unendlich dankbar.
- **DURCHHALTEVERMÖGEN:** Davon benötigte ich eine gewaltige Portion: Der ganze Prozess zog sich über mehr als acht Jahre hin.
- **INTUITION:** Mein Gefühl gab mir Recht. Meine Intuition sagte mir: „Kämpfe ohne zu kämpfen, es ist dein Sohn." Im richtigen Moment hatte ich richtig gehandelt, indem ich vorausschauend einen Plan entwickelte, um Einrichtungen wie Kindergarten und Schule für mich zu gewinnen. Ich handelte aus Liebe zu meinem Sohn, ich verließ mich auf meine Intuition.

Die Werte der Samurai zu leben, ist eine enorme Hilfe in den verschiedensten Lebenssituationen. Nicht nur im Business und bei Verhandlungen, viel wichtiger ist es, sie auch ins tägliche Leben zu integrieren. Somit bestimmen die Werte Ihr Tun. Das Tun formt Ihre Gewohnheiten. Die Gewohnheiten prägen Ihren Charakter. Ihr Charakter bestimmt Ihr Schicksal. So lässt sich alles auf gelebte Werte reduzieren. Sie sind die Basis unseres Zusammenlebens und die Basis einer gesunden Gesellschaft.

# Dank

*Ein starker Geist ist das Wichtigste.*
Hidetaka Nishiyama im Mai 2008 in Polen
bei seinem letzten Lehrgang

Vor den letzten Zeilen dieses Buches stehend, verspüre ich eine tiefe Dankbarkeit und Freude. Ich bin dankbar, etwas weitergeben zu können, was mich in meinem Leben weitergebracht hat. Ich freue mich, wenn Ihnen dieses Buch die eine oder andere Antwort auf Ihre Fragen liefern konnte. Mehr auf Qualität und Tiefgang in Ihren Handlungen zu setzen und so manche Entscheidung unter einem neuen Blickwinkel zu betrachten, ist das, was ich in diesem Buch vermitteln will.

**you feel. you go!**

Mein aufrichtiger Dank gilt den Personen, die mich ermutigt haben, dieses Buch zu schreiben, und die mich dabei direkt oder indirekt unterstützt haben. Allen voran meiner lieben Frau Moni, welche bei Schlüsselthemen immer ein guter Sparringpartner war und hervorragend reflektierte. Den vielen Interviewpartnern wie meinem Wahlbruder Włodzimierz Kwiecinski und Avi Rokah Sensei. Meiner Assistentin Susanna Mündler-Pandur, die das Samurai Manager-Projekt mit unvergleichlichem Engagement mitträgt und mitprägt. Dr. Michael Grandt und Angela Rennhack haben mich beim Redigieren tatkräftig und professionell unterstützt. Hidemaro Shimoda ermöglichte mir, mit dem Samurai Manager-Thema ins Ursprungsland nach Japan zu gehen, und

Steve Nakada hat mir dort wichtige Tore geöffnet. Und natürlich auch ein großes Dankeschön an die Verlagsgruppe Styria, welche an das Buchprojekt von Anfang an geglaubt und mir das Vertrauen geschenkt hat.

# Anhang

## Das Samurai Manager-Programm

Das vorliegende Buch ist nicht zuletzt die Essenz meiner langjährigen Tätigkeit als Managementtrainer. Es bündelt die Erkenntnisse, auf denen die *Samurai Manager-Seminare* basieren. Viele Anregungen, Gespräche und Fragen aus den Seminaren sind auch in den Text eingeflossen.

Das Qualifizierungsprogramm für Führungskräfte und Vertriebsmitarbeiter, *Der Samurai Manager*, wird aktuell in drei Stufen angeboten:
1. Der Samurai Manager Basic (3-tägig)
2. Der Samurai Manager Advanced (3-tägig)
3. Der Samurai Manager for Experts (2-tägig)

Anmeldungen zum Seminar beziehungsweise für Informationen für einen Vortrag zum Thema *Der Samurai Manager* richten Sie bitte an: **office@dersamuraimanager.com**

An dieser Stelle möchte ich mich bei folgenden langjährigen Partnern des *Samurai Manager-Programms* bedanken.
• Mazda Austria GmbH
• GreenWell GmbH
• IONIT healthcare GmbH
• Lefor Oberbauer GmbH
• Centrum Japońskich Sportów i Sztuk Walki „Dojo – Stara Wieś"

# Anmerkungen

1 *Japan Karate Association*
2 Trainingsraum
3 Aus: Inazo Nitobe: Bushido. Der Ehrenkodex der Samurai, Anaconda Verlag, Köln 2003, S. 27
4 Vgl. dazu Gundula Linck: Yin und Yang. Auf der Suche nach der Ganzheit im chinesischen Denken, C. H. Beck, München 2006
5 Matthew Calbraith Perry (1794–1858) US-amerikanischer Seeoffizier; mehr über ihn in: William Elliot Griffis: Matthew Calbraith Perry. A Typical American Naval Officer, Boston 1887; Samuel E. Morison: "Old Bruin": Commodore Matthew C. Perry, Brown & Company, Boston 1967.
6 Die Interviews wurden im April und Oktober 2013 geführt.
7 Hirigana ist neben Kanji eine der drei Schriften der japanischen Sprache.
8 Katakana ist ebenfalls eine japanische Silbenschrift.
9 Lebenslange Anstellung
10 Englischer Ausdruck für Anreizeffekte zu höherer wirtschaftlicher Leistungsbereitschaft. Solche Anreize können in Unternehmen vorgesehen sein (z. B. Gewinnbeteiligung für Arbeitnehmer und Führungskräfte).Unter *Incentives* versteht man allgemein alle Anreize, die auf Grund ihrer motivierenden Wirkung zur Leistungssteigerung der Mitarbeiter im Sinne der unternehmerischen Zielsetzung herangezogen werden (vgl. dazu: http://www.wirtschaftslexikon24.com/d/incentives/incentives.htm
11 Albrecht Rothacher: Die Rückkehr der Samurai. Japans Wirtschaft nach der Krise, Springer Verlag, Heidelberg-Berlin, 2007, S. 209
12 http://www.sumitomocorp.co.jp/english/company 10. Mai 2014
13 Zitiert nach: Bill Diffenderffer: Samurai Leader. Winning Business Battles with the Wisdom, Honor, and the Courage of the Samurai Code. Sourcebook Inc., Chicago 2005

14 Zitat des Grazer Bürgermeisters Mag. Siegfried Nagl, in: *Salzburger Nachrichten*, April 2011

15 http://de.wikipedia.org/wiki/Bushid%C5%8D#cite_note-die_seele_japans-1

16 Zitat aus Inazo Nitobe: Bushido. Die Seele Japans. Erweiterte Fassung, Angkor Verlag, Frankfurt 2003. S. 14

17 *Shareholder Value:* Im weiteren Sinne wird eine Unternehmensstrategie, deren vorrangiges Ziel darin besteht, den Unternehmenswert zu steigern und den Anspruch der Anteilseigner (Aktionäre) auf eine marktgerechte Verzinsung ihres Eigenkapitals zu befriedigen, als Shareholder-Value-Konzept, -Politik oder -Management verstanden.
*Stakeholder Value:* Ertragswert oder Nutzen, der den Stakeholdern (Anspruchsgruppen) eines Unternehmens aus dessen Tätigkeit entsteht. (http://www.global-ethic-now.de/gen-deu/lexikon/daten/inhalt_00.php?show1=s&show2=561)

18 Inazo Nitobe, Bushido. Die sieben Tugenden der Samurai, Piper Verlag, München, 2004, S. 54

19 Aus: Inazo Nitobe: Bushido. Die Seele Japans, S. 11ff.

20 Herbert Kubat: Führen wie ein Samurai. Mentale Stärke – Schlagkraft im Handeln (Audio-CD), Radioropa Hörbuch, 2008

21 Inazo Nitobe: Bushido, S. 32

22 Ebd., S. 51

23 *Spiegel Online*/Wirtschaft, 11. Juni 2010

24 Werner Katzengruber: Mythos Führungskraft, Wilev Verlag, Weinheim 2010, S. 116

25 Die Amerikaner sagen: „Listen to your customer."

26 Albrecht Rothacher: Die Rückkehr der Samurai, Springer Verlag, S. 97

27 Weltagrarbericht.zs-intern.de

28 Barbara Stöckl: Wofür soll ich dankbar sein? Ecowin Verlag, Salzburg 2012, S. 45

29 Ebd., S. 19

30 Vgl.: Robert Emmons: Vom Glück, dankbar zu sein. Eine Anleitung für den Alltag, Campus, Frankfurt/M., 2008, S. 29

31 Barbara Stöckl: Wofür soll ich dankbar sein?, S. 29

32 Ebd. S. 31

33 Ebd. S. 75

34 Ebd. S. 76

35 Ebd. S. 82

36 Ebd. S. 215

37   Inazo Nitobe: Bushido. Die Seele Japans, S. 104
38   Auf den Spuren der Intuition (DVD), Inter/Aktion Gesellschaft für interaktive Medien mbH, 2010
39   DVD zur Rede von seiner Heiligkeit Dalai Lama am 26. Mai 2012 Stadthalle Wien. Produktion und Vertrieb: Audiotorium Netzwerk
40   „Frühstück bei mir", 29. Jänner 2012, (ORF Radio Ö3)
41   Bill Diffenderffer: Samurai Leader,
42   Dojo Kun: Die fünf wichtigsten Regeln, welche im Studium von Budo zu beachten sind.
43   Malcom Gladwell: Überflieger. Warum manche Menschen erfolgreich sind und andere nicht, Campus, Frankfurt/M./New York, 2010 (Hörbuch-CD)
44   Auf den Spuren der Intuition (DVD)
45   Ich bin übrigens ein großer Fan von ihm. Er war als Jugendlicher ein ausgeflippter Punk, hat mit 24 Jahren promoviert und mit 31 Jahren war er der jüngste Universitätsprofessor Österreichs. Heute ist er einer der gefragtesten Vortragenden auf internationalen Kongressen zum Thema Genforschung.
46   Vgl. Markus Hengstschläger: Die Durchschnittsfalle. Gene – Talente – Chancen, Ecowin Verlag, Salzburg, 2012, S. 110
47   Ebd. S. 40
48   Ebd. S. 45
49   Ebd. S. 66
50   Auf den Spuren der Intuition (DVD)
51   Herbert Kubat: „Führen wie ein Samurai" (Hörbuch-CD), Kapitel 7
52   Auf den Spuren der Intuition (DVD)
53   Henri Poincaré war einer der bedeutendsten französischen Mathematiker und Physiker, er verstarb 1912 in Paris. Aus: Auf den Spuren der Intuition (DVD)
54   Auf den Spuren der Intuition (DVD)
55   Ebd.
56   Ebd.
57   Ebd.
58   Ebd.
59   Ebd.
60   Ebd.
61   Ebd.
62   Ebd.
63   Ebd.

64 Ebd.

65 Ebd.

66 Ebd.

67 Khalil Gibron, libanesisch-amerikanischer Maler und Dichter (1883–1931)

68 Auf den Spuren der Intuition (DVD)

69 Der Hollywood-Actionstar und Karateka war tatsächlich für einige Zeit sein Schüler, bis sich ihre Wege auseinanderentwickelten.

70 Hidetaka Nishiyama, Aussage im Training im Central Dojo Los Angeles

71 Albrecht Pflüger: Die 25 Shotokan Katas, Falken Verlag, Niedernhausen/Taunus, 1998, S. 14

72 http://www.karate.pl

73 KMU = kleinere und mittlere Unternehmen

74 Douglas MacArthur (1880–1964); US-Brigadegeneral, gemeinsam mit Admiral Chester W. Nimitz hatte er den Oberbefehl über den pazifischen Kriegsschauplatz 1941–1945 und nach Kriegsende den Oberbefehl über die Besatzungstruppen in Japan inne.

75 Vgl. zur Geschichte: John G. Roberts: Mitsui. Three Centuries of Japanese Business, Weatherhill, New York 1989

76 Vgl: Yasuo Mishima: The Mitsubishi. Its Challenge and Strategy. (=Industrial Strategy and the Social Fabric 11) JAI Press, Greenwich/Conn., 1989

77 *Strategic Impediments Initiative (SII)*, vgl. dazu.: Albrecht Rothacher: Die Rückkehr der Samurai, S. 18ff.

78 Albrecht Rothacher: Die Rückkehr der Samurai, S. 28

79 WU = Wirtschaftsuniversität

80 Der Akademikeranteil in Südkorea ist noch einmal ungleich höher als in Japan. Er beträgt in der nachwachsenden Generation rund 80 Prozent.

81 *Financial Times* vom 14. März 2006

82 T. Ohno; in C. L. Ünal: Logistik und Supply Chain Management, o. V., o. O., 2005, S.11

83 Vgl.: Albrecht Rothacher: Die Rückkehr der Samurai, S. 90

84 Vgl.: *Special report: Samsung Electronics* vom 15. Januar 2005

85 Albrecht Rothacher: Die Rückkehr der Samurai, S. 176

86 Ebd., S. 176ff.

87 Der Vater von Lee Jae-yong entschuldigte sich daraufhin in der Öffentlichkeit und spendete als „Wiedergutmachung" eine Milliarde US-Dollar für wohltätige Zwecke (*Financial Times* vom 8. und 9. Februar 2006)

88 *Die ZEIT* Nr. 8 vom 16. Februar 2012

89 Ebd.

90 Interview mit Reinhard Lindner im Juni 2012

91 Quelle: Japanische Verhaltensregeln, WKO Servicecenter Tokio

92 Alte chinesische Kampfkunst

93 Chinesische Meditations-, Konzentrations- und Bewegungsform zur Kultivierung von Körper und Geist

94 Shintoismus ist eine japanische Naturreligion.

95 Der Buddhismus ist Lehrtradition und viertgrößte Religion, die ihren Ursprung in Indien hat.

96 *Die Presse* vom 23. September 2012

97 Sunzi: Die Kunst des Krieges, Droemer Knaur Verlag, München 1999, S. 9

98 Paul Watzlawick: österreichischer Kommunikationswissenschaftler (1921–2007)

99 Markus Hengstschläger: Die Durchschnittsfalle, S. 110

100 Kimono = japanische (Kampf-) Bekleidung

101 Mihaly Csikszentmihalyi ist Professor für Psychologie an der Universität Chicago. Die Grafik basiert auf den Aussagen aus folgendem Buch: Mihaly Csikszentmihalyi: Das *flow*-Erlebnis. Jenseits von Angst und Langeweile: im Tun aufgehen. Klett-Cotta, Stuttgart 2013 (9. Auflage)

102 Interview im Rahmen der Radiosendung „Frühstück bei mir" am 4. November 2012 (ORF Ö3)

103 Das Hahnenkammrennen ist eine Skisportveranstaltung, die seit 1931 am Hahnenkamm in Kitzbühel (Tirol) ausgetragen wird.

104 Werner Katzengruber: Lead – Mythos Führungskraft, Wiley Verlag, Weinheim 2010, S. 63

105 Václav Havel (1936–2011); tschechischer Menschenrechtler, Politiker und Kritiker der kommunistischen Partei; von 1989–1992 Staatspräsident der Tschechoslowakei; 1993–2003 der erste Staatspräsident der neu gegründeten Tschechischen Republik; vgl. u. a.: John Keane: Václav Havel. Biografie eines tragischen Helden, Droemer Knaur, München 2000

106 Alexander Graham Bell (1847–1922); Erfinder und Großunternehmer; vgl. u. a.: John Brooks (Hg.): Telephone: The First Hundred Years, Harper Collins, New York 1976

107 Werner Katzengruber: Lead – Mythos Führungskraft